职业教育·工程机械类专业教材

ENGINEERING MACHINERY CULTURE

# 工程机械文化

## （第2版）

徐有军　祁贵珍　主　编
石启菊　方　涛　副主编
张　铁　主　审

人民交通出版社
北　京

## 内 容 提 要

本书为职业教育工程机械类专业教材。本教材集历史性、知识性和趣味性于一体,是国内工程机械文化方面第一本综合性教材。本书主要内容包括工程机械文化概述、工程机械概述、机械工程与工程机械的发展历程与趋势、国内外工程机械公司和品牌、工程机械的造型与色彩,以及工程机械发展的驱动和创新。

本教材在体系和内容上力争有所创新,既注意工程机械文化的内涵,又突出教材的特征,并注意工程机械文化与专业课的衔接。本书可作为道路机械化施工技术、智能工程机械运用技术等高等职业教育工程机械类专业教材,也可作为交通工程机械运用与维修等中等职业教育和技工院校工程机械类专业教材,亦可作为专业技术人员参考用书。

本书配有教学课件,教师可通过加入职教路桥教学研讨群(QQ:561416324)获取。

**图书在版编目(CIP)数据**

工程机械文化 / 徐有军, 祁贵珍主编. —2 版.
北京 : 人民交通出版社股份有限公司, 2024.11.
ISBN 978-7-114-19718-5
Ⅰ. TU6
中国国家版本馆 CIP 数据核字第 20242SX117 号

职业教育 · 工程机械类专业教材
Gongcheng Jixie Wenhua

**书 名:** 工程机械文化(第 2 版)
**著 作 者:** 徐有军 祁贵珍
**出版统筹:** 李 瑞
**责任编辑:** 陈虹宇
**责任校对:** 赵媛媛
**责任印制:** 刘高彤
**出版发行:** 人民交通出版社
**地 址:** (100011)北京市朝阳区安定门外外馆斜街 3 号
**网 址:** http://www.ccpcl.com.cn
**销售电话:** (010)85285911
**总 经 销:** 人民交通出版社发行部
**经 销:** 各地新华书店
**印 刷:** 北京印匠彩色印刷有限公司
**开 本:** 787×1092 1/16
**印 张:** 18
**字 数:** 438 千
**版 次:** 2013 年 9 月 第 1 版
2024 年 11 月 第 2 版
**印 次:** 2024 年 11 月 第 2 版 第 1 次印刷 总第 11 次印刷
**书 号:** ISBN 978-7-114-19718-5
**定 价:** 49.00 元

# 高等职业教育工程机械类专业
# 教材编审委员会

# 总 序

中国高等职业教育在教育部的积极推动下，经过10年的“示范”建设，现已进入“标准化”建设阶段。

2012年，教育部正式颁布了《高等职业学校专业教学标准》，解决了我国高等职业教育教什么、怎么教、教到什么程度的问题。为培养目标和规格、组织实施教学、规范教学管理、加强专业建设、开发教材和学习资源提供了依据。

目前，国内开设工程机械类专业的高等职业学校，大部分是原交通运输行业的院校，现交通职业学院，而且这些院校大都是教育部“示范”建设学校。人民交通出版社审时度势，利用行业优势，集合院校10年示范建设的成果，组织国内近20所开设工程机械类专业高等职业教育院校专业负责人和骨干教师，于2012年4月在北京举行“示范院校工程机械专业教学教材改革研讨会”。本次会议的主要议题是交流示范院校工程机械专业人才培养工学结合成果、研讨工程机械专业课改教材开发。会议宣布成立教材编审委员会，张铁教授为首届主任委员。会议确定了8种专业平台课程、5种专业核心课程及6种专业拓展课程的主编、副主编。

2012年7月，高等职业教育工程机械类专业教材大纲审定会在山东交通学院顺利召开。各位主编分别就教材编写思路、编写模式、大纲内容、样章内容和课时安排进行了说明。会议确定了14门课程大纲，并就20门课程的编写进度与出版时间进行商定。此外，会议代表商议，教材定稿审稿会将按照专业平台课程、专业核心课程、专业拓展课程择时召开。

本教材的编写，以教育部《高等职业学校专业教学标准》为依据；以培养职业能力为主线；任务驱动、项目引领、问题启智；教、学、做一体化；既突出岗位实际，又不失工程机械技术前沿；同时将国内外一流工程机械的代表产品及工法、绿色节能技术等融入其中。使本套教材更加贴近市场，更加适应“用得上，下得去，干得好”的高素质技能人才的培养。

本套教材适用于教育部《高等职业学校专业教育标准》中规定的“工程机械运用技术”“道路机械化施工技术”“道路养护与管理”“道路与桥梁工程技术”等专业。

本套教材也可作为工程机械制造企业、工程施工企业、公路桥梁施工及养护企业等职工培训教材。

本套教材也是广大工程机械技术人员难得的技术读本。

本套教材是工程机械类专业广大高等职业示范院校教师、专家智慧和辛勤劳动的结晶。在此向所有参与者表示敬意和感谢。

**高等职业教育工程机械类专业教材编审委员会**

**2013 年 1 月**

# 第2版前言

2012年,全国高等职业院校工程机械专业相关教师、专家和行业人士相继在北京、济南召开了工程机械专业教材建设研讨会。会议决定由内蒙古大学交通学院王健、祁贵珍担任主编,正式编写《工程机械文化》,教材于2013年9正式出版发行。2022年10月,党的二十大报告提出“加强教材建设和管理”,表明了教材建设国家事权的重要属性,随着国家对职业教育教材建设管理的不断强化,以及经过近十年的发展,国内外工程机械各方面都有很大变化,产品日趋智能化,产销数据及应用标准都需要更新,教材编写组于2021年决定对教材进行修订,并决定由南京交通职业技术学院徐有军、内蒙古大学祁贵珍担任主编。本教材集历史性、知识性和趣味性于一体,是国内工程机械文化方面第一本综合性教材。本教材在体系和内容上力争有所创新,从历史学、经济学、美学、人机工程学等视角介绍工程机械的文化知识,既注意工程机械文化的内涵,又突出教材的特征,并注意工程机械文化与专业课的衔接,力求好教、易学、提升读者兴趣。

本次修订更加突出了高等职业教育特点,教材特色如下:

(1)**准确性、先进性与科学性。**本教材依据专业人才培养目标编写,编写教材内容时对标当前国际、国内交通行业的新发展和新要求,参照国家职业资格标准,采用国家及行业最新技术标准,选取最具代表性和影响力的工程机械品牌和体现一流工业设计水平的工程机械造型;同时,在探究国内外工程机械的发展历程和发展动向时,查阅大量资料,确保教材内容客观、准确。

(2)**课证融合,课岗对接。**教材内容选取的深度和广度,既考虑了目前学生的实际水平与接受能力,又能满足学生将来就业的需要,并为学生获得中(高)级筑路操作工、筑路机械修理工、车辆维修电工等专业技能等级证书做好知识与技能上的衔接。

(3)**注重实用性。**本教材理论知识以“够用”为度,注重理论联系实际,着重培养学生的实际操作能力。在内容的取舍和主次的选择方面,兼顾广度、控制深度,力求针对专业、服务行业,对与本专业密切相关的内容予以足够的重视。本教材立足于国内港口机械和筑路机械使用的实际情况,结合典型机型,系统介绍工程机械的概念和分类、工程机械产品的艺术造型设计、工程机械在国民经济建设中的地位和作用、中国工程机械的创建和成长及发展、国内外主要品牌企业发展及企业文化、中国工程机械型号编制等,同时有选择地介绍了一些国内外的新品牌、新机型,以便拓宽学生的视野,为学生进一步深造和更快适应岗位打下基础。

(4)**使用灵活。**本教材体现了教学内容弹性化、教学要求层次化、教材结构模块化,有利于按需施教、因材施教。各院校教师可根据地域差异或学生就业方向选择性讲授教材的各个单元。

(5)**进一步贯彻落实党的二十大精神,尤其是在产教融合、课程思政、教育数字化等方面进行了完善。**本教材采用校企双元开发模式,邀请企业人员参与教材建设;同时,为落实立德育人的任务,编写团队深入挖掘符合本课程的思政元素,并与教材内容有机结合;此外,本教材配套了视频、动画等数字资源,助力教育数字化转型。

本教材每单元结束后都有复习思考题,使学生能掌握重点、加深理解所学知识。

本教材由南京交通职业技术学院徐有军、内蒙古大学祁贵珍担任主编,常州交通技师学院石启菊、贵州交通职业大学方涛担任副主编。编写分工如下:单元1由内蒙古大学祁贵珍编写;单元2由中建三局西北公司基础分公司张志伟编写;单元3的3.1、3.2、3.4由北京交通运输职业学院艾宏远编写;单元3的3.3.2由贵州交通职业大学方涛编写;单元4、单元5的5.1由南京交通职业技术学院徐有军编写;单元5的5.2由江苏省产业技术研究院道路工程技术与装备研究所(江苏集萃道路工程技术与装备研究有限公司)、中国矿业大学张江勇编写;单元3的3.3.1、单元6由常州交通技师学院石启菊编写。本教材配套的PPT教学课件由石启菊制作。全书由徐有军统稿,徐有军、祁贵珍对全书进行勘校。

在本教材的编写过程中,内蒙古大学、南京交通职业技术学院、贵州交通职业大学、北京交通运输职业学院、云南交通职业技术学院、山东交通学院、常州交通技师学院、徐工集团工程机械股份有限公司、广西柳工集团有限公司、中国建筑第三工程局有限公司等单位给予大力支持和帮助;山东交通学院张铁教授参与了本课程标准的制订并作为教材主审专家提出了许多建设性意见,中国工程机械工业协会筑养路机械分会会长、长安大学博导焦生杰教授给予了许多宝贵的支持和帮助,在此一并表示由衷的感谢!

由于编者水平有限,书中错误与不足之处在所难免,敬请广大读者批评指正,以便再版时修订。

编　者

**2024年2月**

# 本书配套数字资源索引

| 序号 | 单元 | 资源位置 | 资源类型 | 资源名称 | 对应页码 |
| --- | --- | --- | --- | --- | --- |
| 1 | 单元一 | 1.1.3 | 微课 | 企业文化的概念 | 4 |
| 2 | | 1.1.4 | 微课 | 工程机械的定义 | 6 |
| 3 | 单元二 | 2.1.1 | 微课 | 工程机械导学 | 11 |
| 4 | | 2.1.2 | 微课 | 工程机械的使用范围 | 11 |
| 5 | | 2.1.3 | 微课 | 工程机械分类 | 12 |
| 6 | | 2.2 | 微课 | 工程机械行业在国民经济中的地位 | 15 |
| 7 | 单元三 | 3.1.2 | 微课 | 工程机械的起源与发展 | 26 |
| 8 | | 3.3.1 | 微课 | 中国工程机械行业发展历程 | 32 |
| 9 | | 3.3.2 | 微课 | 挖掘机的分类 | 45 |
| 10 | | 3.3.2 | 微课 | 挖掘机的历史 | 45 |
| 11 | | 3.3.2 | 微课 | 挖掘机结构 | 45 |
| 12 | | 3.3.2 | 微课 | 推土机 | 48 |
| 13 | | 3.3.2 | 微课 | 装载机的历史 | 51 |
| 14 | | 3.3.2 | 微课 | 装载机结构 | 52 |
| 15 | | 3.3.2 | 微课 | 起重机 | 58 |
| 16 | | 3.3.2 | 微课 | 压实机械 | 67 |
| 17 | | 3.4.2 | 微课 | 中国工程机械发展趋势 | 106 |
| 18 | | 3.4.2 | 微课 | 工程机械的绿色未来 | 107 |
| 19 | | 3.4.2 | 微课 | 工程机械智能化发展 | 107 |
| 20 | 单元四 | 4.1.1 | 微课 | 品牌的定义 | 113 |
| 21 | | 4.1.1 | 微课 | 品牌竞争战略 | 113 |
| 22 | | 4.1.1 | 微课 | 中国工程机械行业品牌竞争发展趋势 | 114 |
| 23 | | 4.1.2 | 微课 | 商标(LOGO)的定义 | 114 |
| 24 | | 4.2 | 企业视频 | 卡特彼勒 | 118 |
| 25 | | 4.2 | 虚拟仿真 | 卡特彼勒虚拟仿真博物馆 | 118 |
| 26 | | 4.2 | 微课 | 平地机 | 118 |
| 27 | | 4.2 | 虚拟仿真 | 小松挖掘机 720°全景展示 | 119 |
| 28 | | 4.2 | 企业视频 | 徐工 | 119 |
| 29 | | 4.2 | 企业视频 | 山工 | 121 |
| 30 | | 4.3 | 企业视频 | 斗山 | 125 |

续上表

| 序号 | 单元 | 资源位置 | 资源类型 | 资源名称 | 对应页码 |
|---|---|---|---|---|---|
| 31 | 单元四 | 4.3 | 企业视频 | 柳工 | 126 |
| 32 | | 4.3 | 企业视频 | 日立建机 | 128 |
| 33 | | 4.5 | 企业视频 | 戴纳派克 | 145 |
| 34 | | 4.5 | 企业音频 | 三一故事 | 148 |
| 35 | | 4.6 | 企业视频 | 法亚 | 154 |
| 36 | | 4.6 | 企业视频 | 中联重科 | 157 |
| 37 | | 4.6 | 企业视频 | 玛连尼 | 160 |
| 38 | | 4.6 | 企业视频 | 陕建机 | 161 |
| 39 | | 4.6 | 企业视频 | 南方路机 | 164 |
| 40 | | 4.7 | 企业视频 | 中铁科工 | 175 |
| 41 | | 4.7 | 企业视频 | 中铁宝桥 | 176 |
| 42 | | 4.7 | 企业视频 | 新大方 | 180 |
| 43 | | 4.8 | 企业视频 | 全柴 | 190 |
| 44 | | 4.8 | 企业视频 | 常柴 | 191 |
| 45 | 单元五 | 5.1.1 | 微课 | 工程机械外观造型 | 205 |

资源使用说明:

1.扫描封面二维码,注意每个码只可激活一次;

2.长按弹出界面的二维码关注“交通教育出版”微信公众号并自动绑定资源;

3.公众号弹出“购买成功”通知,点击“查看详情”,进入后即可查看资源;

4.也可进入“交通教育出版”微信公众号,点击下方菜单“用户服务—图书增值”,选择已绑定的教材进行观看。

5.“智能工程机械运用技术”国家教学资源库子课程《工程机械文化》,已经在国家职业教育智慧教育平台上线,扫描下方二维码可加入课程在线学习。

# 目　录

单元 1

# 工程机械文化概述

## 学习目标

### 知识目标

(1) 掌握工程机械文化相关关键词的含义；

(2) 了解工程机械文化的形成与发展历程；

(3) 掌握文化、工业文化、企业文化以及工程机械文化四者之间的内在联系。

### 能力目标

(1) 能够正确描述工程机械文化相关的名词术语；

(2) 能够正确描述工程机械文化的发展脉络。

# 1.1 基本概念

## 1.1.1 文化

工业文化和企业文化都是文化的子集,要探讨工业文化和企业文化的概念和定义,就必须从文化的内涵、外延以及文化与文明的关系开始。

在西方,英语中的Culture原意包含耕种、居住、练习、注意、敬神。到古希腊、罗马时代,这个词的含义转变为改造、完善人的内在世界、使人具有理想公民素质的过程,也被理解为培养公民参加社会政治活动的能力。到中世纪,文化开始有了物质文化和精神文化的区分,但是被神学所遮蔽。中世纪晚期的欧洲,文化指道德完美和心智或艺术成就。启蒙运动时期,法国启蒙思想家和德国古典哲学家把文化同人类理性的发展联系在一起,以此区别于原始民族的"不开化"和"野蛮"。

在东方,文化一词很早就见于中国古籍。汉代许慎的《说文解字》:"文,错画也,修饰也;化,教行也,变也",汉刘向《说苑·指武篇》首次把"文"和"化"连用:"圣人之治天下也,先文德而后武力。凡武之兴,谓不服也,文化不改,然后加诛。"南齐王融《曲水诗序》:"设神理以景俗,敷文化以柔远。"上述文化的含义均指封建王朝的"文治和教化",与"武功"相对而言。它和我们现在所用的文化一词虽有一定关联,实际含义相去甚远。随着对文化一词运用的不断深入,文化概念的含义才逐渐明确起来。

20世纪50年代美国人类学家A·克拉伯和克拉克洪在《文化:一个概念与定义的批判性回顾》一书中认为:文化是一个成套的系统,文化的核心是价值观念;文化系统既是限制人类活动方式的原因,又是人类活动的产物和成果。第二次世界大战后,对文化的研究发生了两个历史性转折:一是由注重传统的乡土社会和未来开化社会转向注重现代都市社会,二是由传统农业文化转向现代工业文化。

我国当代著名作家梁晓声认为,文化可以用四句话表达:"植根于内心的修养;无须提醒的自觉;以约束为前提的自由;为别人着想的善良"。我国当代著名学者余秋雨先生的著作《何谓文化》对文化作出定义:"文化,是一种包含精神价值和生活方式的生态共同体。它通过积累和引导,创建集体人格。"

文化是一个非常广泛的概念,众说纷纭,但大体上有广义和狭义之分。广义上,文化指的是人类在社会历史发展过程中所创造的物质和精神财富的总和。狭义上,文化特指意识形态所创造的精神财富,是凝结在物质之中又游离于物质之外,能够被传承的宗教、历史、信仰、风俗习惯、道德情操、学术思想、文学艺术、行为规范、科学技术、各种制度等。

我国1999年版的《辞海》写道:广义的文化是指人类在社会实践过程中所获得的物质、精神的生产能力和创造的物质、精神财富的总和。狭义的文化是指精神生产能力和精神产品,包括一切社会意识形式:自然科学、技术科学、社会意识形态。有时也指教育、科学、文学、艺术、卫生、体育等方面的知识与设施。

总之,广义的文化定义着眼于人与自然、社会与自然的本质区别,几乎囊括人类的整个社会生活，可用黑格尔的名言“文化是人类创造的第二自然”来说明；狭义的文化定义指与人类社会经济基础相对应的精神，以及与之相适应的制度和组织结构。

### 1.1.2　工业文化

工业文化不是游离于人类历史之外的，也不是站立在世界历史之上的，它居于世界历史之中，与人类历史共进退，它是工业社会特有的现象，其形态类型具有历史的阶段性特征，这种特征可以从人类历史的演进中得以捕捉。广义的工业文化是指工业社会的文化，它具有典型的工业时代的特征。狭义的工业文化是工业与文化相结合而产生的文化，它与工业生产活动紧密联系。

工业文化作为文化的子集，具有文化的共同属性，同时更具有工业发展变化过程中形成的特殊属性。工业文化主要研究在工业化进程中文化发生、发展及演变的规律，重点揭示工业文化的每个要素对工业化进程的重要意义与作用。具体来说，重点是分析工业文化理论的组成要素，构建基础理论的总体框架，为工业文化理论的深入探索奠定核心基础，为工业与文化的深度融合找寻理论依据，为工业的转型升级开拓新的视野和开辟新的路径，为跨界学者和产业促进者打开一扇尘封已久的大门。

研究工业文化的目的主要有以下几个方面：

(1)揭示工业文化与经济发展之间的复杂关系与内在规律。

(2)工业文化是人类在工业化进程中创造的独特财富，具有不可再生性，需要通过研究来珍惜每种文化类型。

(3)传承和创新优秀的传统文化，吸收其他国家或民族先进的工业文化。

(4)展现工业与文化融合发展的特殊关系。

(5)弘扬正确的工业价值观和工业精神。

### 1.1.3　企业文化

微课：企业文化的概念

企业文化是在一定的条件下，企业在生产经营和管理活动中所创造的具有该企业特色的精神财富、规章制度和物质形态。它包括文化观念、价值观念、企业精神、道德规范、行为准则、历史传统、企业制度、文化环境、企业产品等。

企业文化是企业的灵魂，是推动企业发展的不竭动力。它包含非常丰富的内容，其核心是企业的精神和价值观。这里的价值观不是泛指企业管理中的各种文化现象，而是企业或企业中的员工在从事经营活动中所秉持的价值观念。

企业文化形成的本质是通过严格执行企业制度衍生而成的，制度上的强制或激励最终促使群体产生某一行为自觉，这一群体的行为自觉便组成了企业文化。企业文化由三个层次构成：

(1)表面层:物质文化,称为企业的“硬文化”,包括厂容、厂貌、机械设备、产品造型、产品外观、产品质量等。

(2)中间层:制度文化,包括领导体制、组织架构、人际关系以及各项规章制度和纪律等。

(3)核心层:精神文化,称为企业“软文化”,包括价值观念、企业的群体意识、职工素质和优良传统等,是企业文化的核心,被称为企业精神。

企业文化具有导向功能、约束功能、凝聚功能、激励功能、调适功能和辐射功能。

(1)导向功能:企业文化对企业的领导者和职工起引导作用,主要体现在经营哲学和价值观念的指导、企业目标的指引两个方面。

(2)约束功能:企业文化的约束功能主要是通过完善管理制度和道德规范来实现的。主要包括规章制度的约束和道德规范的约束。

(3)凝聚功能:企业文化以人为本,尊重人的感情,从而在企业中造就一种团结友爱、相互信任的和睦气氛,强化团体意识,使企业职工之间形成强大的凝聚力和向心力。共同的价值观念形成了共同的目标和理想,职工把企业看成一个命运共同体,把本职工作看成实现共同目标的重要组成部分,整个企业步调一致,形成统一的整体。这时,“厂兴我荣,厂衰我耻”成为职工发自内心的真挚感情,“爱厂如家”就会变成他们的实际行动。

(4)激励功能:共同的价值观念使每个职工都感到自己存在和行为的价值,自我价值的实现是人对最高精神需求的一种满足,这种满足必将形成强大的激励。在以人为本的企业文化氛围中,领导与职工、职工与职工之间互相关心、互相支持。特别是领导对职工的关心,职工会感到被尊重,自然会振奋精神,努力工作,从而形成“幸福企业”。另外,企业精神和企业形象对企业职工有着极大的鼓舞作用,特别是企业文化建设取得成功,在社会上产生影响时,企业职工会产生强烈的荣誉感和自豪感,他们会加倍努力,用自己的实际行动去维护企业的荣誉和形象。

(5)调适功能:调适就是调整和适应。企业各部门之间、职工之间,由于各种原因难免会产生一些矛盾,解决这些矛盾需要各自进行自我调节。企业与环境、与顾客、与企业、与国家、与社会之间都会存在不协调、不适应之处,这也需要进行调整和适应。企业哲学和企业道德规范使经营者和普通员工能科学地处理这些矛盾,自觉地约束自己。完美的企业形象就是进行这些调节的结果,调适功能实际上也是企业能动作用的一种表现。

(6)辐射功能:企业文化关系企业的公众形象、公众态度、公众舆论和品牌美誉度。企业文化不仅在企业内部发挥作用,对企业员工产生影响,它也能通过传播媒体、公共关系活动等各种渠道对社会产生影响,向社会辐射。企业文化的传播对树立企业在公众中的形象有很大帮助,优秀的企业文化对社会文化的发展有很大的影响。

企业是工业社会生产活动中最小的单元细胞,企业的繁荣兴旺直接影响国家工业的发展。企业文化是用于指导企业发展和员工行为,以保证企业实现可持续发展的灵魂和核心。企业文化能激发员工的使命感、归属感、责任感、荣誉感和成就感。企业文化强调人的作用,注重从人的精神意识出发形成被员工广泛认同的价值理念和自发的约束力,用这种共同的价值理念凝聚企业员工的归属感和创造力,从而更好地促进企业的发展,引导企业员工向企业的目标方向不断努力,在实现企业目标的同时得到自我的最大满足,同时通过各种渠道对企业所处的社会环境和社会文化产生影响,对企业以及企业所在行业都有不可忽视的作用。

微课:工程机械的定义

### 1.1.4 工程机械

中国工程机械工业协会对工程机械的定义为:凡土石方工程、流动起重装卸工程、人货升降输送工程、市政环卫及各种建设工程、综合机械化施工以及同上述工程相关的生产过程机械化所应用的机械设备,称为工程机械。

国际上,各国对工程机械的称谓不尽相同,其中美国和英国称之为建筑机械与设备(Construction Machinery and Equipment),德国称为建筑机械与装置(Baumaschinen und Ausrüstungen),日本称为建设机械。以上各国对工程机械划定产品范围大致相同。我国工程机械与其他各国相比较,增加了线路工程机械、叉车与工业搬运车辆、装修机械、凿岩机械、风动工具、电梯及军用工程机械等。

### 1.1.5 工程机械文化

工程机械文化是人类在长期的历史过程中,在工程机械的发明、设计、生产和使用中形成的,以工程机械为载体所表达的价值取向与精神内涵;是人与机械、人与人,以及人与社会的一套行为习俗、价值观念;是工程机械的设计者、制造者、使用者在长期地与工程机械的接触过程中逐步形成的共有的价值观、信念及行为准则;也是与工程机械有关的行为方式、物质表现的总体概括。

在当代工程机械文化的含义中,还包含着以人为本、安全实用、舒适便捷、品质美学、诚信服务、竞争创新、经济环保、生态和谐等核心精神理念。

如果说企业文化的导向、约束、凝聚、激励、调适五大功能(如前述),主要面向企业内部;那么,第六大辐射功能(如前述)恰恰是面向社会层面的独有的企业文化。

工程机械文化则是借助工程机械产品的物化手段,面向企业外部特定群体——用户,来实现企业文化辐射功能。当然也包括企业与用户接触的所有人,如营销人员、售后服务人员、走访用户的经理人等,他们的言行举止无不体现企业文化的辐射功能。

由此看来,工程机械文化,是工程机械企业文化的专门化,主要面向用户的文化。工程机械文化的主要载体是工程机械产品以及与用户直接接触的企业人员。工程机械文化的传导,也包括企业宣传、老用户口碑等。

总之,工程机械文化渗透在规划、设计、制造、营销、使用、租赁、保养、维修、更新、再制造、报废等工程机械寿命周期全过程。

# 1.2 工程机械文化的形成

工程机械产品被用户买入后,工程机械企业与用户之间就建立了联系,这种联系贯穿工程机械寿命周期全过程。在这个过程中,企业仅仅依靠质量、价格、服务等是不够的,尤其是培育忠诚用户,确保用户扩大采购规模、重复采购时仍然选购原品牌。这时就需要企业与用户在精神层面同频共振,为用户创造更大价值,让用户认同企业除产品以外的企业理念、价值观、企业愿景等元素,这就自然形成了工程机械企业文化的一个重要分支——工程机械文化。

无论用户在选购工程机械产品时还是在购买后的使用过程中,工程机械文化都是企业与用户之间的黏结剂、润滑剂,也是规范用户正确使用工程机械的"德治"工具。

工程机械产品作为原值较高的生产资料,目前更多的营销方式是分期支付。这里就出现一个产权问题。而工程机械产品产权又可以分为有形的实物产权和无形的产权。

工程机械无形的产权包括品牌、专利、商标、色彩、造型、功能、工艺、工法等。工程机械文化其实就是工程机械无形资产重要的组成部分,是工程机械产品有别于同行、具有独特标识的文化符号。

当用户购买款支付完成后,工程机械实物产权就转移到用户手中。但是,工程机械无形的产权直到产品报废为止,都属于工程机械制造企业。

因此,可以这样认为:工程机械文化,虽然伴随着实物产品载体进入用户手中,用户可以学习并享用工程机械文化,但却无权拥有工程机械文化,这也是工程机械文化的特殊性所在。

自工程机械文化诞生之日起,各工程机械制造企业都在积极培植各自的工程机械文化,工程机械文化是产品差异化的利器,更是产品竞争的软实力。

纵观工程机械发展史,凡是历史悠久的工程机械企业,都拥有一整套完善成熟的工程机械文化体系。

工程机械文化的诞生,与工程机械技术、工程机械资本共同形成工程机械创新发展的三驾马车,共同推动工程机械企业健康、稳健、持续搏击市场波动前行。

在众多促进人类历史发展重要的工业产品中,工程机械是极其重要的一种。无论在哪个历史时期,它对推进人类生产生活环境的建设和改善都发挥着重要的促进作用,极大地解放了生产力,促进了相关产业质量和效益的极大提升。

工程机械是众多工业文化载体中的一种,所以工程机械文化诞生于工业文化的摇篮中,初步形成于工程机械的发明阶段,发展于工程机械的设计、生产阶段,完善于工程机械的使用和推广过程中。工程机械文化蕴含于工程机械的方方面面,比如外形设计、颜色搭配、结构功能等,并且在不同时期、不同人员和不同应用场合下被不断赋予新的含义和文化内涵,是工业文化的典型体现和发展缩影。

不断增长的市场需求催生了庞大的工程机械行业,从中诞生了许多的工程机械制造企业与品牌。工程机械作为现代工业文明和工程机械制造企业的产物,本身就是文化的载体,同时也是工业文化和企业文化的传感器,它携带着工业文化和企业文化的优良基因进入工程建设领域。在其发展历程中，使用验证、信息的采集与反馈、运营与管理经验的总结与交流、人才培养、技能大赛、产品推荐会与博览会等无不体现着文化的色彩，处处彰显着文化的魅力。

工程机械文化植根于多元、厚重的企业文化，在传承与创新企业文化的基础上，从历史学、经济学、美学、人机工程学等视角剖析工程机械的文化内涵，结合企业的发展愿景、人文关怀、社会责任等各个方面文化内涵，构建起一种更加具体的文化形态。工程机械文化和工业文化及企业文化相互影响、相互促进，使工程机械制造企业及其产品的文化属性不断升华。企业文化与工程机械文化的精神内涵是一脉相承的，二者相互促进、共同发展。

## 复习思考题

(1)工业文化的定义是什么？
(2)企业文化的定义是什么？
(3)企业文化由哪些层次构成？
(4)企业文化有哪些功能？
(5)工程机械文化的定义是什么？

单元 2

# 工程机械概述

## 学习目标

### 知识目标

(1) 了解机械工程的概念、工程机械的概念和分类；
(2) 掌握工程机械的使用范围；
(3) 掌握工程机械的型号编制规则和型号含义；
(4) 了解工程机械的地位和作用，描述工程机械的发展动向。

### 能力目标

(1) 能够利用网络和媒体查找工程机械相关信息；
(2) 能够根据工程机械型号描述其品牌和一般性能。

# 2.1 工程机械基础知识

## 2.1.1 机械工程与工程机械的概念

微课:工程机械导学

机械工程是一门利用物理定律对机械系统进行分析、设计、生产及维修的工程学科;是以有关的自然科学和技术科学为理论基础,结合生产实践中的技术经验,研究和解决在开发、设计、制造、安装、运用和修理各种机械中的全部理论和实际问题的应用学科。该学科要求学员对应用力学、热学、物质与能量守恒等基础科学原理有巩固的认识,并利用这些知识去分析静态和动态物质系统,创造、设计实用的装置、设备、器材、器件、工具等。机械工程学科的知识可应用于汽车、飞机、电器、建筑、桥梁、工业仪器及机器等各个领域。

机械工程的任务是把能量及物料转化成可使用的物品。从宏观的角度来看,我们生活中所接触的每一件物件,其制造过程均可以说与机械工程有关。因此,机械工程是众多工程学科中范围极广的学科。从业人员需拥有丰富的创造性,对不同物品的需求和特点要有充分认识;此外,更须具有力求追上最新科技发展的意向。有资格证书的机械工程技术人员可从事不同行业的工作,包括制造、建筑设备工程、发电站、交通、环境保护、公共服务及学术研究等。

机械是现代社会进行生产和服务的六大要素(人、资金、能源、材料、机械和信息)之一,并参与能源和材料的生产。

工程机械是机械工程的重要组成部分。我国对工程机械的定义和国际上一些主要国家对它的不同称谓前已述及,在此不再赘述。我国工程机械又名工程建设机械,经过多年的发展,已跃居机械工业十大行业的第四位。工程机械是装备制造业的重要组成部分,也是国民经济的主要支柱,其发展水平也是衡量一个国家工业化水平的关键指标。目前,我国已经成为全球最大的工程机械制造基地和市场,在世界工程机械产业格局中占据着重要地位。

## 2.1.2 工程机械的涉及领域

微课:工程机械的使用范围

工程机械与交通运输建设(公路、铁路、港口、机场、管道输送等)、能源工业建设和生产(煤炭、石油、火电、水电、风电、光伏发电、核电等)、原材料工业建设和生产(黑色矿山、有色矿山、建材矿山、化工原料矿山等)、农林水利建设(农田土壤改良、农村筑路、农田水利、农村建设和改造、林区筑路和维护、储木场建设、育材、采伐、树根和树枝收集、江河堤坝建设和维护、河湖管理、河道清淤、防洪堵漏、环境保护工程等)、工业与民用建筑(各种工业建筑、民用建筑、城市建设和改造等）以及国防工程建设诸领域的发展息息相关，与这些领域实现现代化建设的关系更加密切。换句话说，以上领域均是工程机械的最主要市场。

微课：工程机械分类

### 2.1.3 工程机械分类

我国工程机械在其发展历程中的分类一度比较混乱，曾经陆续被划分为12大类、16大类和18大类等。随着我国工程机械行业的快速发展，我国已成为全球工程机械产品类别、产品品种齐全的国家之一。我国工程机械行业第一个协会标准——《工程机械定义及类组划分》（GXB/TY 0001—2011）由中国工程机械工业协会完成制订，并于2011年6月1日正式发布、实施。该标准界定了我国工程机械的定义及下属的20大类产品的组、型和产品名称，适用于中国工程机械协会会员范围内的工程机械的生产、管理、科研、教学、使用和维修。

《工程机械定义及类组划分》（GXB/TY 0001—2011）将工程机械分为20大类，分别是：挖掘机械；铲土运输机械；起重机械；工业车辆；压实机械；路面施工与养护机械；混凝土机械；掘进机械；桩工机械；市政与环卫机械；混凝土制品机械；高空作业机械；装修机械；钢筋和预应力机械；凿岩机械；气动工具；军用工程机械；电梯及扶梯；工程机械配套件；其他专用工程机械。每个大类分成若干组，每组又根据产品的名称分成若干品种。随着科学技术的发展和新产品的开发，特别是机-电-液一体化技术的发展，必然还会出现工程机械的更多类型和品种。

### 2.1.4 工程机械世界之最与中国之最

根据慧聪工程机械网报道，截至2021年4月，工程机械的世界之最与中国之最统计如下：

世界功能最完整、效率最高、速度超快的铲装挖掘机：英国JCB（杰西博）3\4CX铲装挖掘机。

世界最大的电动挖掘机：P&H5700矿用挖掘机。

世界最大的正铲液压挖掘机：美国特雷克斯-O&KRH400挖掘机。

世界最大的轨道式链斗挖掘机：TAKRAF ES 3750。

世界最大的轮斗式挖掘机：Bagger293挖掘机。

世界最大的自行式排土设备：Absetzer。

世界最大的轨道运输车辆：爬行者运输车。

世界载质量第一的矿用货车：卡特797F。

世界体型最大的自行式设备：F60表土输送桥。

世界最大的拉铲：比塞洛斯4250W。

世界最大的电铲：马里昂6360。

世界最大的桥式起重机：大连重工20000t多吊点桥式起重机。

世界最大的轮式装载机：勒图尔勒（Le Tourneau）的轮式装载机 L-2350。

世界最大的平地机：由意大利的 ACCO 公司生产，该机型已经停产（目前在生产的最大平地机来自卡特彼勒公司的 24M）。

世界最大的滑移装载机：山猫 S650 型滑移装载机。

世界最大型矿用自卸车：别拉斯 BELAZ 75600。

世界起重能力最强的移动式起重机：中联重科履带式起重机 ZCC3200NP。

世界最大的巨型破碎锤：HB10000。

世界最大级别的轮式起重机：徐工集团 QAY1200 型 1200t 级全地面起重机（单台售价超过 1 亿元）。

世界摊铺宽度最大沥青摊铺机：中大机械 Power DT2000。

世界最长臂架混凝土泵车：中联重科 101m 碳纤维臂架泵车。

世界最大水平臂上回转自升式塔式起重机：中联重科 D5200-240 塔式起重机。

世界最大吨级履带式起重机：徐工 4000t 履带式起重机 XGC88000。

世界最大吨位塔式起重机：中联重科 R20000-720。

世界最大的盾构机：直径约 17.5m 的 Bertha（贝莎）。

亚洲最大的迈步式拉铲：比塞洛斯 8750 型步进式拉铲。

“神州第一挖”徐工 700t 液压挖掘机（图 2-1）。

图 2-1 “神州第一挖”徐工 700t 液压挖掘机

图 2-1

中国首辆最大吨级自卸车：湘潭重工 HMTK-6000。

中国最大的铲斗式矿用挖掘机：太原重工 WK55 铲斗式矿用挖掘机。

中国最大吨位的矿卡：徐工 DE400。

中国最大吨位液压挖掘机：徐工 700t 液压挖掘机。

中国最大马力推土机：山推 SD90-5 推土机。

中国最大马力平地机：徐工 GR500 大马力平地机。

中国最大智能压路机：国机重工 LDD316H 智能压路机。

中国最大吨位水平定向钻：徐工 XZ5000 水平定向钻。

中国最大的自卸车：湘电集团 SF33900 型 220t 交流传动电动轮自卸车。

中国最大的轮式装载机：柳工 CLG899Ⅲ装载机。

中国最大的盾构机：最大开挖直径可达 16.07m 的京华号。

中国铁建重工“京华号”盾构机（图 2-2）。

图 2-2

图 2-2　中国铁建重工“京华号”盾构机

### 2.1.5　国产工程机械的型号编制规则

我国工程机械从创业、行业形成到全面发展经历了 60 多年时间。特别是在创业和行业形成阶段，国产工程机械不论是在产量还是质量上，都处于一个比较低的水平上。工程机械型号编制更是五花八门：有的是根据机械用途命名，如 T60 推土机（T 表示推土）；有的是根据机械某一部分的结构特点命名，如 Z435 装载机（Z 表示整体车架）；有的机械名称是用制造厂厂名代替，如东方红拖拉机；还有的产品是用当时热门词语作为产品名称，如红旗 100 推土机、跃进 130 汽车、燎原型架桥机、胜利型架桥机、长征型架桥机及黄河汽车等。

1975 年，由工程机械标准化技术委员会提出并归口管理、由国家机械工业局发布，首次颁布了国家机械行业标准《工程机械产品型号编制办法》（JB 1603—75）。1989 年，修订为国家机械行业标准《工程机械产品型号编制办法》（ZBJ 85019—89）。1999 年，经中国工程机械标准化技术委员会授权，由天津工程机械研究所和龙岩工程机械厂起草，修订为国家机械行业标准《工程机械产品型号编制办法》（JB/T 9725—1999）。2014 年，经中国工程机械标准化技术委员会再次授权，由天津工程机械研究院、徐工集团工程机械股份有限公司科技分公司等起草，修订为国家机械行业标准《土方机械产品型号编制方法》（JB/T 9725—2014），由国家工业和信息化部发布，适用于《土方机械　基本类型　识别、术语和定义》（GB/T 8498）定义的土方机械，其他土方机械派生产品可参考使用。《土方机械产品型号编制方法》（JB/T 9725—2014）规定，编制产品型号的基本原则是：产品型号按制造商代码（是否有，可由制造商自定）、产品类型代码、主参数代码及变型（或更新）代码的原则编制，以简明易懂、同类间无重复型号为基本原则，如图 2-3 所示。

（1）制造商代码。制造商代码由企业自定。

（2）产品类型代码。产品类型代码可由产品类别和型式分类的代码组成，代码由阿拉伯数字 0 ~ 9、大写英文字母 A ~ Z 或其组合构成。

(3)主参数代码。主参数代码由阿拉伯数字0～9组成，产品型号主参数应符合规定。

(4)变型(或更新)代码。变型(或更新)代码由阿拉伯数字0～9、大写英文字母A～Z或其组合构成，用于制造商规定产品更新、变型或改进等信息。

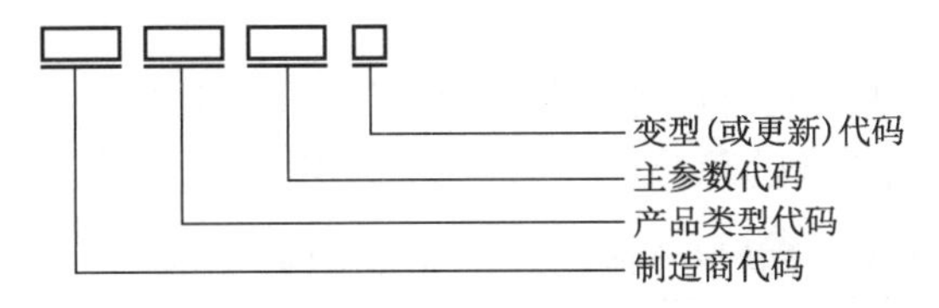


图2-3 工程机械产品型号的构成

示例：

TY220表示液压操纵的履带式推土机，发动机的功率为161.7kW(220马力)。

TL210表示液压操纵的轮胎式推土机，发动机的功率为154.4kW(210马力)。

WY25型挖掘机，表示整机质量级为25t级的履带式液压挖掘机。

WUD400/700型挖掘机，表示生产率为400～700$m^3$/h的电动轮斗挖掘机。

ZL50表示轮胎式装载机，每斗装载质量为5t。

CTY9表示液压拖式铲运机，铲斗几何容积为9$m^3$。

PY180表示自行式液压平地机，发动机功率为132.3kW(180马力)。

3Y12/15型压路机，表示最小工作质量为12t、最大工作质量为15t的三轮光轮压路机。

## 2.2 工程机械行业在国民经济中的地位

微课：工程机械行业在国民经济中的地位

工程机械行业属于国家重点鼓励发展的领域之一。工程机械行业是我国装备制造业的重要子行业。而装备制造业是为国民经济各行业提供技术装备的战略性产业，产业关联度高、吸纳就业能力强、技术资金密集，是各行业产业升级、技术进步的重要保障和国家综合实力的集中体现。工程机械行业涉及领域广泛，无论是国民经济建设、重大工程、重要基础设施建设，还是人民生活的改善、人类生活方式的变化，都离不开工程机械。可以说，工程机械行业是一个重要产业。

近年来，我国颁布了一系列产业政策，《关于促进工业经济平稳增长的若干意见》《国务院关于印发"十四五"节能减排综合工作方案的通知》《关于支持民营企业加快改革发展与转型升级的实施意见》《关于促进砂石行业健康有序发展的指导意见》等政策为工程机械行业发展提供了有力支持。经过十多年的快速发展，工程机械行业规模不断扩大，充分达到了与国民经济发展相匹配的设备存量规模。工程机械行业作为我国国民经济建设的重要支柱产业之一，推动了我国经济整体实力、科技实力、综合国力和人民生活水平的快速发展，以及重大建设工程新的施工环境（高原、极寒等）和工法（安全、高效）的跨越式升级。由此可见，工程机械行业的快速发展，为国民经济建设做出了巨大贡献。

从2016—2021年工程机械行业工业总产值占国内生产总值（GDP）比重分析（表2-1）可见，工程机械行业对GDP的贡献呈递增的趋势。

**2016—2021年工程机械行业工业总产值占GDP比重** 表2-1

| 年份 | GDP（现价，亿元） | 增长率（%） | 工程机械行业工业产值（亿元） | 增长率（%） | 工业产值比重（%） |
|---|---|---|---|---|---|
| 2016年 | 746395.1 | 6.8 | 4795 | 4.93 | 0.67 |
| 2017年 | 832035.9 | 6.9 | 5403 | 12.7 | 0.65 |
| 2018年 | 919281.1 | 6.7 | 5964 | 10.4 | 0.65 |
| 2019年 | 986515.2 | 6.0 | 6681 | 12.0 | 0.68 |
| 2020年 | 1013567.0 | 2.2 | 7751 | 16.0 | 0.76 |
| 2021年 | 1143669.7 | 8.1 | 9065 | 17.0 | 0.79 |

以下从对国民经济贡献、产业战略规划、相关行业影响、工业化水平角度来分析工程机械行业在国民经济中的地位和作用，见表2-2。

**工程机械行业的作用和贡献** 表2-2

| 角度 | 作用和贡献 |
|---|---|
| 对国民经济贡献 | 随着国民经济建设和世界各国经济建设对工程机械需求的不断升级，工程机械行业规模不断扩大，充分满足了国民经济建设快速增长的巨大需求。<br>“十三五”期间，工程机械进出口总额为1260亿美元，比“十二五”增长了4.39%，仅2020年全行业营业收入达到7751亿元，占国内生产总值的0.76% |
| 对产业战略规划 | 为振兴我国装备制造业，2009年2月4日，国务院审议并通过《装备制造业调整和振兴规划》，5月12日国务院办公厅发布《装备制造业调整和振兴规划实施细则》。根据规划纲要精神，“工程机械制造业三年振兴规划”也随之出台。该规划将利于工程机械等装备制造相关领域的产业升级、技术进步，促进市场优胜劣汰以及关键零部件突破技术瓶颈。<br>根据《中华人民共和国国民经济和社会发展第十四个五年规划和2035年远景目标纲要》建设目标，工程机械产业在科技创新、数字经济、扩大内需、碳达峰、乡村振兴等方面制订了一系列的战略规划和实施计划。工程机械行业要以推动高质量发展为主题，以深化供给侧结构改革为主线，实现工程机械产业基础高端化、产业链现代化；坚持人才为本，走人才引领的发展道路；推动工程机械产业强国建设 |
| 对相关行业影响 | 我国经济发展水平的提高导致消费结构升级，从而带动了相关产业结构升级。工程机械行业是为国民经济发展和国防建设提供技术装备的基础性产业，其品种、数量和质量直接影响国家生产建设的发展 |
| 对工业化水平 | 工程机械行业作为装备制造业的重要组成部分，十年来实现了量的巨大增长和质的明显提升，在国际工程机械领域，我国已经成为产品品类齐全和制造能力较强的国家，初步拥有在全球工程机械产业中的优势地位 |

## 复习思考题

(1)简述机械工程的概念。
(2)工程机械的定义是什么?
(3)工程机械的使用范围是什么?
(4)工程机械的最新分类情况是怎样的?
(5)国产工程机械的型号编制规则是什么?
(6)国产工程机械型号的基本构成是什么?
(7)WY25 型挖掘机的含义是什么?
(8)WUD400/700 型挖掘机的含义是什么?
(9)T100 型推土机的含义是什么?
(10)ZL30A 型装载机的含义是什么?
(11)PQ120 型平地机的含义是什么?
(12)CLS7 型铲运机的含义是什么?
(13)LTL7500 型摊铺机的含义是什么?
(14)CZ2500 型除雪机的含义是什么?
(15)QLY16 型起重机的含义是什么?
(16)QTG80 型起重机的含义是什么?
(17)3Y12/15 型压路机的含义是什么?
(18)CZ20 型沉拔桩锤的含义是什么?
(19)JZM350 型搅拌机的含义是什么?
(20)GTY4/8 型钢筋调直切断机的含义是什么?
(21)UBJ3 型灰浆泵的含义是什么?
(22)工程机械行业在国民经济中的地位如何?
(23)工程机械行业一般从哪几个角度来分析工程机械的地位和作用?
(24)国外工程机械行业的发展趋势有哪些?
(25)国内工程机械行业的发展趋势有哪些?
(26)我国最大的铲斗式矿用挖掘机是什么?
(27)世界最大的电动挖掘机是什么?
(28)世界最大的液压挖掘机是什么?
(29)国内首辆最大吨级自卸车是什么?
(30)载质量世界排名第一的矿用货车是什么?
(31)体型最大的自行式设备是什么?
(32)世界上最大的拉铲是什么?
(33)查阅工程机械世界之最与中国之最中所列机型基本情况。

单元 3

# 机械工程与工程机械的发展历程与趋势

## 学习目标

### 知识目标

(1)了解机械工程发展前史;
(2)了解我国机械工程发展历程;
(3)了解我国工程机械生产格局和现状。

### 能力目标

(1)能够利用网络查找工程机械相关信息;
(2)能够正确描述工程机械主要机型的起源。

# 3.1 机械工程的发展历程

## 3.1.1 社会发展与机械工程

在历史发展进程中,发生了几次被史学界誉为“大革命”的决定人类命运的大转折。

第一次发生在大约200万年前,由于自然条件的突然变化,生活在树上的类人猿被迫到陆地上觅食。为了和各种野兽抗争,他们学会了用木棍和石块这些天然工具保护自己,并用工具猎取食物。使用天然工具,锻炼了他们的大脑和手指。

第二次发生在大约50万年前,古猿人学会了制造和使用简单的木制和石制工具,从事劳动,继而发现了火,并学会了钻木取火。烧熟的食物不仅好吃,且利于吸收,为提高他们的体力和智力创造了条件,古猿人的生活质量有了改善和提高。使用工具,携带食物,甚至“抱儿带女”都需要他们的前肢从支撑行走中解放出来,于是他们从地上站立起来,开启了从古猿到古人类的新纪元。

第三次发生在大约15000年前,古人类学会了制作和使用简单的机械,开始了农耕与畜牧。古人类进入新石器时代。4000年前人类发现金属,并学会了冶炼技术,金属器械逐步取代了石制、骨制的器械。人类在约2000年前发现了铁金属,继而进入铁器时代,各种复杂的工具和简单机械相继被发明。

第四次发生在1700年到1850年。1712年,英国托马斯·纽科门等人发明了蒸汽机(即纽科门蒸汽机);英国人詹姆斯·瓦特早年在格拉斯哥大学做仪器修理工,他对纽科门蒸汽机产生了兴趣。有一天,他在修理蒸汽机模型中发现,纽科门蒸汽机只利用了气压差,没有利用蒸汽的张力,因此热效率低、燃料消耗量大。他下决心对纽科门蒸汽机进行改进。1763年5月的一个早晨,正在散步的瓦特突然产生一个想法:将汽缸里的蒸汽送到另外一个容器里去单独冷凝,既可以获得能做功的真空,又使汽缸里的温度下降不多,可大大提高热效率。他又设想:为防止空气冷却汽缸,必须使用蒸汽的张力作为动力。他立即把这个看似简单的想法付诸实践。1769年,瓦特与博尔顿合作,发明了装有冷凝器的蒸汽机。1774年11月,瓦特与博尔顿又制造出真正意义上的蒸汽机(图3-1)。蒸汽机曾推动了机械工业甚至社会的发展,并为汽轮机和内燃机的发展奠定了基础。1769年,法国陆军工程师、炮兵大尉尼古拉斯·古诺经过6年的苦心研究,将一台蒸汽机装在了一辆木制三轮车上,这是世界上第一辆完全凭借自身的动力实现行走的蒸汽汽车(汽车由此而得名)。该车在后来的试车途中撞到石头墙上被损坏。虽然世界上第一辆蒸汽汽车结局悲惨,但它作为汽车发展史上的一座里程碑的地位是无可非议的,为车辆自动行驶迈出了可喜的一步。1801年,英国工程师理查德·特雷蒂克制成了能乘坐8人的蒸汽汽车。1825年,英国人哥尔斯瓦底·嘉内公爵制造了一辆蒸汽公共汽车。1830年,法国修筑了从圣亚田到里昂的铁路。蒸汽机车与铁路的普及,促进了西方工业生产和机械文明的发展,奠定了现代工业的基础。

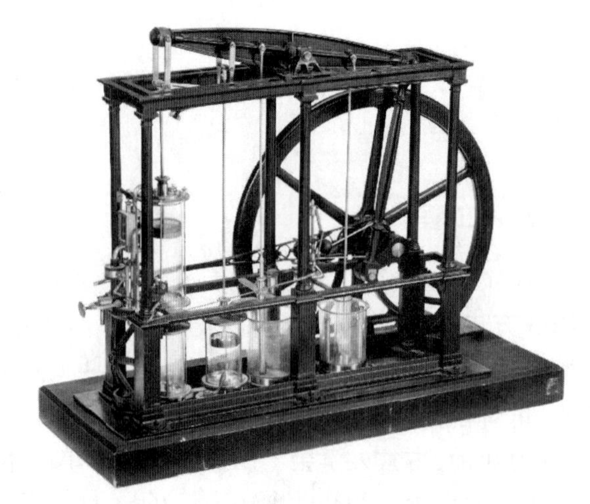

图3-1

图3-1　改进后的蒸汽机(模型)

在这一阶段,机械及机械制造通过不断扩大的实践,从分散性的、主要依赖工匠们个人才智和手艺的一门技艺,逐渐发展成为一门有理论指导的系统而独立的工程技术。大批的发明家涌现出来。各种专科学校、大学、工厂纷纷建立。机械工业代替了手工业,生产迅速发展。机械工程是促进18至19世纪工业革命的主要技术因素。

第五次是计算机技术导致的一场现代工业革命。进入20世纪,计算机的发明与广泛应用,改变了人类传统的生活方式和工作方式。以集成电路为中心的微电子技术的广泛应用,给社会生活和工业结构带来了巨大的影响。机械工程与微处理机结合诞生了“机电一体化”的复合技术,使机械设备的结构、功能和制造技术等提高到了一个新的水平。机械工程学、微电子学和信息科学三者的有机结合,构成了一种优化技术,应用这种技术制造出来的机械产品结构简单、轻巧、省力和高效,并部分代替了人脑的功能,即实现了人工智能。机电一体化产品必将成为今后机械产品发展的主流。

进入21世纪,计算机技术、网络技术和信息技术等及其带动的相关科学的发展,推动了科学迅速进步。机械工程学也发生了极大变化,制造业发展的重要特性是向全球化、智能化、网络化、虚拟化方向发展。

### 3.1.2　机械工程发展史

本部分介绍机械工程发展史,主要是参考了相关著作的内容,将机械工程发展史分为3个阶段:古代机械工程史、近代机械工程史、现代机械工程史。

(1)古代机械工程史

机械始于工具。公元前3000年以前(史前期),人类的祖先已广泛使用石制和骨制的工具。搬运重物的工具有滚子、撬棒和滑橇等,如古埃及建造金字塔时就已使用这类工具。在公元前约3500年,苏美尔人已有了带轮的车。史前期的重要工具有弓形钻和制陶器用的转台。弓形钻由燧石钻头、钻杆、窝座和弓弦等组成,用来钻孔、扩孔和取火。埃及第三至第六王朝(约公元前2686年—公元前2181年)的早期,开始将牛拉的原始木犁和金属镰刀用于农业。约公元前2500年,欧亚之间的地区就曾使用两轮和四轮的木质马车。叙利亚在公元前1200

年制造了磨谷子用的手磨。

在建筑和装运物料过程中，人类已使用了杠杆、绳索、滚棒和水平槽等简单工具。滑轮最早出现于公元前8世纪，亚述人将其用作城堡上的放箭机构。绞盘最初用在矿井中提取矿砂和从水井中提水。在那时，埃及的水钟、虹吸管、鼓风箱和活塞式唧筒等流体机械也得到初步的发展和应用。

公元前600—公元前400年的古罗马称为古典文化时期，这一时期木工工具有了很大改进，除木工常用的成套工具如斧、弓形锯、弓形钻、铲和凿外，还发展了球形钻、能拔铁钉的羊角锤、伐木用的双人锯等。广泛使用的还有长轴车床和脚踏车床，用来制造家具和车轮辐条。脚踏车床一直沿用到中世纪，为近代车床的发展奠定了基础。

大约在公元前1世纪，古希腊人在手磨的基础上制成了石轮磨。这是机械和机器方面的一大进展。同时期，古罗马也发展了驴拉磨和类似的石轮磨。

公元400—1000年的欧洲地区，机械技术的发展因古希腊和古罗马的古典文化的消沉而陷入长期停滞。公元1000—1500年，随着农业和手工业的发展，法、英等国相继兴办大学，发展自然科学和人文科学，培养人才，同时又吸取了当时中国、阿拉伯和波斯帝国的先进科学技术，机械技术开始恢复和发展。西欧开始用煤冶炼生铁，制造大型铸件。随着水轮机的发展，已有足够的动力来带动用皮革制造的大型风箱，以获得较高的熔化温度。铸造大炮和大钟的作坊逐渐增多，铸件质量渐渐增大。在农业方面，创造出装有曲凹面犁板的犁头，以取代罗马时代的尖劈犁头。这个时期还出现了手摇钻，其构造表明曲柄连杆机构的原理已用于机械。加工机械方面出现了大轮盘。

12—13世纪后半期，出现了装有绳索擒纵机构的原始钟鹤天平式的钟。天平式的钟是第一种实际应用的机械式钟，表明时钟齿轮系有了进一步的发展，钟在15世纪的欧洲家庭中已得到较为普遍的应用。1500年左右钟表的重要改进是用螺旋弹簧代替重物以产生动力，此外还加了棘轮机构。机械式钟表创造的成功，不仅为现代文明所必需，也推动了精密零件制造技术的进步。机械式钟表后来又得到全面改进，如单摆式时钟取代了原来的天平式时钟。1676年英国为格林尼治天文台制作了摆长不同的两种精密时钟。

公元1500—1750年，机械技术发展极其迅速。材料方面的进展主要表现在用钢铁，特别是用生铁代替木材制造机器、仪器和工具。同时为了解决采矿中的运输问题，1770年前后，英国发展了马拉有轨货车，先是用木轨，后又换成铁轨。

这一时期工具机床也取得不少成就：制造出水力碾轧机械和几种机床，如齿轮切削机床、螺纹车床、小型脚踏砂轮磨床及研磨光学仪器镜片的抛光机。

此时期欧洲诞生了工程科学。许多科学家，如牛顿、伽利略、莱布尼兹、玻意耳和胡克等，为新科学奠定了多方面的理论基础。为了鼓励创造发明，威尼斯和伦敦分别在1474年和1561年建立了专利机构。17世纪60年代出现了科学学会，如英国皇家学会。英国于1665年开始出版科学报告会文献。法国大约于同时期建立了法国科学院。俄、德两国也分别于1725年和1770年建立了俄国科学院和柏林科学院。这些学术机构冲破了当时教会的禁锢，展开自由讨论，交流学术观点和实验结果，因而促进了科学技术以及机械工程的发展。

(2)近代机械工程史

在1750—1900年这一近代历史时期内，机械工程在世界范围内出现了飞速的发展，并获得了广泛的应用。1847年,英国在伯明翰成立了机械工程师学会,机械工程作为工程技术的一个分支得到了正式的承认,后来在世界其他国家也陆续成立了机械工程的行业组织。

在这一历史时期内,世界上发生了引起社会生产巨大变革的工业革命。工业革命首先在英国掀起,后来逐步波及其他各国,前后延续了一个多世纪。工业革命是从出现机器和使用机器开始的。在工业革命中最主要的变革是:

①用生产能力大和产品质量高的大机器取代手工工具和简陋机械。

②用蒸汽机和内燃机等无生命动力取代人和牲畜的肌肉动力。

③用大型的集中的工厂生产系统取代分散的手工业作坊。

在这期间,动力机械、生产机械和机械工程理论都获得了飞速发展。

机械工程的发展在工业革命的进程中起着主干作用。如18世纪中叶以后,英国纺织机械的出现和使用,使纺纱和织布的生产技术得到迅速提高。蒸汽机的出现和推广使用,不仅促进了当时煤产量的迅速增长,并且使炼铁炉、鼓风机有了机器动力而使铁产量成倍增长。煤和铁的生产发展又推动各行各业的发展。蒸汽机用于交通运输,出现了蒸汽机车、蒸汽轮船等,这反过来又促进了煤、铁工业和其他工业的发展。汽轮机、内燃机和各种机床相继出现。

其中动力机械技术的突破,促进了各技术领域的突飞猛进。第一台有实用意义的蒸汽动力装置是英国的T·纽科门于1705年制成的大气式蒸汽机,曾在英国的煤矿和金属矿中使用。1712年制成的纽科门蒸汽机,它的蒸汽汽缸和抽水缸是分开的。蒸汽通入汽缸后在内部喷水使它冷凝,造成汽缸内部真空,汽缸外的大气压力推动活塞做功,再通过杠杆、链条等机构带动水泵活塞运动。1765年瓦特制作了一台试验性的有分离冷凝器的小型蒸汽机,1781年他又取得双作用式蒸汽机的专利。1776年瓦特与M·博尔顿合作制造的两台蒸汽机开始运转。到1804年,英国的棉纺织业已普遍采用蒸汽机作为生产动力。

19世纪中期,内燃机问世。第一台在工厂中实际使用的内燃机是1860年法国的勒努瓦制造的无压缩过程的煤气机,其基本结构与当时的蒸汽机相差不多。1862年,法国人德·罗沙提出四冲程循环的基本原理。1876年,德国人尼古拉斯·奥托制成四冲程往复活塞式单缸卧式煤气机,比勒努瓦的煤气机效率更高,功率更大。同时期的法国人雷诺和戴波梯维尔对发动机及汽车的发明和发展都有比较大的贡献。1886年,德国人戴姆勒发明了四轮汽车,而同为德国人的本茨则发明了三轮汽车。这两人都被誉为“现代汽车之父”。当时戴姆勒和本茨发明的汽车采用的都是汽油机。但是,汽油只是从石油中分馏出的一部分产品,还有柴油等油料。因此,人们在研制汽油机的同时,也尝试用其他燃油作为内燃机的燃料。

1897年,德国人鲁道夫·克里斯琴·卡尔·狄塞尔摘得了柴油机发明者的桂冠,他成功地试制出世界上第一台柴油机(图3-2)。柴油机从设想变为现实历经了20多年,狄塞尔柴油机是他冒着生命危险和在一片指责声中试制的。狄塞尔虽未能活到柴油机用于自行式车辆的那一天,但他亲眼看到了自己的发明成功地用于造船业,以绝对优势取代了蒸汽机。如今全世界的许多自行式车辆都在使用柴油机。

狄塞尔于1858年3月18日出生在巴黎,由于父母是德国移民遭到法国当局的驱逐,家中生活相当窘迫。12岁时,他又被迫回到德国读书,在奥格斯堡实科学校毕业后即进入当地技校学习,2年后又以获国家奖学金的优等生资格被当时德国最有名的学府——慕尼黑高等技术学校录取。读书期间,狄塞尔萌发了研制新式经济型发动机的念头。毕业后,他当了一名冷藏工程师。

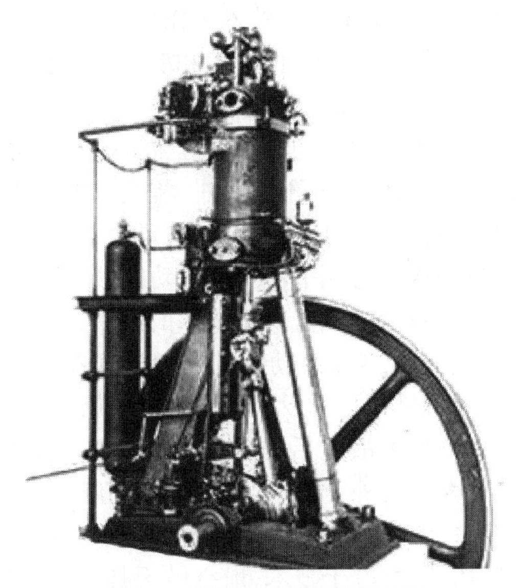
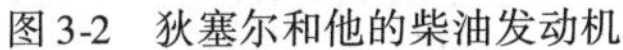

图 3-2　狄塞尔和他的柴油发动机

图 3-2

为了实现研制经济型发动机的理想,狄塞尔利用业余时间在一些作坊式的小工厂里以自制的设备开始试验。一次用氨蒸汽试验时,发生爆炸,狄塞尔险些丧命。1892 年,狄塞尔经过多年潜心研究,提出了压燃式柴油机的理论。1893 年,他制造出第一台试验样机。通过试验,狄塞尔决定必须对 1892 年所获专利的结构做若干改动,其中重大改动之一就是不能以煤粉作燃料。

狄塞尔根据试验结果修改了最初的设计,并对其新结构重新注册了专利。这些修改实在来之不易,狄塞尔周围不乏对其每一次失败所发出的恶意嘲讽,他身边的助手也寥寥无几。狄塞尔在困境下,坚持第二台试验样机的研制工作。1894 年 2 月 7 日,第二台试验样机运转了 1min,转了 88 圈。狄塞尔在日记中写道:第一台不工作,第二台工作不好,第三台会好的。第三台试验样机制成终于运转了,但 2 年后才进行正式试验。因此,狄塞尔的柴油机诞生年代定于 1897 年,这一年狄塞尔发动机被正式承认并公布。

柴油机的出现不仅为柴油找到用武之地,而且它比汽油机省油、动力大、污染小。可惜的是,这位对柴油机做出重大贡献的狄塞尔结局悲惨。1973 年 9 月 30 日,狄塞尔在比利时至英国的渡轮上神秘失踪推测为谋杀或意外落水狄塞尔以其改变了整个世界的发明——压燃式内燃机而青史留名。人们为了纪念他,把柴油机称为狄塞尔发动机。

随着发电机和电动机的发明,世界开始进入电气时代。中心发电站迅速兴起,大功率的高速汽轮机应运而生。

1873 年,电动机成为机床的动力,开始了电力取代蒸汽动力的时代。最初,电动机安装在机床以外的一定距离处,通过带传动;后来人们把电动机直接安置在机床本身内部。19 世纪末,已有少数机床使用两台或多台电动机,分别驱动主轴和进给机构等。至此,被称为"机械工业的心脏"的机床工业已初具规模。进入 20 世纪后,迅速发展的汽车工业和后来的飞机工业,又促进了机械制造技术向高精度、大型化、专用化和自动化的方向继续发展。

微课:工程机械的起源与发展

(3)现代机械工程史

20世纪以来,世界机械工程的发展远远超过了19世纪。尤其是第二次世界大战以后,由于科学技术工作从个人活动走向社会化,科学技术的全面发展,特别是电子技术、核技术和航空航天技术与机械技术的结合,大大促进了机械工程的发展。

第二次世界大战前的40年,机械工程发展的主要特点是:继承19世纪延续下来的传统技术,并不断改进、提高和扩大其应用范围。例如,农业和采矿业的机械化程度有了显著提高,动力机械功率增大,效率进一步提高,内燃机的应用普及到几乎所有的移动机械。随着工作母机设计水平的提高及新型工具材料和机械自动化技术的发展,机械制造工艺的水平有了极大的提高。美国人F. W. 泰勒首创的科学管理制度在20世纪初开始在一些国家推广,对机械工程的发展起了推动作用。

第二次世界大战以后的30年间,机械工程的发展特点是:除原有技术的改进和扩大应用外,与其他科技领域的广泛结合和相互渗透明确加深,形成了机械工程的许多新的分支,机械工程的领域空前扩大,发展速度加快。这个时期,核技术、电子技术、航空航天技术迅速发展。生产和科研工作的系统性、成套性、综合性大大增强。机器的应用几乎遍及所有的生产部门和科研部门,并深入到生活和服务部门。

进入20世纪70年代以后,机械工程与电工、电子、冶金和激光等化学、物理技术相结合,创造了许多新工艺、新材料和新产品,使机械产品精密化、高效化和制造过程的自动化极大提高。

## 3.2 我国机械工程发展历程

我国的机械工程技术不但历史悠久,而且成就十分辉煌,不仅对我国的物质文明和社会经济的发展起到了重要的促进作用,而且对世界技术的进步作出了重大贡献。

我国机械工程在漫长的历史进程中自然形成了机械史的几个不同时期。从机械的动力、材料、设计、制造、应用和实际效能,以及当时对国家经济所起的不同作用等来考虑,可以把我国机械史分为4个时期:简单工具时期、古代机械时期、近代机械时期和现代机械时期。每个时期又可分为不同的发展阶段。

### 3.2.1 简单工具时期

这一时期的时间大体在我国历史上的原始社会,即石器时代。这一时期的时间很长,自170万年前(从云南元谋发掘出古人石制刮削器和尖状器等)一直延续到大约4000多年前。其中,还可将其进一步分为两个阶段:

粗制工具阶段和精制工具阶段。

(1)粗制工具阶段,相当于旧石器时代(图3-3)。这一阶段的工具主要用捡拾到的石块、木棒、蚌壳和兽骨制作,经过敲砸、粗略修整、磨制和钻孔等,使工具的结构较为合理,使用较为方便。这反映出当时人们已具有初步的生产经验和加工技术。以后工具种类陆续有所增多,大约在2.8万年前出现了弓箭,生产经验和加工技术逐步有所提高。

图3-3 旧石器时代

图3-3

(2)精制工具阶段,大体相当于新石器时代(图3-4)。这一阶段人们已能利用开采的石料制作各种工具。工具种类有原始刀、斧、犁、锄、锨、凿、锯、钻、锉、矛、网坠、纺轮和滚子等几十种,能够用来从事农业、狩猎、渔业、建筑和纺织等方面的生产劳动。这一阶段后期出现了原始织机和制陶器转轮,后者已具有车削加工机构的雏形。工具一般都经过较为精细的磨削加工,结构合理,表面比较光洁。工具的改进推动了生产力迅速提高,使我国原始社会向奴隶社会发展。

图3-4 新石器时代

图3-4

根据这一时期的工具,可看出当时人们已能在生产中利用杠杆、尖劈、惯性、弹力和热胀冷缩等原理,生产知识逐渐丰富,加工能力不断提高。

### 3.2.2　古代机械时期

这一时期大约从4000多年前直到19世纪40年代，相当于我国历史上的奴隶社会和封建社会两个时期。在此期间，我国古代机械经历了一个“迅速发展—成熟—缓慢前进”的过程。

(1)迅速发展阶段：古车的出现和广泛应用可看作是这一时期开始的标志。接着一批古代机械相继出现。古代机械的出现是我国机械发展的一次飞跃。

当时，机械加工方法和工具日渐完善，木材、铜和铁相继得到广泛应用。大约4000年前古人开始使用畜力拉车，3000年前开始用牛耕地和利用马力。机械的种类由少到多，结构由简到繁，制作技术由粗到精，发展速度加快(图3-5)。尤其是战国时期奴隶制度崩溃，封建制度相继建立，出现了百家争鸣的学术氛围，思想活跃，人才辈出，更促使科学技术迅速发展。当时出现的在科学技术史上有重大价值的专著《考工记》，总结了多种手工业的生产经验，是一套手工业生产的技术规范，反映出当时手工业的生产水平。

图3-5

图3-5　中国最早出现的独辀车

(2)成熟阶段：大约到秦汉时期，我国古代机械的发展已趋于成熟。金属材料的冶炼、铸造和锻造水平都已很高，如利用水排和马排鼓风提高了金属冶炼的炉温和质量；冶铁技术发展很快，并创造了叠铸技术，大大提高了铸造生产率，使铁的应用更加广泛。当时社会不但更充分地利用畜力，而且开始广泛利用水力和风力等来进行农业及其他多种生产。齿轮、绳带和链传动迅速发展，在当时的一些机械上已出现了复杂的齿轮传动和自动控制系统。犁也不断得到改进，出现了三脚犁、用于灌溉的连续提水翻车、用于清洗粮食的风扇、手摇纺车等。独轮车的出现增大了车辆的适应性。在造船方面，槽、舵和帆等部件逐渐完善，并已能制造高大楼船和战船。更值得一提的是，指南车、记里鼓车以及一些精密天文和计时仪器等杰出科技成果的出现。

从秦始皇陵陪葬坑出土的铜车马可看出，当时的冷、热加工技术已相当精湛高超了。东汉出现的水力鼓风设备——水排(图3-6)，由水轮、带传动、杆传动和鼓风器等组成，具备了先进机器所必须具有的原动机、传动机构和工作机或工具机3个组成部分。这些发明连同其他机械创造发明，使这个时期成为我国机械发明的一个高潮，使我国古代机械发展到了世界领先的地位。

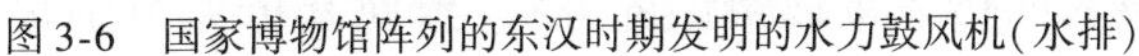

图 3-6　国家博物馆阵列的东汉时期发明的水力鼓风机(水排)

图 3-6

此后,我国古代机械仍保持着这样的高水平,继续迅速发展。例如,三国时期出现了一弩十矢的连弩、发石车、引燃火箭和新型织机;两晋时期出现了自动机械磨车、风车、水磨和水碾;南北朝时期出现了明轮船;唐朝时期,犁又有重大改进,还出现了垂直提水的水车,在兵器方面则出现了弩车。

到宋、元时期,科技发展内容更为丰富,出现了我国古代机械发展的又一个高潮。尤其是在天文仪器方面,莲花漏、水运仪象台、水银浑仪、巨型浑仪、五轮沙漏和简仪等重要发明,使我国的天文仪器达到了前所未有的水平。在苏颂的水运仪象台中已先于世界各国应用了擒纵装置,而郭守敬的简仪中则已应用了滚动支承。火药自宋代开始用于实战,出现了火炮、炮车和喷射火箭等武器。此外,宋代的木风箱、元代的水力大纺车等,也都成为具有重要意义的发明。

在从汉到宋的各代中,有十几人研制过指南车(图 3-7)。《宋史》中还保存有宋代指南车和记里鼓车内部构造及主要尺寸的记载,给我国机械史留下了重要的史料。这一阶段还出现了一批杰出的科技人才,如张衡、马钧、祖冲之、燕肃、吴德仁、苏颂和郭守敬等,他们都为古代机械的发展做出过重要贡献。值得一提的是,在 17 世纪宋应星著有《天工开物》,它总结了我国长期以来的生产经验,成为一本百科全书式的著作,在科技史上占有重要的地位。

图 3-7　指南车(中国国家历史博物馆藏)

图 3-7

在这一阶段，我国创造发明的古代机械种类多、水平高、价值大，处于世界领先的地位，其中一些如兵器、农机、冶金、纺织、陶瓷、造纸和印刷等技术还传到国外，对许多国家文明产生过一定的影响。这是我国机械史上一个成果辉煌和地位重要的阶段。遗憾的是，相对古代机械时期的繁荣局面而言，留下的史料则过于少了。

(3)缓慢前进阶段：至明代，由于封建集权进一步加强，既限制了资本主义萌芽的发展，也阻碍了科学技术的前进。直到19世纪40年代的几百年间，在与机械有关的范围内，除兵器和造船方面有较为显著的进展外，其他方面几乎没有出现过价值重大的发明。此时，西方机械科学技术水平已明显超过我国。

在此期间，外国传教士为我国带来西方先进的科学技术。当时出现的机械类译著如《远西奇器图说》和《自鸣钟说》等，其所描述的机械已明显超过我国古代机械的水平。然而，由于当时统治集团对西方科学技术的传入采取错误的方针，致使其传播范围很小。除在天文和数学方面有一定影响外，就机械方面而言，当时西方科学技术几乎没有对我国产生明显的影响和实际的效益。从雍正到道光的100多年间，清朝更采取闭关自守的政策，几乎断绝了西方科学技术的传入，致使我国机械科学技术与西方的差距越来越大。

### 3.2.3 近代机械时期

1840年的鸦片战争打破了清朝闭关自守政策的壁垒，随之开启了我国机械史上的近代机械时期。

当时，清朝统治集团中出现了洋务派，兴起了洋务运动。同时，西方一些发达的资本主义国家疯狂推行经济侵略和军事侵略政策，近代科学技术和近代机械也随同外国势力一起涌入我国。19世纪中后期，蒸汽机在我国迅速推广，先进的钢铁冶炼技术和大型高炉、转炉、平炉以及锻压、铸造、车削、钻削和螺纹加工等各种近代机械加工设备也相继传入，由此我国开始建立近代机械和兵器制造业，兴建铁路和制造轮船；同时，还传入了纺织、造纸、印刷、卷烟和食品加工等各种机械及生产技术；19世纪后期还出现了一批民族资产阶级创办的企业。至此，近代机械工业在我国出现了。

到20世纪，依赖西方的技术和设备，我国近代机械在上述基础上继续发展，机械产品的品种和数量有所增加，其性能和水平有所提高，建厂地区范围也有所扩大。

大约自19世纪末期，我国派出了留学生到西方科学技术发达的国家学习，出现了像詹天佑这样卓越的工程技术专家；同时，相继办起了一批高等和中等技术学堂。1905年，我国废科举、办新学，机械工程教育逐渐有了发展。

20世纪初，工程技术学会和工程技术期刊也已出现。大约从19世纪60年代起出现我国学者编写的机械工程著作。一些企业涌现出了一批机械工程技术人员和机械工人骨干。这些都对我国近代机械的发展起过一定作用。

可以看出，在这段很短的时间里，我国从古代机械发展到近代机械，由手工业作坊发展到大工厂，由传统生产技术发展到近代生产技术，机械理论与实验研究和机械设计也逐渐增多。从这个过程中，可归纳出近代机械工业具有以下明显特点。

(1)我国近代机械的发展具有半殖民地的社会性质，处处适应帝国主义经济和政治侵略的需要，对帝国主义有很强的依赖性。我国近代机械工业除能制造一些小型和简单的机械设备外，主要围绕组装和修配进行生产，布局、结构和比例都很不合理，科研和设计能力十分薄弱。这些都给以后机械工业和科学技术的发展带来了很不利的影响。

（2）我国科学技术与世界科学技术的关系日益密切，我国科学技术大量吸收了世界科学技术的内容。但在当时世界科学技术的洪流中，我国科学技术一直是跟在西方的后面缓慢前进，在机械方面也未能做出重大贡献。

（3）在此期间，我国依靠西方科学技术发展了近代机械，它与我国古代机械及传统生产技术很少有内在联系。这种情况造成近代和现代的生产设备及生产技术与机械职工队伍的实际情况脱节，也给继承和发扬我国古代机械科技遗产带来困难。

根据以上简述可知，我国近代机械时期时间不长，但它是一个急速变化的时期，是我国机械史的一个大转折，其成败、得失、经验与教训，都是值得我们加以深入研究的。

### 3.2.4 现代机械时期

1949 年，新中国成立了。当时，世界上电子、原子能和计算技术等现代科学技术兴起并迅速发展。这些方面的因素推动我国机械进入现代机械时期。在中国共产党的领导下，我国机械工业和科学技术迅速摆脱对帝国主义的依赖，大力纠正旧中国留下的布局、结构和比例上的不合理现象，建立起独立自主的机械工业。新中国成立后，我国很快就能自己生产飞机、轮船、汽车、机床和各种工程机械等，并进一步建立了门类比较齐全的机械工业体系，为许多工业部门提供成套机械设备，有力地支援了农业、国防工业和尖端科学技术的发展，还生产了一批大型、精密的机械产品。

在我国广大城乡，各行各业许多部门迅速实现机械化，大量繁重的体力劳动被机械代替，机械工业和机械科学技术为新中国的经济建设做出了重大贡献。

新中国的机械工业系统已形成自己的机械研究、设计和制造力量；在 1000 多万机械职工队伍中已有 50 多万工程技术人员；几百个研究单位、许多工厂企业和高等院校都已具备研究和设计能力；还先后建立了不少现代机械研究中心，解决了机械工业中的许多重大科研课题，很多科研成果和机械产品已经达到或接近国际先进水平；机械产品已出口到 100 多个国家和地区，在国际市场上赢得了声誉；紧跟现代科学技术潮流，许多新兴学科和边缘学科也在我国兴起，在某些学科已取得了重大进展。

新中国的机械工程教育蓬勃发展，培养了一大批高质量的高等和中等机械科学技术人才。通过职业培训和业余教育，广大职工进行知识更新，科技水平和文化素养都有所提高，在工作中发挥了更大的作用。

此外，中国机械工程学会和其他学术团体纷纷成立并积极开展工作，国内外学术活动十分活跃；又兴办了多种学术期刊和科普期刊，编辑出版了许多教材、专著和科普读物。这些对机械科学技术的提高也起了很多作用。

纵观机械工程的发展历程可知，制造业与制造技术的发展是由国家政治、经济、社会等多方面的因素决定的。

# 3.3 我国工程机械行业发展历程

微课：中国工程机械行业发展历程

## 3.3.1 我国工程机械行业发展简史

我国工程机械行业的发展历史，大致可以划分为以下7个阶段。

1）创业时期（1949—1960年）

1949年以前，我国没有工程机械制造业，仅有数量有限的几个作坊式的修理厂，而且只能维修简易的施工机具和其他设备。

据有关史料记载，当时这几个工程机械修理厂主要集中在我国沿海地区和北方。如现在的抚顺挖掘机制造厂在新中国成立前是日本开办的一个采煤设备修理所，新中国成立后发展成了一个主要生产挖掘机和履带式起重机的骨干生产企业。天津工程机械厂的前身是英国开设的“马号”修理部，1922年开始以修理蒸汽压路机和混凝土搅拌机为主要业务，1940年日本占领天津后开始生产压路机零配件。天津解放时，该厂仅有30多名工人，设备破旧不堪，但现在已发展成我国平地机的骨干生产企业。上海建筑机械厂的前身是私营国华工程建设有限公司所属的机械维修部，从事建筑工程所需简易设备的维修工作，现在是国内挖掘机骨干生产企业之一。天津建筑机械厂的前身为上海机械修配厂的一部分，新中国成立后迁至天津市，现在发展成推土机骨干生产企业之一。此外还有一些小的修理厂分散在东南沿海一带。

尽管这些作坊式的修理厂装备、管理都极为落后，当时在经济上也无多大作用，但是它们却起到了我国工程机械发展种子的作用。

1949年至1960年，工程机械在我国仍未形成独立行业，机械制造部门尚无力建设工程机械制造厂，只好由其他行业兼产一小部分简易的小型工程机械产品。

“一五”期间（1953—1957年），由于国家大规模经济建设的需要，对工程机械的需求量猛增，机械制造部门生产的产品远远不能满足需要，因而其他工业部门（如当时的建筑工业部、交通部、铁道部等）为了装备本部门的施工队伍，便自行生产一些简易的工程机械。如建筑工业部设立了机械制造局，与各省建工局一道组建了一批工程机械修造厂，以修理业务为主。交通部成立了若干个筑路机械厂，当时主要业务也是维修设备和生产部分零配件。第一机械工业部则投资改造沈阳风动工具厂，到1958年凿岩机和风动工具产量达68500台；改造抚顺挖掘机厂，目标为代表产品1$m^3$挖掘机生产规模100台/年。这时全国主要工程机械制造企业发展到10多个，总产量达1.87万t。

这期间,工程机械进口数量大幅度增加。如当时中国人民解放军铁道兵负责建设地形和气候条件均很复杂的成昆铁路和鹰厦铁路,先后从日本小松制作所购置D80型推土机近千台。再如,当时的中国人民解放军工程兵承担大规模地下工程施工任务,从瑞典阿特拉斯·柯普科公司进口了大量的凿岩机械和井下运输设备。这种情况说明,我国的经济、国防建设要求工程机械必须加速向高水平发展。

但在1958—1960年,由于国家基本建设战线拉得过长,经济状况迅速恶化。尽管如此,工程机械仍然得到了发展。这期间,我国试制了54~80马力(1马力=735.49875W)推土机、5~8t汽车式起重机、0.5~4.0$m^3$机械式单斗挖掘机、2~6t的塔式起重机、生产率为135$m^3$/h的混凝土搅拌楼、蒸汽压路机等一系列产品,总产量由1958年的1.87万t增加到4.73万t,职工人数达21772人,其中工程技术人员867人,工业总产值为2.8亿元,主要制造企业发展到20多个。这一时期虽然工程机械有了发展,但不少企业对产品不讲质量的浮夸现象也很严重,对行业的发展有不小干扰。

2)行业形成时期(1961—1978年)

1960年12月9日,国务院和中央军委共同决定:由原第一机械工业部组建五局(工程机械局),负责发展全国的工程机械。当时对该局确定的工作方针是:以军为主,兼顾民用。所谓以军为主,就是主要发展工程兵和铁道兵的基本装备,包括了各种工程机械。因此,这个方针的实质就是全面发展工程机械。

一机部五局(工程机械局)于1961年4月24日宣告成立。当时国务院向各部委和省、区、市计委、经委、科委、机械厅(局)发出了通知,指示各部门要与一机部五局密切配合,共同把发展工程机械的工作做好。1970年4月一机部五局又与重型机械局(三局)、通用机械局(一局)合并成立为重型大组(内分重型机械、通用机械、工程机械3个小组)。1972年8月该大组又分为矿山工程机械局和重型通用机械局。1978年12月重型通用局的重型机械部分与矿山工程机械局合并,成立重型矿山机械总局(含工程机械)。

一机部五局刚成立时,有20个归口企业,其中有4个直属厂:抚顺挖掘机厂、沈阳风动工具厂、宣化工程机械厂和韶关挖掘机厂,并于1961年2月在北京成立了一机部工程机械研究所。

1963年10月,经建筑工业部党组向国务院建议并由国务院批准,建筑工业部机械局与一机部五局合并,并将其直属的天津建筑机械厂、上海建筑机械厂、柳州工程机械厂(原名柳州金属结构厂)、徐州工程机械厂(原名徐州金属结构厂)、哈尔滨工程机械厂(原名东北金属结构厂)、四川建筑机械厂(原名西南金属结构厂)、湖北工程机械厂(原名湖北建筑机械厂)和建筑机械研究所(即长沙建机院前身)划归一机部五局统一管理。贵阳矿山机械厂、厦门工程机械厂、三明重机厂也陆续转为一机部五局直属。此时一机部五局共有14个直属厂,归口的专业厂和兼业厂达50多个。当时14个直属厂固定资产近亿元,拥有金属切削机床近1000台。在同济大学、吉林工业大学(现为吉林大学)、西安公路学院(现为长安大学)、太原重机学院(现为太原科技大学)先后设立了工程机械系。这意味着工程机械行业已经形成。

1964年12月,经国务院批准,工程机械行业建设了一批三线企业:黄河工程机械厂(天津建筑机械厂包建)、浦沅工程机械厂(上海工程机械厂包建)、长江起重机厂(北京起重机厂包建）、长江挖掘机厂（抚顺挖掘机厂包建）、长江液压件厂（上海工程机械厂液压件车间搬迁）、天水风动工具厂（沈阳风动工具厂包建）。为加强工程机械配套件的建设，于 1964 年引进日本技术并由沈阳风动工具厂、宣化工程机械厂承建了榆次液压件厂。这批新建企业，现在均发展成了工程机械行业的骨干企业，生产规模和技术水平也都超过了母厂，从而增强了工程机械行业的力量。这时一机部五局直属厂达 18 个。这些企业于 1970 年全部下放到企业所在省、市机械厅（局）管理。

与此同时，由建工部归口的一批金属结构厂陆续调整产品方向，发展成为工程机械专业厂。如华北金属结构厂改名为北京建筑机械厂，生产挖掘装载机和液压单斗挖掘机；沈阳金属结构厂改名为沈阳建筑机械厂，生产塔式起重机；西北金属结构厂改名为陕西建筑机械厂，生产机动翻斗车；西南金属结构厂改名为四川建筑机械厂，生产塔式起重机、推土机和军用运输车。

工程机械行业从 1961 年开始组织全国行业规划，根据发展需要逐步对企业调整了产品方向。如上海华东建筑机械厂调整为混凝土机械专业厂，沈阳、安阳、佛山工程机械修理厂调整为混凝土振捣器专业厂，贵阳矿山机械厂调整为液压挖掘机专业厂，柳州、厦门、成都工程机械厂调整为轮式装载机专业厂，郑州工程机械厂调整为自行式铲运机专业厂，三明重机厂、徐州工程机械厂、洛阳建筑机械厂调整为压路机专业厂（其中洛阳建筑机械厂从 20 世纪 50 年代即开始生产静作用压路机），徐州起重机厂、北京起重机厂、泰安起重机厂、长江起重机厂、锦州起重机厂、浦沅工程机械厂调整为汽车式和轮胎式起重机专业厂，沈阳风动工具厂、天水风动工具厂、宣化采掘机械厂、南京工程机械厂则调整为凿岩机和风动工具的骨干专业厂等。由于我国发展了上述一批重点企业，行业规模因此不断扩大，产品品种增加也很快。四部一委（一机部、煤炭部、建筑部、冶金部及国家计委）又于 1966 年 5 月在北京主持召开了全国工程机械和起重运输机械规划会。

在此期间，行业的科研院所也有所发展。一机部除继续发展、壮大工程机械研究所（1963 年迁天津）、建筑机械研究所（1972 年迁长沙，现名为长沙建设机械研究院，图 3-8）之外，1966 年将沈阳风动工具厂下属风动工具研究所迁天水，改名为天水风动工具研究所；1974 年在西宁成立的西宁高原机电研究所，于 1982 年由国家科委批准改为西宁高原工程机械研究所，专门从事工程机械高原性能研究；1976 年在河北省怀来县建立了工程机械与军用改装车试验场。另外，国家建委在廊坊建立了中国建筑科学研究院建筑机械化研究所。水电部在杭州和长春建立了水工机械研究所。交通部成立了公路研究所（其中的筑路机械研究室专门研究开发各种筑路机械）。以上各研究所都能根据行业的分工，按各自归口范围进行产品研究、开发，并组织不同的行业活动。行业大型骨干企业都有设计科或研究所或研究室。这些科研机构的逐步完善、加强和扩大，为工程机械行业的技术进步打下了强有力的技术基础。

在此过程中，全国已有 20 多所高等院校设立了工程机械专业或系，源源不断地为行业输送工程机械技术人才。

工程机械行业当时受到政治风波的影响，一度拉大了与国外的差距。尽管发展速度慢下来了，但由于行业的团结，骨干企业基本都能按照行业规划发展。

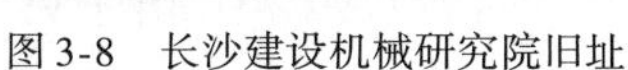

图 3-8　长沙建设机械研究院旧址

图 3-8

1976 年以后,全国生产工程机械的专业厂和兼业厂已达 380 个。其中生产钢筋混凝土机械的厂家达 112 个,生产铲土运输机械的厂家达 79 个,生产工程起重机械的厂家达 70 个,其余为生产其他类别工程机械的厂家。在“三五”和“四五”两个五年计划期间,我国共投入 3.6 亿元对重点骨干企业进行技术改造。到 1978 年,380 个企业固定资产达 35 亿元(其中专业厂有 43 个),净值 17.5 亿元,工业总产值 18.8 亿元,净产值 8.5 亿元,毛利润 4.6 亿元,职工近 34 万人。

正在工程机械行业开始快速发展之时,1978 年 8 月 29 日,一机部和国家建委发文将行业中的挖掘机械、压实机械、桩工机械、混凝土机械由一机部划归国家建委归口管理,并由一机部划给国家建委 60 个归口厂,形成了两个制造体系。

3)全面发展时期(1979—1999 年)

党的十一届三中全会以来,以经济建设为中心的各项政策相继出台,改革开放步步深入,极大地促进了我国经济的稳定高速发展。在这种形势之下,国家基本建设投资规模和引进外资力度不断加大和增强,给工程机械行业的发展带来了新的历史性机遇。

为了迎接新的形势,当时一机部决定壮大工程机械行业的生产能力。1980 年重型矿山机械总局将叉车与工业搬运车辆行业由起重运输机械行业调整到工程机械行业,便于统一组织专业化生产。1982 年该局更名为重型矿山机械工业局,通过部领导协调农机行业的鞍山红旗拖拉机厂、青海拖拉机厂(后改名为青海工程机械厂)、青海齿轮厂、青海工具厂、青海柴油机厂、青海锻造厂和青海铸造厂 7 家企业转产为生产工程机械及其零部件的专业厂,其中青海 6 厂转为重型矿山机械工业局的直属厂,再加上 1979 年已收的柳州工程机械厂和山东推土机总厂,此时重型矿山机械工业局工程机械行业的直属厂有 8 个。在行业规划方面,则确定工程机械行业以专业化生产为发展方向,并明确四川齿轮厂与青海齿轮厂发展行星式动力变速器,为工程机械全行业配套;另外,在徐州发展回转支承、驱动桥、机械换挡变速器、驾驶室、液压元件等专业生产厂。在此期间,全国各地共规划发展 30 多个工程机械专业部件厂,并明确这些企业不管在何地,一律为全行业服务。

但是两个制造体系给工程机械行业造成的分散局面不适应新的发展形势。国家计委根据国务院的指示精神,组织当时的一机部、建设部、交通部、铁道部、林业部、兵器部和工程兵等部门共同成立了全国工程机械大行业规划组,由该组负责统筹协调全行业的投资、企业布点、引进国外技术、引进外资等工作。当时,全国共成立了10个大行业规划组,在一机部设立大行业规划办公室,负责日常工作。全国工程机械大行业规划组由一机部重型矿山机械工业局任组长,以上各部机械局参加;规划办公室设在重矿局工程机械处,处理日常业务工作。

1978年我国撤销机械部和兵器部,组成国家机械工业委员会,工程机械、农业机械和内燃机械三行业组成工程农机局。

1985年,国务院确定一机部进行经济体制改革试点。当年下半年批准一机部更名为机械工业部,并将其上报的改革方案批转在全国试行。文件规定各部机械直属企业一律下放到所在地区的中心城市,各部门的机械管理机构撤销,由机械工业部统一进行行业管理。1986年初,机械部重矿局将柳州工程机械厂下放到柳州市,将山东推土机总厂下放到济宁市,将青海6厂下放到青海省机械工业厅管理。在这次改革中,由于只是机械部一个部门转换职能,其他各部委尚未行动,这样就导致与全国各部门的改革不配套,尤其是国家计委的投资渠道没有改变,结果改革作用不大。

1989年,电子部与机械委合并成立机械电子部,工程农机局改名为工程农机司。1993年,电子部恢复,兵器总公司独立,又恢复了机械工业部,专业司局撤销;因农机工业涉及农业发展问题,故工程农机司改名为农业装备司,内设工程机械处,管理工程机械行业。1998年我国撤销机械部,成立国家机械工业局,全面进行机械工业宏观管理,取消了其他有关部、局对机械行业的管理职能,从而实现了工程机械大行业管理。

自"七五"计划以来,工程机械行业的专业化生产发展很快。随着市场经济的发展,全国有18个省、区、市将该行业作为本地区的支柱产业发展,投资力度不断扩大。20世纪80年代以来,全国组建了17个工程机械集团。"七五"期间,全行业完成技改投资14.4亿元,"八五"期间完成50亿元(机械部归口企业完成35亿元,其中主要是国家经贸委批准的"新型推土机、装载机关键零部件引进、消化、吸收一条龙"项目),"九五"期间完成技改投资31亿元。自"七五"计划至今,全国工程机械行业完成投资总额近100亿元。据统计,截至1997年,全行业固定资产原值为210亿元,净值140亿元,产品销售额约350亿元。全国工程机械企业1008个,其中年销售额5000万元以上的专业厂有125个,销售额1000万元到4999万元的有176个。这300个企业工业总产值达311.6亿元,销售额331亿元,上缴税金31.3亿元,利润14亿元。这300个企业的销售总额占全行业的90%以上。

1979—1998年全行业共引进国外先进技术168项。其中山东推土机总厂、黄河工程机械厂与上海彭浦机器厂于1979年联合与日本小松制作所签订了引进220马力和320马力履带式推土机的制造合同;20世纪80年代初,南京工程机械厂、沈阳风动工具厂和天水风动工具厂联合与瑞典阿特拉斯·柯普科公司洽谈引进了液压凿岩机、井下和露天全断面开挖凿岩台车制造技术;1984—1986年,柳州工程机械厂、厦门工程机械厂、宜春工程机械厂、鞍山红旗拖拉机厂、哈尔滨拖拉机厂、上海彭浦机器厂、宣化工程机械厂、青海工程机械厂、上海柴油机厂、山东推土机总厂履带总成分厂、四川齿轮厂和成都工程机械总厂液力变矩器分厂共12个企业,联合与美国卡特彼勒公司洽谈引进了履带式推土机、轮式装载机、轮式集材机等3类7种主机制造技术,以及柴油机、液力变矩器、动力手动变速器、驱动桥、液压缸、"四轮一带"等一系列关键基础部件制造技术；徐州起重机厂、长江起重机厂和浦沅工程机械厂于 1980 年初从德国利勃海尔公司引进了全地面起重机制造技术；合肥叉车厂与宝鸡叉车厂联合从日本 TCM 公司引进了 1～10t 9 个品种规格的内燃叉车制造技术；杭州起重机厂等 7 家企业从德国德马格公司、O&K 公司和利勃海尔公司引进了 10 多种液压挖掘机制造技术。通过这批引进国外技术企业进行参观、培训、全面消化吸收引进技术、学习国外企业先进管理、外国专家支援等过程，行业整体水平得到了很大提高。经过重点技术改造，我国工艺制造水平接近了国外同类企业的先进水平。从“六五”计划开始，工程机械行业冲破部门和地区限制，发展专业化生产。我国相继建成 30 多个工程机械专业基础部件生产企业，其中多数都引进了国外先进技术。到目前，我国基本形成了全国性、地区性和企业性三个层次的专业化生产体系，产品也基本形成了系列。

按以上数据计算，工程机械行业销售额在全国机械工业各行业中，仅次于汽车、农机、电工电器三个行业，名列第四位。

4）黄金发展时期（2000—2010 年）

（1）黄金发展时期主要成就

①全行业规模总量跃居世界首位，成为我国国民经济发展的重要支柱产业之一。

工程机械行业从 1961 年开始组建，当时在机械工业中只是一个小的行业，专业制造企业 18 家，固定资产原值 9638 万元，机床 978 台，职工总数 9857 人。

工程机械行业主要从“七五”计划开始高速发展，全国有 18 个省市都曾把工程机械产品作为本地区的支柱产业来发展，投资力度不断加大。在“七五”期间，各企业完成技改基建投资 14.4 亿元，“八五”期间达到 50 亿元（其中机械工业部系统就完成投资 35 亿元），“九五”期间（至 1998 年）已完成技改投资 31 亿元，行业累计完成投资近 100 亿元。其中不包括改革开放以来外商来中国投资到位的资金 3.45 亿美元。

2009 年，全行业规模以上生产企业有 1400 多家，其中主机企业 710 多家，职工 33.85 万人，固定资产原值 668 亿元，净值 485 亿元，资产总额达到 2210 亿元，年平均利润率为 7.51%。

在此时期，包括装载机、挖掘机、汽车起重机、压路机、叉车、推土机、混凝土机械等一大批工程机械产品产量跃居世界首位。另外，因城市轨道交通建设、高速铁路建设、风电建设等特殊工程作业需要，盾构机、旋挖钻机、大型工程起重机、大型混凝土箱梁运吊设备等超出了常规发展速度，成为新的增长点。

②自主创新和体制机制创新促进了行业快速发展。

该时期工程机械行业扎实推进自主创新，取得了丰硕成果，其中共有 106 项创新成果获得“中国机械工业科学技术奖”，一等奖 10 项，二等奖 37 项、三等奖 59 项。

全行业共有 19 种大型工程机械被列入国家重大技术装备制造发展领域，有 18 家企业被列入军需采购对象。已建成基本覆盖工程机械行业重点产品领域、布局合理的国家级工程（技术）研究中心和重点（工程）实验室 4 个，国家认定的企业技术中心 17 个。企业提取的新技术研发费用已占到销售总额的 5% 以上。

我国工程机械自给率从“十五”期末的 82.7% 提高到 2009 年的 88.5%，逐步实现从制造到创造的跨越。产品的可靠性不断完善，与国际先进水平的差距逐渐缩小。挖掘机、平地机平均无故障时间达到 700h 以上。

③调结构，转方式取得明显成效。

a. 生产集中度大幅度提高。2010年销售额达到100亿以上的企业11家，分别是徐工、中联、三一重工、柳工、山推、龙工、厦工、小松中国、斗山中国、日立建机、神户制钢。2010年销售额10亿元以上的企业在2010年的销售额占全行业的比例超过85%；而2005年销售额在10亿元以上企业只有22家，占行业销售总额的比例为40%。

b. 产业集群加快形成。

c. 民营经济、中小企业获得了长足发展。

d. 产品结构进一步优化。

e. 代理商体制初步形成，售后维修服务体系逐步建立。

④国际化步伐加快，全球化服务的能力和水平大幅提高。

2010年，我国工程机械进出口贸易额为187.4亿美元，比上年增加45.7%。其中进口金额84亿美元，比上年增加63.2%；出口金额103.4亿美元，比上年增加34.2%；贸易顺差19.4亿美元，比上年减少顺差6.2亿美元，同比下降24%。而2005年进口额仅为30.64亿美元，出口额仅为29.4亿美元。

我国许多企业对自身的定位已经从行业领先变为国际领先，在国际化道路上不断探索着更加可行的方案。除了积极拓展海外业务、建立海外服务体系外，自身的国际化扩张也是企业关注的重点：一是设立海外研发机构或收购相关科研院所，设立海外工厂或并购海外企业；二是引进高端人才。

我国相关企业通过参加北京国际工程机械、建材机械及矿山机械展览与技术交流会(BICES)、上海国际工程机械、建材机械、矿山机械、工程车辆及设备博览会(BaumaChina)和德慕尼黑工程机械展览会(Bauma)、美国拉斯维加斯工程机械展览会(Conexpo)、巴黎国际工程机械展览会(Intermat)等优秀的、国际化的工程机械展览会，展示了最新产品，进行国际化交流，成为广大企业扩大出口的最佳窗口。

⑤人才培育取得新成果。

工程机械协会于2006年9月18日成立了"机械工业职业技能鉴定工程机械行业分中心"，授权开展工程机械行业国家新职业的申报、国家职业标准的制订和鉴定教材的编制和实施、人员培训等工作。

我国批准了"工程机械修理工"(含操作工)和"工程机械装配与调试工"两个新职业的申报，并列入国家职业大典。

中国工程机械协会组织编写了《工程机械修理工国家职业标准》和《工程机械装配与调试工国家职业标准》。人员经考核合格，可取得由劳动和社会保障部颁发的"职业资格证书"。

⑥积极投入抗震救灾，勇于承担社会责任。

5·12汶川地震抢险救灾中，根据国家发改委及总装备部的要求，全行业及时调运了数百台工程机械发往灾区，并向灾区捐赠设备和现金共计2.8亿元，包括各种设备近700台。许多企业还迅速派出救灾突击队，带着设备开赴救灾第一线。

柳工、徐工、中联、厦工、山推、三一重工、山河智能、洛阳一拖、京城重工、惊天液压、成都神钢、卡特彼勒、小松、合肥日立、贵州詹阳、沃尔沃、JCB等企业，都在救灾行动中表现出高度的社会责任感和良好的企业素质，受到政府和社会的一致好评。

(2)黄金发展时期行业发展存在的主要问题及制约因素

①自主创新理念和能力有待加强。

主要是自主创新的理念不够深入,自主创新的能力不足,具体体现为产品技术和企业管理水平与国际先进水平存在较大差距。

②低水平同质化无序竞争状态依然不减。

轮式装载机、叉车、挖掘机、塔式起重机等产品生产企业均超过70家,大部分企业没有研发平台,靠模仿或通过中介渠道廉价获取产品技术资料。这些企业生产制造装备比较落后,投资少,企业社会负担轻,管理成本低,生产的产品进入市场成本低,门槛低,造成低质低效产品在市场上大量流通。

③关键零部件核心技术及制造水平制约行业发展和产业结构调整。

一般配套部件生产供应充足,但是高技术、高附加值的关键配套部件主要依靠进口,平均每吨价格8万多美元,例如传动部件、控制元件、柴油发动机及关键液压件严重紧缺,能力过剩和结构性短缺反差强烈,从而严重制约了我国工程机械向高端技术产品的发展。

④行业标准化工作体系已不适应市场经济运行法规的要求。

标准化工作体制不适应市场经济的循序发展,表现为:

a.标准化具体技术内容及条款部分已过时;

b.标准化管理和支承体系与改革脱节,行业标准大部分是在专业研究院所具体归口负责,当前这些研究院所都进入企业或公司化管理,经费来源受阻;

c.原有标准水平不利于行业创新和技术进步的发展。

⑤工程机械二手设备交易管理缺失,高能耗、高污染、低效与不安全产品在市场上大量流通。

例如,2009年进口2万多台二手挖掘机,2010年又上升到3.2万多台。这样既扰乱了我国工程机械市场环境,又违背国家节能减排方针的贯彻。

我国工程机械正在运行使用的机器有350万台左右,是燃油消耗大户,每年消耗燃油约6500万t。部分设备陈旧落后、能耗高、排放超标、液压油跑冒滴漏、安全无保证的产品依然在运行使用,该到淘汰或报废的产品仍然淘汰不掉,交易过程中相互坑蒙拐骗、偷税漏税现象时有发生。

5)调整时期(2011—2015年)

(1)调整时期发展概况

2011年以来,随着经济增速逐步放缓,工程基建热潮逐步回落,与之相关的机械行业也迎来了痛苦的调整期,出现销售滑坡、库存上升、应收账款激增等问题。

2011年,我国工程机械行业前50家企业的销售收入占全行业的比例达86%。在2011年度全球工程机械制造商50强排行榜中,徐工、中联重科、三一重工、柳工等11家企业榜上有名,其中徐工、中联重科、三一重工这三家"航母型"企业年销售额突破800亿元。此外,包括外商在我国投资企业在内还有12家企业销售收入突破100亿元。2011年,我国工程机械行业企业科技投入持续增长,科研力量不断加强。

徐工集团江苏徐州工程机械研究院着力打造国际一流的工程机械技术研发机构;中联重科的国家混凝土机械工程技术研究中心各项科技创新工作取得新进展;柳工股份被国家科技

部批准为我国唯一的“土方机械行业国家级工程技术研究中心”，代表了我国土方机械行业技术研发和成果转化的一流水平。2011年度，全国机械工业科技进步奖共有24项工程机械产品及技术获奖，以高质量、高技术为特征的高端装备层出不穷，重大装备技术又取得新的突破。2000t级、3000t级的履带式起重机，800t级、1200t级全地面起重机，12t装载机等相继面世。同时，新技术、新材料的应用又获得突破，继中联重科80m碳纤维臂架泵车问世后，三一重工62m泵车制造厂落户大连。由于相关企业长期看好工程机械市场需求，投资和重组热度不减。徐工集团投资临港生产制造基地项目启动，同时徐工混凝土建设机械产业基地奠基；三一重机8万台挖掘机项目投产；柳工收购首钢重汽42%股权与首钢矿业合作进军矿业机械；山推混凝土机械武汉产业园落成；山河智能装备集团山河工业城奠基等。另外，卡特彼勒、小松、日立建机、特雷克斯等继续加大在我国的投资和布局。

机械工业是我国第一大工业部门，2011年我国机械工业累计实现工业总产值16.89万亿元。据海关统计，2011年1月至11月，机械工业进出口5745.57亿美元，同比增长24.09%。其中，进口2830.23亿美元，同比增长23.34%；出口2915.34亿美元，同比增长24.83%；进出口贸易顺差85.11亿美元。我国工程机械销售量和销售额已经双双超越美国、日本、德国，位居世界第一位；我国工程机械自给率从“十五”期间的70%左右，提高到目前的80%以上，逐步实现从制造到创造的跨越。我国成了真正的世界工程机械制造大国。

工程机械行业低位运行、市场需求量的减少是2012年后行业面临的最大困境。自2011年4月以来，整个工程机械行业进入发展低迷期。以某挖掘机企业为例，截至2012年11月底的市场销量与2011年同期相比下滑了35.84%。2012年我国工程机械行业销售额5626亿元，同比增长2.96%。行业增长幅度明显下滑，2011年工程机械行业销售额同比增幅为20.7%。

根据对行业重点13家企业集团的统计，2012年这13家企业的销售收入是3698.6亿元，比2011年下降了3.68%；利润下降了223.43亿元，降幅达34.1%；收入利润率由2011年的8.83%降至2012年的6.04%。行业内的市场预期依然不太乐观。

(2)“十二五”期间发展重点及主要任务

①提高关键零部件的技术水平和制造水平。

a. 提高工程机械产品动力配套性能。

b. 抓好工程机械液压元件的产品开发和高精化、规模化制造。

c. 对专用传动部件的可靠性和耐久性进行系统性研究和开发。

②实施智能化工程，提高产品智能化控制的技术水平。

实现智能优化控制、故障自诊断、安全保护逻辑控制、信息反馈可视化，是当今工程机械行业技术发展的主流方向。在“十二五”期间，工程机械重点主流产品均要达到智能化、信息化控制水平，特别是大型工程机械要实现本机和远程的智能化控制。

③继续支持发展大型工程机械。

重点发展单台价值在100万元以上，并已纳入重大装备制造业大型施工机械的19种机型产品，例如大型轮式起重机、大型履带式起重机、国家重大建设工程用的特大型塔式起重机、高铁建设用的重大成套装备、铁路机械化养护成套装备、大型桩基设备、大型土石方工程机械、河道与湖泊大型疏浚设备、大型商品混凝土机械、全断面掘进机及电铲等专用大型工程机械，国产化率要达到65%以上。

④重点支持研发生产的新产品。

a. 加快研发海洋工程施工机械。

b. 发展城市建筑垃圾回收再利用综合技术装备。

c. 加快发展城市垃圾处理与综合利用装备。

d. 支持发展新型施工升降机、自走式和自行式高空作业平台、高处作业吊篮、叉装机等产品的发展。

e. 加快工程机械各类配附件、专用属具的研发制造，在全国培育几个属具制造基地。

f. 加快发展环保节能型仓储装备，包括电动叉车、高起升堆垛机、自动化物料搬运车辆等。

g. 大力发展新型建材机械和混凝土制品机械。

h. 大力推进旧工程机械产品回收再制造工程。

⑤培育发展航母型国际知名公司和一批专、精、特的中小企业。

打造3、4个销售额达到1000亿元级企业集团和5、6个500亿元级企业集团，成为国际知名公司；同时要支持发展一批专、精、特及成长性较好的中小型企业，使行业结构更趋于合理。

⑥提高工程机械行业检测试验技术水平。

对国家级检测中心进行投资扶植，与国际水平接轨，争取在国际贸易中的话语权。

⑦建立二手设备的交易管理机制。

对二手设备交易及现役设备的流通管理列项进行专题研究，培育和建立有序、规范、高效的二手工程机械交易市场和管理机制。

⑧规范工程机械行业租赁和融资租赁的运作体系。

安排工程机械租赁业务方面的专项规划，完善和制定工程机械行业租赁业务的相关法律法规和管理方面的政策性条例，达到规模化和规范化的发展目标。

⑨进一步完善工程机械行业维修服务体系，提高维修服务水平。

通过专项调研，对现有维修企业进行评级选拔，纳入政策扶植发展范围，在资金上给予必要的支持；建立工程机械维修服务方面的专门职业技术学院（学校），实行公办与民办结合，鼓励大企业集团投资办学，实行以公益为主、盈利为辅的办学方针，为社会输送工程机械维修人才。

⑩建立工程机械产品修理、装调、操作工职业技能培训体系。

全面提高维修、装调、操作工人的技能水平，更好地利于设备合理使用和保养，改善现役设备完好率；在“十二五”期间，逐步编写好各类产品培训教材，按地区和分产品进行实地培训。

6）恢复性增长时期（2016—2021年）

中国工程机械行业经历了长达5年多的深度调整，于2016年下半年迎来了企稳回升，并在2017年上半年实现了全面的恢复性增长，工程机械行业呈现出规模、效益、品牌价值、国际化、创新研发和智能制造等全面提升的局面。

根据中国工程机械工业协会统计，工程机械行业的产业规模从“十二五”末（2015年）的4570亿元，发展到2021年的9065亿元（表3-1）。

2015—2021年工程机械行业营业收入　　表3-1

| 年份 | 2015年 | 2016年 | 2017年 | 2018年 | 2019年 | 2020年 | 2021年 |
|---|---|---|---|---|---|---|---|
| 营业收入(亿元人民币) | 4570 | 4795 | 5403 | 5964 | 6681 | 7751 | 9065 |
| 同比(%) | -11.7 | 4.93 | 12.7 | 10.4 | 12.0 | 16.0 | 17.0 |

从2017年中国工程机械行业的各项主要销售、出口和营业统计数据来看,2017年工程机械行业营业收入达到了5403亿元,这是中国工程机械在经历近5年多连续调整之后的一个收获年。仅在2017年上半年九大类主要工程机械产品均保持20%以上的增长幅度,其中挖掘机和汽车起重机同比销量翻番。各类产品累计销量和增幅依次为:挖掘机75069台(100%以上),汽车起重机9531台(100%以上),压路机9625台(50.6%),平地机2326台(41%),推土机3269台(35.5%),叉车242907台(34.2%),装载机49088台(32.7%),摊铺机1398台(24%),铣刨机448台(21%)。2018年我国工程机械行业营业收入达到5964亿元,2019年和2020年分别突破6000亿元和7000亿元关口,2021年,我国工程机械行业营业收入首次突破9000亿元大关。在新冠肺炎疫情肆虐加之原材料价格飞涨的2021年,这份成绩的取得殊为不易。工程机械行业整体保持一个比较良好的增长。

(1)本时期取得成果

①行业规模快速增长。

2016年,行业从连续5年的低谷走出,“十三五”期间,我国工程机械行业规模得到快速增长,2020年全行业完成营业收入达到7751亿元,同比增长16%,达到历史最高水平,完成了计划的总量规模预期目标。一批本土企业进入全球工程机械产业前列,出口及海外营业收入占比预计超过30%,海外品牌影响力全面提升。

这一时期,我国工程机械进出口总额达到1260亿美元,比“十二五”增长了4.39%,其中出口累计1059亿美元,增长13.4%,进口累计201亿美元,下降26.45%。2019年工程机械产品进出口总额达283亿美元,出口242.76亿美元,已接近250亿美元出口目标。由于全球新冠疫情影响,全球经济受到较大冲击,2020年工程机械全球贸易量大幅度下降,我国工程机械出口近210亿美元,比2019年下降超13.6%。

②行业结构调整取得较大进展。

产业结构得到不断优化。布局更加高效、集约,产业集中度稳步提高;零部件制造能力水平和产品质量、可靠性明显提升,产业链进一步协调发展;制造服务业从设备交付、培训、维修、租赁、保养、油品、设备使用状态监控和零部件供应,到二手设备交易、部件和设备再制造等得到快速成长;工业互联网在产业领域应用进一步深化,推动智能制造、智能产品、智慧管理等制造业转型升级。

随着国民经济建设和世界各国经济建设对工程机械需求的不断升级,市场对工程机械产品需求结构发生变化。更多高性能、高质量、高可靠性、高适应性的产品被市场追求;由单一通用机型需求结构为主向多元化需求结构和对施工技术系统整体解决方案发展;同时新的施工环境(高原、极寒等)和工法(安全、高效)推动新型工程机械的跨越式升级。

一批企业的项目成为智能制造示范试点并应用推广;涌现出一批国际化品牌;标准化工作

取得突出成果;高端零部件自主化率提升明显;检测、验证、测试等手段得到加强。

③创新发展成果显著。

智能化工程机械快速发展,重大技术装备再上台阶,质量、性能和可靠性、耐久性进一步提高,工业互联网广泛应用,绿色发展成绩卓著。

在产品方面,涌现了一批具有辅助操作、无人操作、状态管理、机群管理、安全防护、特种作业、远程控制、故障诊断、生命周期管理等功能的智能化工程机械,并被广泛投入实际应用。同时,高端工程机械和重大技术装备——大型、超大型挖掘机,超大型起重机,高端桩工机械等,也实现了对进口产品的替代,并在施工工法和极端施工环境应用中得到验证。此外,大型铲土运输机械、环保智能化混凝土沥青搅拌设备、大载重量臂式升降作业平台、大型成套路面施工及养护设备、大型多臂智能控制凿岩台车、超大型电动轮自卸车、长钢臂架泵车、大型集装箱正面起重机等重大技术装备等在研发、制造、工程应用、关键部件等方面均取得重大进展,如箱、桥、大型结构件等进行了寿命提升,进一步提高了整机产品的可靠性和耐久性。

工程机械工业互联网通过系统构建网络、平台和安全功能体系,打造人、机、物等要素全面互联的新型网络基础设施,形成智能化发展的新兴业态和应用模式,建成了数字化、网络化的作业场景再现与作业参数实时反馈的监控体系,有效地支撑了工程机械研发、制造、施工管理、安全管理、协同作业、应急救援、维保服务、早期故障排除等各环节的高效运营。

工程机械行业秉持绿色发展的理念,积极开展以智能制造和绿色制造为目标的技术改造,全面推广新型环保涂装技术、焊接粉尘控制技术、节能节材技术、振动噪声控制技术和再制造技术。在此期间,行业全面实现了非道路移动机械向国家第三阶段排放标准的切换,实现了工程机械排放标准的升级,有效降低了大气污染排放总量,同时积极迎接向国家第四阶段排放标准的切换。

④标准化工作进一步完善。

本时期中国工程机械行业标准化工作按计划开展了强制性标准的整合精简和推荐性标准集中复审工作,修订了包括建筑施工机械与设备、土方机械、工业车辆、凿岩机械与气动工具等行业的国家标准139项、行业标准109项,国际标准转化为国家标准、行业标准202项,主导制订国际标准7项,参与制订国际标准20项,完成工程机械领域国家标准英文版翻译37项,被国际区域组织采用8项。工程机械行业作为国际产能合作重点产业,中国经过近十年的快速发展和探索实践,走出了一条稳步推进的国际化之路,首次发布了《中国工程机械“走出去”标准白皮书》,在装备制造业中第一次提出了“走出去”标准名录,为在全球市场树立中国工程机械产品品牌创造了条件。

(2)恢复性增长时期主要存在的问题

从总体上看,工程机械产业基础能力还存在薄弱环节,产业链现代化水平还有待进一步提高,部分产品的可靠性、耐久性还需要继续提升。仍有部分企业研发投入不足、产品技术含量低、技术储备不够,基础研究、试验检测投入不足、技术改造不够、工艺手段相对落后。行业一些领域存在的产能结构性过剩,特别是低端产品过剩,高端产品能力不足等问题,虽然得到缓解,但与工程机械行业高质量发展目标要求存在一定距离。一些领域出现一定程度的恶性竞争、价格战等问题,市场竞争秩序、行业发展生态受到影响。后市场管理相对缺位,二手机交易不规范,租赁业健康发展问题较多,现有大量老旧工程机械没有退出机制,存在安全隐患多、设备状态差、排放不达标等问题。这些问题急需在未来改革发展中得到解决。

7）高质量发展时期(2022至今)

放眼当下，中国经济增长已经从高速增长切换为高质量增长，工程机械作为与宏观经济息息相关的行业，其后续增长驱动力也是“高质量发展”，其具体内涵为：区域结构国际化、产品结构电动化、经营高效化、国内竞争良性化。国际化是主线，电动化与高效化作为推手的同时，也将助力国际化的持续纵深化，在国内高度集中的竞争格局下，龙头竞争的良性化也能为行业带来更高的发展质量。

《中华人民共和国国民经济和社会发展第十四个五年规划和2035年远景目标纲要》(以下简称《纲要》)提出：到2035年，人均国内生产总值达到中等发达国家水平，中等收入群体显著扩大。围绕上述目标，《纲要》在科技创新、数字经济、扩大内需、碳达峰、乡村振兴、都市圈与城市群、住房问题、人口老龄化、延迟退休、商签自贸区等方面制订了一系列战略规划与实施计划。《纲要》指出，“十四五”时期推动高质量发展，必须立足新发展阶段、贯彻新发展理念、构建新发展格局。必须坚持深化供给侧结构性改革，以创新驱动、高质量供给引领和创造新需求，提升供给体系的韧性和对国内需求的适配性。必须建立扩大内需的有效制度，加快培育完整内需体系，加强需求侧管理，建设强大国内市场。必须坚定不移推进改革，破除制约经济循环的制度障碍，推动生产要素循环流转和生产、分配、流通、消费各环节有机衔接。必须坚定不移扩大开放，持续深化要素流动型开放，稳步拓展制度型开放，依托国内经济循环体系形成对全球要素资源的强大引力场。必须强化国内大循环的主导作用，以国际循环提升国内大循环效率和水平，实现国内国际双循环互促共进。

《纲要》提出的一系列重要举措的贯彻落实，将为“十四五”期间工程机械行业带来更加广阔的创新发展空间。

从市场需求分析，《纲要》提出的发展战略、目标任务、重大工程和重点项目将继续提升工程机械市场需求。特别是各项基础设施建设、区域发展布局、城市乡村建设和民生保障工程等，都需要工程机械厂商的参与，这也是未来中国工程机械市场将保持持续增长的重要动力。我国经济发展空间巨大，基础设施建设规模庞大，工程机械存量更新和新增需求并重；近年来，工程机械行业新技术、新材料、新工法应用不断取得新成果，有力推动了技术进步和产业创新，大幅度提高了市场应用能力；工程机械应用领域需求不断升级，机器换人方兴未艾，智能化、数字化、网络化、轻量化赋能工程机械不断拓展应用领域，相信工程机械市场仍处于上升期，“十四五”期间必将高质量发展。

### 3.3.2 我国工程机械各机型发展概况

1）挖掘机械(图3-9)

(1)产品主要用途

挖掘机械是以开挖土石方为主的机械，有通用型和专用型之分。

通用型挖掘机是以挖方为主、他用为辅，一机多用(多功能、多用途)的机械。这一类机械有液压单斗挖掘机(包括伸缩臂式)和机械式建筑挖掘机(现已不多见)。通用型挖掘机数量约占挖掘机总数的90%以上。基本工作方式是反铲或正铲作业，一般是以反铲作业为主，用来完成土石方工程的开挖；稍加改装或更换工作装置以后，还可完成平整、回填、装载、抓取、起吊、打桩、碎石、钻孔、夯实等多种作业。

微课:挖掘机的分类

专用型挖掘机械是专供特定工程和矿山开采用的机械设备,一般仅有一种工作装置,驱动方式多数为多电动机驱动,能耗低。专用单斗挖掘机的工作装置主要有正铲和拉铲两种(正铲用履带行走,拉铲主要有履带式和步行式两种行走方式)。专用多斗挖掘机比相同机重的单斗挖掘机的生产率高30%左右,是一种高效率的采掘机械,但造价比较高。

图3-9 挖掘机械

微课:挖掘机的历史

微课:挖掘机结构

图3-9

(2)发展简史

①挖掘机简史。

第一台手动挖掘机问世至今,已有130多年的历史(图3-10),期间经历了由蒸汽机驱动单斗回转挖掘机到电力驱动和内燃机驱动回转挖掘机、应用机电液一体化技术的全自动液压挖掘机的逐步发展过程。

图3-10 早期珍贵的挖掘机照片(蒸汽机驱动、铁木结构组合、半回转、轨行式)

由于液压技术的应用,20世纪40年代有了在拖拉机上配装液压反铲的悬挂式挖掘机,20世纪50年代初期和中期相继研制出拖式全回转液压挖掘机和履带式全液压挖掘机。初期试制的液压挖掘机采用飞机和机床的液压技术,缺少适用于挖掘机各种工况的液压元件,制造质量不够稳定,配套件也不齐全。从20世纪60年代起,液压挖掘机进入推广和蓬勃发展阶段,各国挖掘机制造厂和品种增加很快,产量猛增。1968—1970年,液压挖掘机产量已占挖掘机总产量的83%,目前已接近100%。

1951 年，第一台全液压反铲挖掘机由位于法国的 Poclain（波克兰）工厂推出，从而在挖掘机的技术发展领域开创了全新空间。工业发达国家的挖掘机生产较早，法国、德国、美国、俄罗斯、日本等是斗容量 3.5 ~ 40$m^3$ 单斗液压挖掘机的主要生产国，从 20 世纪 80 年代开始生产特大型挖掘机。例如，美国马利昂公司生产的斗容量 50 ~ 150$m^3$ 的剥离用挖掘机、斗容量 132$m^3$ 的步行式拉铲挖掘机；B-E（布比赛路斯-伊利）公司生产的斗容量 168.2$m^3$ 的步行式拉铲挖掘机、斗容量 107$m^3$ 的剥离用挖掘机等。

②国内挖掘机发展概况。

我国的挖掘机生产起步较晚，从 1954 年抚顺挖掘机厂生产第一台斗容量为 1$m^3$的机械式单斗挖掘机至今，大体上经历了测绘仿制、自主研制开发和发展提高等三个阶段。

新中国成立初期，以测绘仿制苏联 20 世纪 30 年代到 20 世纪 40 年代的 W501、W502、W1001、W1002 等机型机械式单斗挖掘机为主，开始了我国的挖掘机生产历史。1955—1957 年，我国又按苏联科伏罗春挖掘机厂、乌拉尔重型机器厂的生产图纸，试制成功斗容量为 0.5$m^3$、1.0$m^3$ 的建筑型挖掘机和斗容量为 3.0$m^3$ 采矿型挖掘机，当年投入小批量生产。由于当时国家经济建设的需要，我国先后建立起 10 多家挖掘机生产厂。从 1967 年开始，我国自主研制液压挖掘机。早期开发成功的产品主要有上海建筑机械厂的 WY100 型、贵阳矿山机器厂的 W4-60 型、合肥矿山机器厂的 WY60 型挖掘机等；随后又出现了长江挖掘机厂的 WY160 型和杭州重型机械厂的 WY250 型挖掘机等，年产量有 300 多台。它们为我国液压挖掘机行业的形成和发展迈出了极其重要的一步。

到 20 世纪 80 年代末，我国挖掘机生产厂已有 30 多家，生产机型达 40 余种。中、小型液压挖掘机已形成系列，斗容有 0.1 ~ 2.5$m^3$ 等 12 个等级、20 多种型号，还生产 0.5 ~ 4.0$m^3$ 以及大型矿用 10$m^3$、12$m^3$ 机械传动单斗挖掘机，1$m^3$ 隧道挖掘机，4$m^3$ 长臂挖掘机，1000$m^3$/h 的排土机等，还开发了斗容量 0.25$m^3$ 的船用液压挖掘机，斗容量 0.4$m^3$、0.6$m^3$、0.8$m^3$ 的水陆两用挖掘机等，年产量达到 1400 多台。但总的来说，我国挖掘机生产的批量小、分散，生产工艺及产品质量等与国际先进水平相比有很大的差距。

改革开放以来，我国积极引进、消化、吸收国外先进技术，以促进挖掘机行业的发展。其中贵阳矿山机器厂、上海建筑机械厂、合肥矿山机器厂、长江挖掘机厂等分别引进德国利勃海尔（Liebherr）公司的 A912、R912、R942、A922、R922、R962、R972、R982 型液压挖掘机制造技术。稍后几年，杭州重型机械厂引进德国德玛克（Demag）公司的 H55 和 H85 型液压挖掘机生产技术，北京建筑机械厂引进德国奥加凯（O&K）公司的 RH6 和 MH6 型液压挖掘机制造技术。与此同时，山东推土机总厂、黄河工程机械厂、常州常林机械厂、山东临沂工程机械厂等联合引进了日本小松制作所的 PC100、PC120、PC200、PC220、PC300、PC400 型液压挖掘机（除发动机外）的全套制造技术。这些厂通过数年引进技术的消化、吸收、移植，使国产液压挖掘机产品性能指标全面提高到 20 世纪 80 年代的国际水平，产量也逐年提高。由于国内对液压挖掘机需求量的不断增加且多样化，国有大、中型企业对产品结构进行了调整，一些其他机械行业的制造厂加入了液压挖掘机行业，例如，我国第一拖拉机工程机械公司、广西玉柴股份有限公司、柳州工程机械厂等。这些企业经过几年的努力已达到一定的规模和水平，例如玉柴机器股份有限公司在 20 世纪 90 年代初开发的小型液压挖掘机，连续多年批量出口欧美等国家，成为我国挖掘机行业能批量出口的企业。

进入20世纪90年代，随着改革政策不断完善，我国逐渐转入社会主义市场经济阶段，经济建设高潮带动了液压挖掘机需求量不断上升，国内产品满足不了市场需求，开始从国外大量进口液压挖掘机及其二手机，1990年进口量只有549台，1991年上升到1852台，到1993年进口量高达6731台，是国产挖掘机数量的2.8倍。在这种情况下，国内部分企业纷纷与国外名牌厂商合资生产液压挖掘机，有的国外厂商，例如韩国大宇重工在烟台市兴办独资企业。至1997年，外商合资企业数量达到9家，独资企业1家。其中合肥日立、小松山推、烟台大宇、常林现代、徐州卡特彼勒、成都神钢等合资、独资企业，逐渐形成规模，与国内原有挖掘机企业形成竞争态势，液压挖掘机产量急剧上升，因而进口液压挖掘机数量也在下降。据1998年统计，全国挖掘机产量达到约4500台，其中合资、独资企业挖掘机产量占80%，达3600多台，相应进口挖掘机数量下降到4700多台。从此液压挖掘机的技术水平和生产规模进入新的发展阶段（图3-11），以合资企业为主体的液压挖掘机产品发展势头相当强劲。2011年我国全年挖掘机产量为194961台，而到2020年我国全年挖掘机产量达到了401096台。受新冠肺炎疫情和基建需求影响，2021、2022、2023年我国全年挖掘机产量分别为362029台、306950台、235765台。

图3-11　大国重器——徐工XE7000E液压挖掘机

图3-11

业内人士指出，我国单斗液压挖掘机应向全液压方向发展，斗容量宜控制在0.1～15$m^3$；而对于大型及多斗挖掘机，由于液压元件的制造、装配精度要求高，施工现场维修条件差等，则仍以机械式为主，应着手研究、运用电液控制技术，以实现液压挖掘机操纵的自动化。

2）推土机（图3-12）

图3-12　推土机

图3-12

(1)产品主要用途

推土机是铲土运输机械类产品中的主要机种,广泛应用于矿山、水利、建筑、道路、煤矿、港口、农林及国防工程等。

按行走方式分类,推土机有履带式、轮胎式两种。履带式推土机附着牵引力大,接地比压小(0.04~0.13MPa),爬坡能力强,但行驶速度低。轮胎式推土机行驶速度快,机动灵活,作业循环时间短,运输转移方便,但牵引力小,适用于需经常变换工地和野战的情况下使用。

按用途,推土机又可分为通用型及专用型两种。通用型是按标准进行生产的机型,广泛用于土石方工程中。专用型用于特定的工况,有采用三角形宽履带板以降低接地比压的湿地推土机和沼泽地推土机、水陆两用推土机、水下推土机、船舱推土机、遥控无人操作推土机、高原型和高湿工况作业推土机及快速推土机等。我国目前生产的主要是通用型推土机和部分湿地推土机。

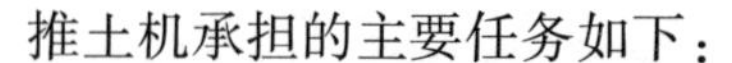

推土机承担的主要任务如下:

微课:推土机

①切削、推运作业:履带式推土机铲运距离为20~100m,最佳为50m内;轮胎式在50~100m为好。

②开挖、堆积作业:开挖河床、基槽,堆积沙丘,堆筑路基、水坝等。

③回填、平整作业:回填基坑、沟壕,平整道路等。

④疏松、压实:疏松荒地,坚实地面,压实房基与各类场地。

⑤其他:清除路障、积雪、树根,助铲等作业。

(2)发展简史

世界第一台履带式推土机的诞生不仅是一个新产品的问世,其背后更蕴藏着引领行业革新的巨大动力。传奇发生在1904年,在美国广袤的田野里,一些巨大的、由蒸汽驱动的拖拉机正在进行耕种。当时,这些拖拉机虽然为农耕节省了大量人力,但经常会陷入柔软的土壤之中。特别是在大雨之后,拖拉机一旦陷入泥沼,即使借助马群拖拉也很难再拖出来,因为实在是太重了。针对这个问题,当时的一个解决方案是在蒸汽拖拉机前面铺一条临时的木板路以帮助拖拉机脱离泥潭,但这个方案非常耗时、昂贵且受到土方的影响。为了增大牵引机的接地面积,本杰明·霍尔特(Benjamin Holt)想到用履带来代替轮子。1904年11月24日,霍尔特将一块块小木条连接起来,套在他的实验性拖拉机Holt No.77的轮子上,进行试验行走。不久他就开到斯托克顿附近去犁松软的土地并取得了决定性的成功,世界第一台履带式拖拉机就此诞生(图3-13)。同年,霍尔特研制成功第一台蒸汽履带式推土机,它是在履带式拖拉机前面安装由人力提升的推土装置而形成的;之后由天然气动力驱动和汽油机驱动的履带式推土机又先后研制成功,推土铲刀也由人力提升发展为由钢丝绳提升。在第一台履带式机器试验成功后不久,霍尔特创造了"Caterpillar"这一商标。本杰明·霍尔特(Benjamin Holt)也是美国卡特彼勒(Caterpillar Inc.)公司的创始人之一,

1925 年 Holt 制造公司和 C・L・Best 推土机公司合并,组成卡特彼勒推土机公司,成为世界首家推土设备制造者,并于 1931 年成功下线第一批采用柴油发动机的 60 推土机。

图 3-13 本杰明・霍尔特发明的蒸汽动力的履带式推土机

据记载,我国第一台推土机于 1955 年诞生在太原矿山机器厂,但未进入定型批量生产。1958 年天津机械修配厂(天津建筑机械厂)自行研制成功移山-80 型履带式推土机,同年鞍山红旗拖拉机厂也研制成功 C-80 型履带式推土机,成为我国履带式推土机制造的起点。1961 年一机部五局组建以后,成立了工程机械研究所,划出一部分工厂归原一机部五局管理,并承担推土机的生产工作。那时的推土机产品主要是在东方红 54 型和红旗 80 型履带式拖拉机基础上进行改装设计的,功率在 80 马力以下。

1964 年,宣化工程机械厂开始仿制新型的 120 马力由液压操纵推土板升降的履带式推土机,其具有机体刚性大、重心低、稳定性好、操作方便等优点,随即迅速形成批量生产。从此我国开始了自制推土机底盘的发展阶段,也是履带推土机型式与基本参数标准形成的开始。

1966 年,由于国家根据战备需要,郑州工程机械厂、解放军总字 308 部队和天津工程机械研究所共同组建联合设计组,开发了 160 马力轮胎式推土机。该机于 1974 年 11 月通过鉴定,我国第一台轮式推土机由此诞生。

1974 年,上海彭浦机器厂与天津工程机械研究所联合设计了 240 马力推土机,后来未形成批量生产。

1975 年,由天津工程机械研究所牵头,山东济宁机器厂(山东推土机总厂)、黄河工程机械厂、宣化工程机械厂、天津建筑机械厂、沈阳桥梁厂、长春工程机械厂、吉林工业大学、铁道部工程一局和二局共 10 个单位组成的联合设计组,设计开发了 180 马力履带式推土机。该机获 1978 年全国科学大会奖,成为我国当时推土机的重点产品,此事也标志着我国推土机技术从仿制走向自行设计的阶段。1979 年,在此基础上,一机部颁布了《履带推土机形式与基本参数》标准规定了履带式推土机主参数以驱动功率为依据,功率共分 100 马力、120 马力、140 马力、200 马力、320 马力、410 马力、600 马力 7 个等级,使推土机发展走向正规化。

(3)技术引进及其发展阶段

从 1979 年开始,推土机行业进入了技术引进、消化、吸收的高速发展阶段。其中一个技术引进项目为:1979年山东推土机总厂、彭浦机器厂、黄河工程机械厂联合与日本小松制作所签订了履带式推土机技术合作合同,引进D85A-18、D80A-18、D155A-1三种型号的推土机制造技术,功率为220马力(液力及机械传动)、320马力。经过消化吸收及国产化转化工作,并对这些企业进行大力度的技术改造,该产品成为我国20世纪80年代后期和20世纪90年代推土机的主要产品,近十年来还有批量出口。

1984年,天津建筑机械厂引进日本小松制作所的D60A、D65A型160马力履带式推土机制造技术。

1986年,由机械工业部组织鞍山红旗拖拉机厂、宣化工程机械厂、青海工程机械厂、上海彭浦机器厂等10个企业与美国卡特彼勒公司签订了包括履带式推土机在内的5项技术引进合同。其中由鞍山红旗拖拉机厂、宣化工程机械厂、彭浦机器厂引进D6D型/140马力推土机制造技术,青海工程机械厂引进D7G型/200马力推土机制造技术。

在引进主机产品的同时,我国还引进了零部件制造技术,其中有:

1978年,为解决推土机铸钢件生产难题,山东推土机总厂与瑞士GF公司签订了两条铸钢高压造型线。山东推土机总厂在“七五”期间又移至辽宁鞍山新建北方铸钢厂,到“八五”期间正式验收投产。

1979年,山东推土机总厂与联邦德国奥姆卡公司签订了4000t热模锻生产线整套设备建设合同,提高了锻件质量,为后来进一步引进行走机构制造技术创造了条件。

1984年9月,四川齿轮厂和成都工程机械总厂引进了美国卡特彼勒公司的摩擦片,其直径分别为26cm、38cm和11.36in(1in=25.4mm)、12.25in的动力换挡变速器与液力变矩器制造技术。

1986年12月上海柴油机厂在联合引进美国卡特彼勒推土机等产品技术的同时,还引进3300B系列柴油机制造技术,包括4缸、6缸两种机型的97个规格品种,功率为80~300马力。该项目还引进了7条生产线,能在这几条生产线上生产曲轴、连杆、凸轮轴等零件。山东推土机总厂引进履带总成制造技术(包括链轨节和履带板总成),有密封式和密封润滑式两种结构类型,节距分别为175.5mm、203.2mm、215.9mm、228.6mm履带总成,可为D5B、D6D、D7G、D8K(100~300马力)履带式推土机配套。通过上述技术引进,到20世纪90年代,业界经过消化吸收和移植开发,进一步提高了我国推土机制造技术水平,发展了品种,派生出70多种新产品型号。80~320马力中大型推土机基本达到国内自给,并开始小批量进入国际市场,出口势头看好。

(4)产品产量及主要企业发展情况

改革开放后,大于80马力推土机产销一直处于平稳发展态势。从20世纪80年代开始,大量的推土铲运作业由履带式拖拉机底盘改制的推土机承担,例如1982年履带式推土机产量只有983台,而80马力以下的履带式拖拉机底盘改制产品年产量达3560台。这种产品虽然推土作业效率低,但价格便宜,适合农田水利及一般中小型建设工地。1992年和1993年,80马力以下推土机产量分别达到9994台和10796台。这种产品一机两用,多数用于农田耕作。此类推土机一般没有统计在履带式推土机之内。同时在1992年和1993年我国分别进口了3362台和6305台推土机,其中大量是苏联和日本的二手设备,造成后两年库存增加,冲击国内市场,使近几年履带式推土机产量由4000多台下降到3000多台,80马力以下用履带式拖拉机底盘改制的推土机产量也只有2000台左右。近年来,我国推土机销量,呈现上升的态势,2020年推土机销量为5907台,同比增长1.72%;2021年推土机销量为6914台,同比增长17%;2022年推土机销量为7241台,同比增长4.73%。从机型来看,以2021年为例,160马力的推土机销量排名第一,占比超过一半,达57%;其次是220马力,销量占比19.8%;320马力推土机排在第三位,占比11%。

我国推土机出口数量较多,2020年我国推土机出口数量为2300台,较2019年减少了234台;进口数量为93台,较2019年增加了14台。2021年推土机出口数量为3849台,同比增长67.3%;进口数量为127台,同比增长36.6%。据中国海关数据,2021年推土机出口金额为3.99亿美元,同比增长88%;进口金额为0.35亿美元,同比增长47%。

目前我国生产推土机的企业,主要有山东山推工程机械股份有限公司、河北宣化工程机械股份有限公司、天津移山工程机械有限公司、广西柳工机械股份有限公司、中联重科股份有限公司、中国一拖集团有限公司、徐工集团工程机械股份有限公司、厦门厦工机械股份有限公司等。

3)装载机(图3-14)

(1)产品的用途

装载机是一种用途很广的铲土运输机械类产品,广泛应用于国民经济建设各个部门。其中大型装载机主要用于露天矿、大型水利工程、交通运输与铁路建设、大型建筑工程装卸土石方等;中型装载机主要用于市政建设、水利、交通、农田改造、林业、货场料库及国防建设等;小型装载机则可以代替大量的人力劳动,且作业效率高。由于它使用范围相当广泛,世界各国都十分注重装载机的发展。

微课:装载机的历史

图3-14 装载机

图3-14

(2)发展简史

1929年第一台轮式装载机制成,其斗容为0.753m$^3$、载质量为680kg。世界上较早的装载机采用门架式结构(图3-15),在这之前是用钢绳提斗式的装卸机具。这一时期的装载机结构特点是:发动机前置,前轮小,后轮大,单桥驱动,前轮转向,门架式工作装置,用钢绳提臂翻斗,拖拉机底盘,牵引力小,铲斗切入力小，作业速度低。1947年，克拉克公司生产用液压-连杆机构取代门架式结构并有专用底盘的装载机，它具备了现代装载机的外形，提高了提升速度、卸载高度和掘起力，因而可用于铲装松散的土方和石方。这是装载机发展过程中第一次重大突破。1951年美国开始采用液力机械传动，同时车架结构采用三点支承，提高了车辆的越野性和牵引性，这时期开始形成了系列化专业化生产。20世纪50年代对传动系统的发展是关键性的，形成了柴油机—液力变矩器—动力换挡变速器—双桥驱动，这是装载机发展过程中第二次重大突破。20世纪60年代发展大型装载机并用于矿山。这时期采用铰接式装载机，是第三次重大突破。铰接转向的优点是：铲斗随前车架转向，可满足原地转向；与刚性车架比，一个作业循环内平均行驶路程少51%，生产效率提高50%；转弯半径小，机动灵活，适用于狭窄场地作业。20世纪70年代至20世纪80年代，装载机的结构朝安全、操纵省力、维修方便、减少污染、舒适等方面发展。20世纪末，装载机主要向环保、安全、简化操作等方面发展，而不是追求单机效率，并进入电子化时期。

微课：装载机结构

图3-15　早期门架式结构的装载机

我国装载机产品开发生产比较晚，1971年以前10多年，累计生产装载机只有194台，产品选型落后，不成系列，生产规模小。20世纪50年代中期第一台轮式装载机诞生在太原矿山机器厂，但没有成为定型产品，而后该厂转产矿山机械。1958年上海立新船厂测绘日本“尼桑牌”装载机，规格为90马力/$m^3$；1961—1964年上海港口机械厂开发了D632型装载机，才有少量产品提供给用户，到1974年共生产了105台。1964年以后，参照日本东洋运搬机株式会社SD20和125A型轮式装载机，一机部建筑机械研究部和成都工程机械厂进行测绘试制了，SD20型一机部天津工程机械研究所和厦门工程机械厂进行测绘试制了125A。产品规格分为65马力/$m^3$和135马力/1.7$m^3$。样机定型为Z4-2型和Z435型。这两个产品也未形成批量生产能力。

我国自行开发设计轮式装载机从1970年开始。天津工程机械研究所和柳州工程机械厂参照美国Euclid公司72-51型装载机，设计了ZL50型装载机。第一轮样机由柳州工程机械厂和厦门工程机械厂先后试制。两厂分别于1971年和1973年通过国家鉴定，鉴定后即转入小批量生产。ZL50型装载机吸取了国外先进技术，又结合当时国情，经过反复的整机性能测试和结构强度试验,多年的现场工况作业考核证明了该机设计制造是成功的。因此,在ZL50基础上,仅用了8年时间,我国就成功地设计了ZL20、ZL30、ZL40、ZL50和ZL90五种装载机,在ZL40、ZL50型基础上又发展了BZL40、DZL50型井下装载机。ZL系列装载机主要部件结构类型相同,均采用双涡轮变矩器、行星式动力换挡变速器、行星式轮边减速双桥驱动、钳盘式制动器、"Z"形连杆机械工作装置、铰接式车架及低压宽基轮胎。系列产品的基本结构水平和技术参数相当于20世纪70年代国外同类产品水平,为20世纪80年代装载机行业高速发展奠定了技术基础。

为缩短与国外先进水平的差距,提高装载机的综合技术经济指标,提高可靠性和舒适性,提高研究水平,建立我国的装载机设计规范,1981年机械工业部委托天津工程机械研究所组织行业力量,开展"装载机关键技术与关键零件部件攻关"课题研究,以期达到综合作业效率提高10%、传动效率提高4%~5%、油耗降低4%~5%、整机寿命达到5000h的目标。课题研究成果基本上达到了预期目标,同时也促进了行业专业化生产,使装载机水平又上了一个台阶。1985年全国装载机产量达到4678台,成为铲土运输机械产品中的一个独立小行业。2023年中国装载机全行业总销售量已突破10万台,居世界装载机市场的前列。因此,中国已经成为全球装载机产销大国。

(3)技术引进

在我国对装载机进行技术攻关时,20世纪80年代国外装载机水平发展较快。改革开放以来,为学习国外先进技术,加快发展速度,在装载机行业开始采取许可证贸易、技贸结合等形式,我国先后引进了国外多家公司的装载机制造技术,又促进了国内装载机行业的设计制造水平的提高。

常州林业机械厂于1985年通过技贸结合方式,与日本小松制作所合作生产WA300-1型2.1$m^3$装载机,并形成批量生产能力;1990年又开始合作生产WA470-1型3.5$m^3$装载机,为三峡工程建设发挥了重要作用,产品有较好的市场。同时该厂通过合作生产,移植先进技术,提高了产品技术水平。该企业产品质量和生产规模得到迅速提高和扩大,产品销售量由1990年的724台上升到1995年1511台,销售额由1.3亿元上升到3.4亿元。

1985年7月,徐州装载机厂通过技贸结合,与日本川崎公司合作生产KLD85Z型3.1$m^3$轮式装载机;1987年9月,又以许可证贸易形式引进美国盖尔公司SL4619型0.32$m^3$小型装载机设计制造技术。

1985年烟台工程机械厂以技贸结合形式引进日本古河FL-90型0.9$m^3$小型轮式装载机制造技术。同年,沈阳山河工程机械厂以技贸结合形式引进日本古河FL460型4.6$m^3$大型装载机制造技术。

1986年12月,机械工业部组织三个主机厂及配套件厂与美国卡特彼勒公司签订合同,以许可证贸易方式,由柳州工程机械厂引进996E型3.8$m^3$、988B型5.5$m^3$,由厦门工程机械厂引进980C型4.2$m^3$,由宜春工程机械厂引进936E型2.1$m^3$轮式装载机设计制造技术。

1991年,山东水利机械厂以许可证贸易方式引进了德国利勃海尔公司的L508型0.4$m^3$多功能小型装载机设计制造技术,并进入小批量生产。

1996年天津工程机械厂以许可证贸易方式引进了德国利勃海尔公司的L522B、L551B两种轮式装载机设计制造技术,斗容量分别为1.6$m^3$和3.5$m^3$。

对于上述引进产品,大部分能实现批量生产,为替代进口和促进各企业装载机技术水平的提高起到了积极作用，使我国装载机进口量逐年下降，由1993年的进口4244台到2023年逆向转变为向海外出口47360台。从1993年的4244台进口量开始，经过二十年的努力，至2023年，我国在海外市场的出口销量实现了逆向增长，达到了47360台。

这一成就的取得，充分展示了我国在相关领域的实力和竞争力，同时也为我国在全球市场的地位提升奠定了坚实基础。

此外，在引进装载机配套部分零部件技术方面，四川齿轮厂引进美国卡特彼勒公司的动力换挡变速器和液力变矩器，摩擦片直径规格有26cm和38cm两种。杭州齿轮箱厂在1992年引进德国"ZF"公司合资生产轮式装载机变速器和湿式传动驱动桥产品，现已在ZL50型装载机上进行配套。

(4)产品产量及品种规格概况

1977年我国装载机年产量只有1023台，到1993年全国产量已达到16738台，2008年达到17万台，2011年达到25.8万台。

1990年以后，随着市场经济的发展，用户的需求面也在拓宽，因此，装载机的品种规格得到较快发展。据初步统计，目前正在生产的规格型号有120多种。主要品种有轮式前铲装载机、夹木式装载机、伸缩臂装载机、滑移式装载机、履带式装载机、井下轮式装载机、轨道式立爪装载机等。其中，产量最大的是轮式装载机。以1997年为例，全年销售量达17694台，其中ZL15为1408台，占8%；ZL30为5489台，占31%；ZL40为3641台，占20.6%；ZL50为5945台，占33.6%。上述四种规格轮式装载机占全年销售量的93.2%。产品规格最小的是玉柴机器股份有限责任公司生产的ZQ02型0.06$m^3$多功能装载机。产品规格较大的是沈阳山河工程机械厂生产的FL460型，规格为6$m^3$/9.3t；柳州工程机械股份有限公司生产的ZL100B型，规格为5.4$m^3$/10t；厦门工程机械股份有限公司生产的ZL80S型(Cat980S)，规格为4.3$m^3$/8t；山东临沂工程机械股份有限公司生产的ZL100(72-71B)型，规格为6.1$m^3$/12t；常林机械股份有限公司生产的WA470-1型，规格为5.2$m^3$/7.5t。

(5)主要生产企业

改革开放前，我国装载机生产企业只有20多家，而且生产规模小。到目前，装载机生产企业发展到130余家，年产量达到5000台以上的共22家。到2008年，全行业产能30万台，前10家企业年产能已超过25.5万台。前三家龙头企业(指柳工、厦工、龙工)年产能已超过14万台。其中柳工和龙工年产能均在5万台以上。

4)塔式起重机

(1)塔式起重机分类与用途

塔式起重机是臂架式起重机中的一种，按结构形式可分为固定式、移动式、自升式(内爬式、附着式)；按回转形式分为上回转、下回转；按变幅方式又可分为小车变幅、动臂变幅、折臂变幅；按使用性质又可分为民用建筑用塔机、工业建筑用塔机等。塔式起重机的主参数以起重力矩为标志。

(2)发展简史

塔式起重机(Tower Crane)简称塔机(图3-16)，亦称塔吊，起源于西欧。据记载，第一项有关建筑用塔机专利颁发于1900年。1905年塔身固定的装有臂架的起重机面世，1923年制成了近代塔机的原型样机，同年出现第一台比较完整的近代塔机。1930年的德国已开始批量生产塔机,并用于建筑施工。1941 年,有关塔机的德国工业标准 DIN8770 公布。该标准规定以吊载质量(t)和幅度(m)的乘积(即重力矩)表示塔机的起重能力。

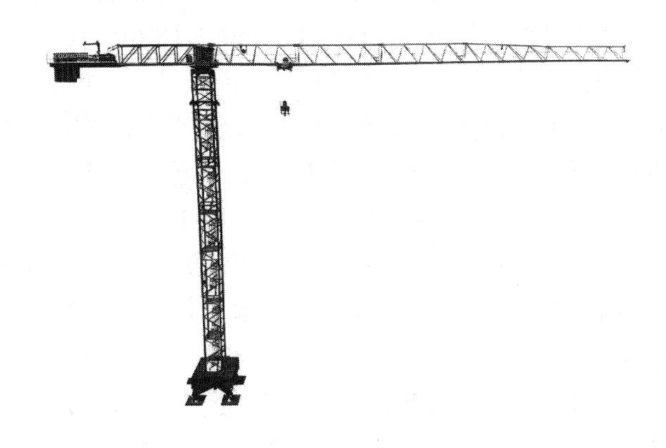

图 3-16　塔式起重机

我国民用建筑塔机从 1954 年开始生产,当时的抚顺重型机械厂仿照试制了我国第一台 TQ2-6 型塔式起重机,该起重机后来相继在上海建筑机械厂、哈尔滨工程机械厂生产。1958 年以后,为满足电站建设的施工需要,参照民主德国和苏联的样机,我国设计制造了 15t、25t 塔式起重机。上述三种塔机都是上回转塔帽结构,主要生产企业是哈尔滨工程机械厂和太原重型机械厂。

1961 年,由北京市建筑工程研究所自行设计、北京建筑机械厂试制成功的红旗Ⅱ号塔式起重机,起重力矩为 16t · m。这是我国最早自行设计的下回转式塔式起重机,适用于 6 层以下的民用建筑施工,该产品主要由沈阳建筑机械厂生产。

1966 年,由一机部建筑机械研究所设计、哈尔滨工程机械厂生产,我国成功试制了 TQ6 型(60t · m)塔式起重机,接着北京市建筑工程研究所又设计了向阳Ⅱ号塔式起重机,上海仿照捷克样机设计 TD25 塔机(25t · m)和改型设计 TD40 塔机(40t · m)。上述产品均是下回转动臂式、整体拖行的结构形式。这一时期主要制造厂有:抚顺重型机械厂、哈尔滨工程机械厂、太原重型机械厂、北京市建筑工程机械厂、沈阳建筑机械厂、四川建筑机械厂、徐州重型机械厂等十余家。这个时期塔机年产量逐年增加,到 1965 年年产量达到 326 台。由于受到政治风波影响,大批建设项目停顿,从 1967 年到 1972 年塔机生产处于萎缩状态,年产量只有 50 台左右。

进入 20 世纪 70 年代中期以后,生产建设逐渐恢复,高层建筑在我国开始起步发展,因此对塔式起重机的性能、技术参数提出了较高的要求,新产品不断出现在建筑工地上。

1972 年,长沙建筑机械研究所与北京市建筑工程研究所等单位联合开发设计了国内第一台 QT160 附着式水平臂、小车变幅塔式起重机,后来又改型为 QT200 型,以满足建造新北京饭店高层建筑施工要求。QT200 型塔机的研究成功,标志着我国塔式起重机开发生产跟上了时代步伐。1974 年,由长沙建筑机械研究所设计、湖北建筑机械厂制造成功 QT45 型内爬式水平臂、小车变幅塔式起重机,为建造广州白云宾馆施工服务。与此同时,上海为发展高层建筑施工作业也设计制造了 ZT120、Z80 型塔式起重机,长沙建筑机械研究所和北京建筑工程机械厂又开发生产了 QT80 塔式起重机。这些产品服务于高层作业施工,是上回转自升式、多用途塔式起重机。

20世纪70年代中后期，我国先后开发出一批快速安装、整体托运、长度大大缩短的新产品，如QTL16、QT25、QT45等塔式起重机，采用伸缩式塔身、折叠臂架、水平臂小车变幅。20世纪80年代开始，一批新产品问世，主要有QTP60、QTK60、QT80A、QTZ100、QTZ120、QTZ250，代表了我国当时的塔式起重机技术水平，在性能方面已达到国外20世纪70年代末水平。

20世纪90年代以来，各企业加快了新产品开发的步伐，品种不断增加，技术水平也有明显提高。如四川建筑机械厂研制了我国最大的M900/50型水平臂自升式塔机，起重能力达900t·m，同时塔机行业还开发了动臂式自升塔机D120及D160型等。

随着塔式起重机的产量增加，品种规格逐渐成系列发展，在80年代和90年代我国先后修订了塔式起重机的产品标准，包括设计规范、分类、技术条件、安全规程和试验方法等，建立了一套比较完整的产品标准体系，对保证产品质量、指导产品设计、制造和使用起了重要作用。

与此同时，塔机行业还制订了《塔式起重机产品质量分等标准》《塔式起重机行业国家级企业等级标准》；为提高和保证塔式起重机制造质量，保证安全使用，对塔式起重机制造企业实行生产许可证制度，并制订了《塔式起重机生产许可证实施细则》，从1986年开始发放，至1988年共发放三批，有68个企业获得生产许可证，74个机种获准生产。根据国家技术监督局的要求，建设部生产许可证办公室于1994年开始组织生产许可证的换证登记，截至2022年底，安徽、山东、江苏、河北、河北等省份塔式起重机行业企业数量较多，仅安徽省就有2531家存续企业。

(3)产品产量及品种规格的发展

自从1978年改革开放以来，我国塔式起重机产量稳步增长。1978年产量只有481台，累计产量2777台；到1987年产量达到1331台，累计产量11920台，呈缓慢增长态势。1988年以来，随着国民经济的高速发展，城市及大片开发区建设项目大幅增加，促进了塔式起重机生产迅猛发展，年产量从1991年以后平均增长率达到15%以上，到1995年达到历史最高水平，为7928台。就数量而言，我国成为世界民用塔式起重机的生产大国，也是世界塔式起重机主要销售市场。1996年以后，塔式起重机生产销售竞争事态加剧，我国塔机生产进入结构调整时期，40t·m以下塔机销售量自1996年开始下降，年销售总量由1996年的7000多台下降到5000多台，1998年销售量为4830台。中大型塔机及技术含量高的产品销售量增加。

统计数据显示，2017—2022年，由于我国房地产行业的发展和我国对基建的投入加大，塔吊行业需求被拉动，塔式起重机销量逐年上涨。2021年，我国塔吊行业销量为75000台左右；2022年我国塔吊行业销量为85000台左右，同比增长近13.33%。

在塔式起重机生产规模发展的同时，产品品种和规格也得到了同步发展，目前建筑用塔式起重机从10t·m到900t·m的系列规格基本齐全。电站用最大塔式起重机已发展到4000t·m。

(4)技术引进、消化吸收和国产化情况

1984年6月经国家经贸部和国家计委批准，由建设部所属的北京建筑工程机械厂、沈阳建筑机械厂、四川建筑机械厂联合从法国波坦公司引进了塔式起重机专有技术及生产许可证。引进的机种有：GTMR360B型，起吊质量8t，最大幅度45m；TOPKITEO/23B型，起吊质量10t，最大幅度45m；TOPKIT FO/23B型，起吊质量10t，最大幅度50m；TOPKIT H3/36B型，起吊质量12t，最大幅度60m。引进技术除主机厂波坦公司的专有技术外，还包括了为波坦公司部件配套的制造技术，这些配套厂技术由波坦公司负责转让给我国。配套技术包括专用电动机、减速机、电缆卷筒、回转支承、控制电器等技术。

上述技术引进对我国的塔机产品发展和创新起到了推动作用。本项目引进中还包含了设计计算技术，三个厂都引进了美国计算机和部分软件，这些厂和北京建筑机械综合研究所、沈阳建筑工程学院等单位共同消化吸收引进的法国塔机设计技术，开发出臂架计算机计算程序和后处理程序，达到法国技术水平；还开发了塔身和底架的计算程序，也基本达到法国的技术水平，并向整个塔机行业推广使用，并建立了我国的塔机的设计规范。此外，在技术引进中包括了300多项技术标准，全部转化为中方企业标准，根据标准开发了各种类型的检测试验台。这些技术为我国塔机在20世纪90年代中的大发展奠定了基础。尽管我国市场需求发展很快，但是国产塔式起重机产品十几年来基本满足了需求，每年进口量只有几十台，而出口量大于进口量。同时在塔机行业中，中外合资企业数量也很少，到目前为止，只有法国波坦公司和张家港凌虹集团兴办的一家合资企业，主要引进法国波坦公司的产品。

(5)塔式起重机生产企业发展概况

自1972年以来，塔机生产企业得到稳步发展，塔机生产能力从1973年的100多台到1978年达到481台，1979年一跃达到911台，以后几年内保持在1000台左右水平。在这期间塔式起重机生产企业的规模和数量不断上升，1979年建立了塔式起重机行业组织，重点抓好塔式起重机的产品质量，参加行业组织的当时有20多家企业，通过行业之间的质量检查活动、相互交流，促进了产品质量的提高。1984年行业组织改为建筑机械制造协会塔式起重机分会，团体成员有企业44个，研究所13个，学校11个，施工单位3个，配套件厂6个。塔式起重机生产企业遍布全国，除青海、西藏等5省区外，均有塔式起重机生产企业。

塔式起重机生产企业高速发展是从1992年开始的。到2022年，我国生产塔式起重机的企业达到了上千家，生产能力达到十余万台。目前我国塔吊行业企业在我国东部沿海经济较发达的地区分布较多，但随着我国经济的增长，塔吊行业竞争格局开始往中西部地区转移。2023年，全球最大塔式起重机在中联重科常德塔机智能工厂重磅下线，它的出现为我国工业重型化、建筑工业化提供了更为先进的解决方案，进一步提高中国品牌在全球塔机领域的影响力和竞争力(图3-17)。

图3-17　大国重器——振华30号超级起重船

图3-17

5）轮式起重机与履带式起重机

（1）轮式起重机主要用途及其分类

轮式起重机主要用于交通、能源、原材料工业、城乡工程建设、工矿企业及现代化国防建设等，承担货物垂直升降吊运及设备安装等工作。轮式起重机主要包括：汽车式起重机、轮胎式起重机、全地面越野起重机及其变型产品（图3-18）。

图3-18　大国重器——徐工2600t超级起重机

图3-18

（2）轮式起重机发展简史

人类使用起重机械已有数千年历史，古埃及和罗马帝国用原始的起重机建起了庞大的城垣。但那时的起重机多为固定式的木头支架。进入工业时代后，可移动的机械式起重机应运而生。经过上百年的发展，移动式起重机已经派生出汽车起重机、履带式起重机、全地面起重机等庞大的分支。

微课：起重机

汽车式起重机（Truck Crane）于20世纪初发源于欧洲。其采用载重货车底盘，搭载桁架臂或箱型液压伸缩臂，能在普通道路上行驶和作业；具有结构紧凑、快速转移、受场地限制较小、价格低廉等特点。全路面起重机（All Terrain Crane）于20世纪60年代发源于欧洲。其采用专门设计的多轴全轮驱动底盘、油气悬挂、液压减振，可实现全轮转向、全桥驱动；搭载桁架臂或箱型液压伸缩臂。两者相比，全路面起重机具有更高的场地适应性，起重能力更强，技术含量更高，当然造价也成倍提高。

1890年，英国COLES公司研制出以铁路板车为底盘、用垂直式蒸汽锅炉为动力的起重机，有数吨的起重能力，可依靠轨道行驶。这是19世纪末期移动式起重机的典型结构。COLES公司曾经是欧洲最大的起重机公司，1879年创立于伦敦，创始人为亨利（Henry James Coles，1847—1905）。亨利13岁进入S. Worssam机械厂工作，32岁时创立了自己的公司，以制造2～10t回转式蒸汽起重机为主要业务。1905年亨利去世，他的长子接管了公司。1918年，COLES公司用Tilling-Stevens汽车底盘制造出第一台用电动机驱动的汽车起重机。从目前的资料看，这应该是世界上最早的汽车起重机之一。

我国轮式起重机从1954年引进苏联K32型3t汽车式起重机的图纸和技术资料开始，由大连起重机厂试制。1957年北京机械厂（北京起重机器厂前身）用国产解放牌汽车底盘试制了K32型起重机，用苏联MA3-200、捷克SKODA-706型汽车底盘试制了K51型起重机，当年共生产7台。1958年为适应国家各项建设事业的发展，北京机械厂在K32型基础上，参照K51型起重机的构造，在解放CA10A汽车底盘上试制成我国第一台Q51型国产化5t汽车起重机。随后，1959—1962年北京起重机器厂先后试制了8t汽车式起重机、25t电传动轮胎式起重机、15t机械传动轮胎式起重机。

1961年组建一机部五局以后，国家对轮式起重机开始全面规划，增加专业制造厂，加速工厂技术改造，增强企业活力。产品开发归口于长沙建筑机械研究所以后，推动了新产品的开发研究，制订行业标准，促进了产品系列化和标准化的进程。1967年，长沙建筑机械研究所与徐州重型机械厂联合研制出10t液压伸缩臂式汽车式起重机，随后又由北京起重机器厂、徐州重型机械厂、长江起重机厂等企业试制出3t、5t、12t、16t、32t级的液压伸缩臂式汽车式起重机。

70年代开始，我国工程起重机行业新产品开发相当快，但品种规格复杂，系列标准不规范，新产品开发试制多、定型少、批量生产更少，生产水平落后，缺少专用设备。针对上述情况，归口研究所先后制订了《汽车式起重机和轮胎式起重机基本参数》（JB 1375—74）、《汽车式起重机和轮胎式起重机技术条件》（JB/T 2629—79），在行业中制订了《工程起重机行业产品质量检查标准》，同时，轮式起重机专用制造厂在工艺上也取得了较大突破，如用50Mn锻件代替ZG55铸钢，用滚道中频淬火机床确保大型滚珠和交叉滚珠回转支撑的使用寿命，采用多头切割机，采用2000t大型油压机、100t液压折弯机，四头箱形臂架二氧化碳气体保护焊接，采用10m长油缸拉镗机床等加工设备，大大提高了产品制造水平。

在1974年和1977年，归口研究所牵头在行业中先后组织了5t和6t液压汽车式起重机的统型设计，提高了产品性能，促进了行业的产品开发能力。1976年，由北京起重机器厂试制成功的QD100型100t级电传动桁架臂式汽车起重机，代表了我国当时轮式起重机的设计和制造水平。

1980年以来，汽车式起重机和轮胎式起重机品种和质量不断提高，特别是1984年以来，轮式起重机年产量从2868台增加到1988年的4344台，液压轮式起重机的起吊质量从3t增加至125t，整个系列已经补全。中型起重机（16～50t）在1988年产量也达到了580台。1986年，长江起重机厂与长沙建筑机械研究所等单位合作，成功地研制了125t液压汽车式起重机。

改革开放以来，我国加快了国际技术合作，在全国工程起重机行业贯彻国际标准的基础上，制订了完整的轮式起重机标准、试验规范标准、维修与保养标准、液压油固体颗粒污染测量方法、安全规程、技术要求、液压油选择与更换以及一些其他零部件标准、产品质量分等标准、国家企业升级标准等。

近年来，轮式起重机行业又进入更新换代阶段，产品规格向中大吨位和越野性发展，例如徐州重型机械厂、北京起重机器厂、浦沅工程机械总厂利用引进技术，分别开发了25t、32t、50t的全地面起重机；同时还开发了以轮式起重机底盘为主体的其他产品，如高空作业车、高空作业平台、高空作业消防车、大型清障救援车、军用自装卸车等产品。

(3)技术引进与合作

1982年以来,轮式起重机行业加快了与国外技术合作与技术引进的步伐,提高了产品更新换代的速度。技术引进大致分为以下三种形式。

①技贸结合形式:从1982年开始,我国从日本、美国、德国引进8~80t的汽车式起重机、轮胎式起重机的技术软件和零部件进行组装合作生产,并且逐步进行了国产化工作。其中有北京起重机器厂、长江起重机厂、徐州重型机械厂、浦沅工程机械总厂、锦州重型机械厂分别组装日本多田野的20t、25t、30t、35t、50t汽车式起重机;哈尔滨工程机械厂与北京起重机器厂分别组装美国格鲁夫公司的25t、36t液压越野轮胎式起重机。

②生产许可证形式:1983年6月,长江起重机厂从德国利勃海尔公司引进40t、80t、125t汽车式起重机制造技术;徐州重型机械厂、浦沅工程机械厂于1985年从德国利勃海尔公司又联合引进25t、50t全地面汽车式起重机;广州港口机械厂引进意大利ICOMAJ公司的20~110t轮胎式起重机制造技术。有关企业还引进了法国SOMA公司的驱动桥、德国H. R. E公司的回转支承、日本多田野的力矩限制器等技术。

③联合设计形式:从1983年7月开始,北京起重机器厂与日本多田野公司联合设计8t汽车式起重机;1982年开始,哈尔滨工程机械厂与日本加藤公司联合设计12t汽车式起重机;从1985年开始,徐州重型机械厂、浦沅工程机械厂与德国利勃海尔公司联合设计32t全地面式起重机。

通过上述技术引进与合作,我国在20世纪80年代生产了一批更新换代产品。例如长江起重机厂利用引进技术,生产了新一代的16t、20t、25t汽车式起重机;徐州重型机械厂开发出50t汽车式起重机;浦沅工程机械厂、锦州重型机械厂开发出25t、50t汽车式起重机,完成了部分产品更新换代,并达到替代进口的目的。

(4)产品产量

我国轮式起重机生产发展起步较早,但是发展速度一直呈马鞍形上升,从1954年开始到1969年,年产量没有超过1000台;从1970年到1978年发展比较快,年产量由1373台上升到2692台,增长了100%;改革开放以来,年产量徘徊在4000台左右。产量上不去的原因主要有两方面:一是产品可靠性差,中大吨位及越野轮式起重机产品规格少,影响了产品市场覆盖率,造成某些部门大量进口。20世纪80年代据海关统计,1981—1990年的10年期间,我国共进口轮式起重机3557台,支付外汇5亿美元,相当于当时轮式起重机行业5年累计的销售收入。二是对以建筑业、能源、交通、原材料工业等为主要依托对象的轮式起重机产品,在宏观发展和微观技术方面重视不够,没有重视高技术含量产品的发展,配套条件差,例如我国至今还在大量进口汽车起重机的底盘,这样阻碍了轮式起重机的发展。虽然在1992年、1993年受投资拉动影响,轮式起重机年产量一度上升到5000台左右,但1994年以后又回落下来;近年来的轮式起重机年产量为9000多台。

2012年9月,全球最大的轮式起重机中联重科ZACB01成功下线,标志着中联重科已经成为国内超大型轮式起重机行业技术的新标杆。2020年7月,全球最大吨位全地面起重机中联重科QAY2000(图3-19)在长沙中联重科泉塘工业园完成交付,这是全球超大吨位起重机发展史上又一重要里程碑,中联重科起重机技术再次站在“世界最高峰”。

图 3-19　全球最大吨位全地面起重机(中联科 QAY2000)

图 3-19

(5)生产企业的发展

1965 年以前,我国生产轮式起重机的企业只有北京起重机器厂、徐州重型机械厂、贵阳矿山机器厂、哈尔滨工程机械厂 4 家,主要产品是 Q51 型 5t 机械式汽车式起重机,工业总产值 5359 万元,职工总数 4556 人,技术人员 385 人,年产量 932 台。到 1972 年,我国主要生产企业发展到 8 家,北京起重机器厂、徐州重型机械厂、长江起重机厂、哈尔滨工程机械厂、长春市起重设备厂、沈阳建筑机械厂、泰安汽车制配厂、中南金属结构厂。贵阳矿山机器厂转产挖掘机。1972 年轮式起重机总产值达到 14005 万元,职工人数 14097 人,技术人员 579 人,年产量 1197 台。这个时期主要产品还是机械式汽车式起重机,起吊质量 5t、8t。但 5t、8t 液压汽车式起重机的产品逐步发展,轮胎式起重机也开始发展。到 1983 年,全国主要生产企业发展到 15 家,总产值达到 36651 万元,职工人数 33461 人,技术人员 1885 人,年产量达到 2191 台,产品品种过渡到以液压式起重机为主。到 1988 年,全国主要生产企业有 16 家,兼业生产企业 17 家,其中 16 家专业生产企业工业总产值达到 80911 万元,职工人数 42236 人,技术人员 3873 人,年产量达到 4000 台规模。北京起重机器厂、徐州重型机械厂、长江起重机厂、浦沅工程机械厂成为行业内的四大骨干企业。

1993 年是全国轮式起重机行业发展最好的一年,是轮式起重机行业历史上产品产量最高的一年,年产量达到 5403 台。17 家专业起重机制造企业销售收入达到 212832 万元,工业总产值不变价 164253 万元,比 1988 年翻了一番,利润达到 1832 万元。

从 1994 年开始,轮式起重机出现全行业亏损,生产滑坡。1998 开始,在轮式起重机市场不景气的影响下,各企业大力开发新产品,拓宽产品范围,如高空作业车、高空作业平台、自装卸运输车、清障抢险车等新产品,同时对企业职工进行分流,减轻企业负担,职工人数由 1995 年的 36503 人下降到 26830 人,企业经营状况开始好转,全行业扭亏为盈。

据不完全统计,2011 年四大类工程起重机(汽车式起重机、轮胎式起重机、履带式起重机和随车式起重机)销量为 49477 台,同比增长 14.2%。但随着国际金融危机的扩展和延伸,2012 年国内工程起重机行业经营出现一定程度的困难。2012 年上半年,全行业营业收入近 190 亿元,同比下降 24.6%;利润总额 21.9 亿元,同比下降 40.7%;各类工程起重机销量共计 20000 台,同比下降 31.6%。其中,汽车式起重机销售 13200 多台,同比下降 43.1%,下降尤为突出；全地面式起重机销售107台，同比下降10%；履带式起重机销售939台，同比下降11.1%。

（6）履带式起重机的发展概况

履带式起重机是一种不需要铺设轨道的自行式起重机，既有电力驱动，也有内燃机驱动。履带式起重机在工业建筑中很早就得到广泛应用，在我国单层工业厂房建设中应用最为普遍。新中国成立初期，工业厂房的柱子、行车梁、屋架、屋盖基本上都是采用履带式起重机吊装的，我国的机械化施工公司对使用履带式起重机具有丰富的经验。后来由于轮式起重机向大吨位发展，不断提高起升高度，才逐渐被轮式起重机取得一部分施工作业面。因此，履带式起重机生产规模一直没有发展起来。

我国的履带式起重机最初是在履带式挖掘机底盘上发展起来的。1958年，上海建筑机械厂在W1001型1$m^3$挖掘机底盘上，增加了起吊质量为15t的起升装置，以后抚顺挖掘机厂在0.5$m^3$、3$m^3$履带式挖掘机底盘上改装增设了10t、40t的起升装置，以后逐渐发展成为10t、15t、25t、40t等履带式起重机。但这些履带式起重机自重大，使用不便。直到80年代初期，我国在充分利用挖掘机零部件的基础上，按起重机的特点专门设计了新一代履带式起重机。这一代履带式起重机的诞生，除起升装置有所改进外，最大的优势是具有加长的能侧向外伸的履带，这就大大提高了整机工作稳定性，有效地提高了起升能力，改善了机器的性能。

1980年，抚顺挖掘机厂从日本日立建机以技贸结合方式引进了KH125、KH183、KH500、KH700 4种履带式起重机机型，进一步促进了我国履带式起重机的发展。现在，我国已能生产8t、10t、15t、20t、25t、32t、40t、50t、140t、210t、400t的履带式起重机，但生产规模小，每年产量在100台以内。

（7）产品品种规格发展

根据全国18个主要制造厂的统计资料，从1957年以来，我国共试制出近190种规格型号的轮式起重机，其中汽车式起重机160种左右，轮胎式起重机31种。在汽车式起重机中，机械传动9种，电传动2种，其余均为液压传动。在轮胎式起重机中，机械传动有10种，电传动有10种，液压传动有11种。从起吊质量来看，20～50t的有35种，50t以上有10种，其余均是16t以下。其中，随着市场经济的发展，近年来新出现的变型产品和更新换代产品占70多种。

经过轮式起重机几次系列整顿和新产品技术更新，轮式起重机基本以两大系列为主。轮胎式起重机方面，电传动的轮式起重机有5t、8t、16t、25t、40t五个吨级；液压传动的有8t、16t、25t三个吨级。汽车式起重机方面，机械式传动的品种规格已经基本不生产，箱型伸缩臂液压起重机有5t、8t、10t、12t、16t、20t、25t、32t、40t、45t、50t、65t、75t、80t、125t等17个吨级。全地面式起重机目前有25t、32t、50t、70t、160t共五个等级。电传动桁架臂式起重机有100t级。另外，我国又发展了电动、柴油双动力式液压抓斗汽车式起重机5t、8t、12t、16t、25t、32t共六个吨级。

随着轮式起重机市场近几年有所萎缩，主要起重机厂向高空作业车、高空作业平台、登高平台消防车、自装卸运输车、道路清障车、抢险车等领域发展，开发了40多种新产品，为开拓起重机市场打开了新局面。

6)叉车与工业搬运车辆

(1)产业分类及主要用途

叉车(图3-20)主要有两大类产品:一类是内燃叉车。内燃叉车又可分为平衡重式叉车和侧面叉车两种。另一类是电动叉车。电动叉车的品种比较多,有平衡重式、前移式、插腿式、堆垛式、拣选式、步移式、低起生托盘搬运车、防爆电动叉车等品种。除此以外,该类产品还有各式各样的手动托盘搬运车及牵引车等。

图3-20 叉车

图3-20

叉车是一种能兼做搬运和装卸的机动工业车辆。这类产品可用于工厂企业、车站、码头、矿山和各种仓库的货物提升、堆垛、装卸作业,也可作短途运输任务用,是现代化生产中必备的物料搬运机械。

(2)发展简史

在日常生活中,我们经常使用一些简易轻小的物料搬运机械,如各种手推车等。对于物料的搬运和装卸,人类最初靠手搬、背负、肩挑来进行,以后逐渐利用畜力,并创造了杠杆、辘轳、滑轮和手推车等简单机械。

现代的物料搬运机械出现于19世纪。19世纪30年代前后,蒸汽机驱动的起重机械和输送机面世;19世纪末期,由于内燃机的应用,物料搬运机械获得迅速发展;以汽车零部件制造业起步的克拉克(CLARK)公司于1917年开发出全世界第一台既能起升又能搬运的叉车,给世界物流产业带来了革新和变化。20世纪70年代出现的计算机控制物料搬运机械系统,使物料搬运进入高度自动化作业阶段。

1958年6月24日,大连机械一厂(大连叉车总厂前身)试制成功了我国第一台5t叉车,该叉车于1959年国庆节通过天安门广场,接受党和国家领导人的检阅,从此揭开了我国叉车发展史的一页。至今,我国叉车经过了从测绘仿制起步、企业盲目组织生产、技术引进与产品系列更新三个发展阶段,自"七五"计划开始,叉车行业正式纳入行业规划,使其在产品技术水平、生产规模、专业化生产等方面取得了较大的发展,既有成绩也有经验教训。

以前,我国叉车生产基本处于测绘仿制阶段,那时候只有5t以下平衡重式内燃叉车、插腿式叉车、前移式叉车、侧面式叉车4个品种6个规格,全国叉车年产量400多台,制造厂只有十余家。

叉车是实现物料搬运装卸机械化的必备设备，操作简便、机动灵活、作业效率高，是国民经济发展中各行业都需要的工业车辆。它的出现，很快就被人们认识和注意，使用范围越来越广，供需矛盾突出。一批叉车专业制造厂和其他行业转产的兼业厂在全国各地、各个系统纷纷组建起来，改革开放前的70多家企业重复生产十分严重。在这个时期，产品没有通用化、系列化，结构和性能都很落后，同一吨位的相同叉车各厂生产出来都不一样，给制造、配套和用户在使用维修方面带来很大困难。为此，在1976年有关部门组织了第一次全国联合设计。北京起重运输机械研究所联合全国叉车行业20多个厂家，相继对1t、2t、3t、5t内燃平衡重式叉车进行了整顿统型设计。统型设计于1977年底结束，合肥叉车厂、大连叉车厂、宝鸡叉车厂、山西机器厂等单位分别承担了样机试制，1978年样机试制鉴定通过，统型设计达到了预期目标。同时叉车产量迅速上升，到1980年，全国产量达到8000台。但是，这次统型设计属于单一机型的单体设计，生产方式是“小而全”的单一品种的小批量生产，基本上没有考虑相邻吨位及不同品种的产品“三化”工作，产品结构和生产组织方式仍然处于落后状态。由于国内市场需求上升快，因此有几年大量进口叉车。根据统计，1977—1979年间进口叉车6694台，1981—1984年间进口叉车7200台。

根据上述情况，由自身成长起来的叉车行业受到了国家的重视，机械工业部委托北京起重运输机械研究所代部编制颁发了《0.5～5t内燃平衡重式叉车基本参数、技术条件》(JB 2391—78)及《叉车基本形式和起重系列》(JB/Z 128—78)指导性文件，为促进叉车行业在产品性能参数方面的整顿提高和着手产品的“三化”工作做了技术准备。

1978年，在机械部重矿局领导下，行业内开始对叉车行业整顿提高，编制了叉车行业“六五”发展规划。这是叉车行业在全国调研的基础上第一次做发展规划工作。通过这次规划，叉车行业从盲目发展开始转为正式纳入国家计划发展轨道。行业内专业化生产开始萌芽，上海沪光叉车厂、靖江叉车厂、杭州叉车厂等企业组织协作生产网络，利用原有资产，调整后投入叉车生产，年产量很快达到千台水平。

从1983年开始，根据机械工业部已颁布的叉车系列有关标准，参照1980年北京市叉车总厂引进的日本三菱重工株式会社1～5t共11个品种规划的内燃叉车制造技术，在机械工业部重矿局领导下，北京起重运输机械研究所牵头，组织了中国叉车公司所属14个厂及主要配套件厂组成全国内燃叉车系列更新设计组，分大、中、小三个吨位设计组和标准组、专业化组。设计组同时在大连、宝鸡、镇江展开工作，吸收了国外叉车产品的先进技术，使我国内燃叉车品种达到16个，规格增加到46个，并且大大提高了“三化”程度。系列更新设计的内燃叉车，从基本结构和主要参数方面达到了国外20世纪80年代初的水平。各厂通过试制改进后，均转入批量生产，为“七五”和“八五”期间叉车行业的大发展奠定了基础。

从1981年开始，我国国民经济进入调整时期，全国叉车产量由8000多台下降到5000多台，叉车产品一度滞销。为了适应国家经济调整的需要，进一步按改革政策搞活经济，帮助行业宣传开发叉车市场，1980年宝鸡叉车厂、山西机器厂、镇江叉车厂、北京市叉车总厂等共同组建了华联叉车公司，之后又相继成立了中联、中华叉车公司。1982年原“华联”“中联”“中华”三家公司和机械工业部北京起重运输机械研究所、工程机械试验场联合组成中国叉车公司，蓄电池叉车和蓄电池搬用车主要企业组成中国佳能蓄电池叉车公司。中国叉车公司和中国佳能蓄电池叉车公司的组建,对行业产品开发、交流、开拓市场起到了积极作用,各厂除自销产品外,还组织了内燃叉车、蓄电池叉车的销售和服务活动,组织了厂际联赛活动,沟通厂际生产情况,进行技术交流,检查督促,以提高产品质量和组织全行业的技术改造及相关配套部件的发展,为行业做出了贡献。

(3)技术引进合资合作生产

叉车生产技术引进是从北京市叉车总厂开始的。1980年该厂以补偿贸易方式,引进了日本三菱重工株式会社的1~5t共11个品种规格的内燃叉车制造技术。1984年,在北京市叉车总厂技术引进的基础上,大连叉车总厂继续引进日本三菱重工株式会社10~40t内燃叉车制造技术。目前经过消化吸收后,两厂均形成国产化后的系列产品。

1984年,杭州叉车总厂引进德国O&K公司的越野叉车、静压叉车、蓄电池叉车各两个型号规格的产品制造技术,包括A25、A30、V20、V25、E12、E15六个型号;但是由于相关配套技术没有解决,国内配套难以落实,一直没有形成批量生产能力。

1984年,湖南叉车总厂引进英国普勒班公司的叉车防爆装置,填补了我国防爆叉车的空白。

1985年12月,机械工业部组织合肥叉车总厂和宝鸡叉车制造公司联合引进日本东洋搬运机(TCM)株式会社叉车制造技术。引进的型号为FG10N、D15Z、FG20N、FD25Z、FG30N、FD30Z、FG35N、FD40Z、D60Z、FD100Z的1~10t共10个品种规格的内燃叉车技术。在合同期内,中方还享有日本TCM公司开发的最新产品技术。该技术引进项目,经过国产化后产品市场覆盖率不断提高,成为我国目前先进产品的代表。

1986年,天津叉车厂(原天津运输机械厂)以组装保加利亚巴尔干车辆公司记录Ⅱ型内燃叉车,从而引进叉车制造技术。但是该产品与国际水平比较已处于落后状态,在国内市场上最终没有形成规模。

在叉车合资企业发展方面,林德厦门叉车有限公司是工程机械行业中规模较大的合资企业,由德国林德(LINDE)集团与厦门海德有限公司(厦门叉车总厂)于1993年12月合资兴办,总投资14亿元人民币,注册资金6亿元,规划规模年产15000台。林德厦门叉车有限公司不但是我国境内最大的叉车制造企业,而且也是林德公司在德国境外最大的生产基地。主要产品有:1.4~4.8t电动叉车、托盘搬运车及拣选车、托盘堆垛车、前移式叉车;1.2~42t柴油/液化石油气叉车;3.6~41t集装箱叉车、空箱堆垛车及集装箱正面起重机等产品。1999年,厦门海德有限公司退出股份,林德厦门成为德国林德公司的独资企业。

安徽TCM叉车有限公司总投资2000万美元,注册资本800万美元。投资比例:安徽叉车集团公司占45%,TCM公司占45%,西日本贸易公司占10%,合资生产3.5t以上内燃叉车。年生产目标一期为1000台,二期为2500台,合资年限为15年。

北京汉拿工程机械有限公司总投资2742万美元,注册资本1464万美元。投资比例:北京叉车总厂和韩国汉拿重工业株式会社各占50%。合资产品为1~10t内燃叉车、0.5~3t电动叉车。年生产目标7000台,合资年限20年。

湖南德士达叉车有限公司总投资2998万美元,注册资本1000万美元。投资比例:湖南叉车总厂45%,捷克55%。合资产品是1.2~8t内燃叉车,1.2~3.5t电动叉车及液化石油气叉车、越野叉车、内燃防爆叉车等。年生产目标一期为3000台,二期为10000台,合资年限为

20年。

上海海斯特叉车制造有限公司总投资2500万美元，注册资本800万美元。投资比例：纳科物料装卸集团占55%，住友纳科30%，上海浦发公司15%，合资生产2～16t内燃叉车。年生产目标为1000台，合资年限为50年。

上海力至优叉车制造有限公司，由日本输送机株式会社（NYK）出资97%，上海佘山经济技术发展有限公司出资3%，注册资金为600万美元，于1997年10月28日合资公司成立，1999年三月正式投产，开发生产1～3t电动平衡重式叉车，年产规模1000台。

（4）企业基本概况

20世纪60年代初，叉车制造厂主要有大连、宝鸡、上海、沈阳、抚顺、合肥、太原等11个厂，除大连、宝鸡以外都是兼业生产厂。70年代开始，叉车供需矛盾突出，杭州、靖江、天津、衡阳、厦门、锦州等数十家工厂纷纷转入叉车生产。同时，其他行业部门为满足本部门需要，也自行制造叉车，例如铁道部、轻工部、商业部等。一时间，我国叉车生产企业数居世界第一，达70多家。1980-1981年是我国国民经济发展调整时期，对叉车发展影响较大，叉车生产跌到谷底，年产量比1979年下降50%。通过“六五”“七五”两次行业发展规划，到1988年，生产企业数下降到54家。2011-2020年中国叉车制造行业电动叉车产量逐年增长，从2011年的16.9万台增长至2020年的38万台。

随着市场经济的发展，产品技术进步，开拓市场及经营策略等方面竞争激烈，叉车生产企业发展在20世纪90年代向两极分化，有的企业已出现连年亏损，生产萎缩。但是，安徽叉车集团公司通过技术引进、消化吸收，不断开发新产品，提高产品技术水平，进行大规模内涵技术改造，制造生产规模越来越大，工艺基本上达到数控化水平，进入国家大型一档企业，成为叉车行业的科研、生产、出口基地。安徽叉车集团走上资本运营、低成本扩张的兴企之路，并在1997年成功发行“安徽合力”股票上市。新开发的产品有液化石油气叉车、防爆叉车、牵引车、无人操纵搬运车、有轨堆垛机、无轨堆垛机和具有自主知识产权的H-2000系列叉车，“合力”牌系列叉车已拓展为多种动力形式、多种传动方式、1～42t级、80多个机型、400多个品种规格的产品，普遍达到20世纪90年代初国际先进水平。大连叉车总厂在引进日本三菱重工大吨位叉车制造技术以后，同样也取得了发展优势，先后成功地试制出42t、45t级集装箱叉车，并在与外商一起投标中累累中标，基本上达到了替代进口的目标，在用户中获得了良好的信誉。目前，该厂也是我国叉车行业中的重点骨干企业，国家大型二级企业，享有外贸进出口权。企业通过国际标准ISO9001质量体系认证。产品被中国质量检验协会评为“中华之光”名牌产品，同时被国家认定为“中国替代进口机电产品”。

7）压实机械

（1）产品的主要用途

压实机械主要用于公路、铁路、市政建设、机场跑道、水库堤坝等建筑物地基工程的压实作业，以提高基础和路面的强度、承载能力、稳定性、不渗透性、平整度等性能。随着高层建筑的不断涌现和高速公路的发展，压实机械已经成为基础工程和道路工程中不可缺少的施工机械。

压实机械产品主要包括：静作用压路机（图3-21）、振动压路机（图3-22）、轮胎压路机（图3-23）、振动平板夯、快速冲击夯、爆炸式夯实机、蛙式夯实机。

图3-21 静作用压路机

图3-22 振动压路机

微课:压实机械

图2-21

图2-22

图2-23

图3-23 轮胎压路机

(2)发展简史

早期的压实机械是压路机,压路机的发展史起源于远古欧洲和古埃及。早在4500年前,古埃及人已经制造出用于压实地基的重型压碾器物,并将其应用于建造金字塔时对于地基的压实处理。在机械科技发展史上,这种古老机械是现代冲击式压路机的起源。远古欧洲人也在4300年前建造的巨石阵中发明了类似器物(巨石阵坐落在英国伦敦西南100多公里的索尔兹伯里平原上)。

古埃及人的压碾器物由杠杆和重型巨石等物件组成,通过畜力操作重石对土壤进行冲击压踏、搓揉和捣实。在古埃及吉萨高原上兴建的金字塔底部边长230m,高146m,用了共260万块、每块重达2.5t的石头堆积而成,位于开罗西南尼罗河西古城孟菲斯吉萨南郊8km处利比亚沙漠中,在其东面约350m处是斯芬克斯狮身人面像。该金字塔建立于胡夫法老(公元前2580年至公元前2560年),至今已有4500多年的历史。古阿拉伯人在后来还将其用于压实大坝和河堤。

19世纪,西方的道路工程以碎石子铺路为主,压实主要靠车辆自然碾压;直到1858年英国发明了轧石机后,促进了碎石路面的发展,才逐渐出现了用马拉的滚筒进行压实工作,这是最早的压路机雏形。1860年法国出现了蒸汽压路机,进一步促进并改善了碎石路面的施工技术和质量,加快了施工进度。20世纪初,世界上公认碎石路面是当时最优良的路面而推广于全球,压实的概念逐渐被人们接受,压路机也随之出现在各个道路施工工地上。19世纪中叶，内燃机的发明给压实设备的发展带来了巨大的生机。

20 世纪初，美国人研制出第一台内燃机驱动的压路机，随后出现的是轮胎压路机。羊足碾压路机与光轮压路机几乎是同时产生的，人们对静碾压路机的压实效果进行了研究，认为增加压路机的重力可使压路机的线压力增加，从而提高压实效果。于是，在相当长的一段时间内，人们致力于开发大吨位压路机。

压实作为强化工程物的基础、堤坝及路面铺装层的主要手段，早已为工程专家们熟知和应用。采用机械进行有效的压实，能显著地改善基础填方和路面结构层的强度及刚度，提高其抗渗透能力和气候稳定性，在大多数情况下可以消除沉陷，从而提高工程的承载能力和使用寿命，并且大大减少了维修费用。

压实机械发展至今，经历了一个漫长而富有哲理的历史时期。世界上最早出现的压实方法是踩踏、揉搓和捣实。早在远古时代，先民们就曾利用牛羊畜群的蹄足对土壤进行踩踏，通过揉搓和捣实作用来压实水坝和河堤。这就是近代羊足碾的起源。夯实和冲击方法也是很早就有应用，我国古代劳动人民就利用石夯进行堤坝压实，直到今天这种压实方法在农村还有应用。这就是当今动态压实方法的起源。

1860 年，英国人发明了世界上第一台以蒸汽机为动力的自行式三轮压路机，并于 1865 年投入生产。

1919 年，美国在压路机中使用内燃机取代蒸汽机。

1930 年，德国使用振动压实技术，并于 1940 年发明拖式振动压路机。

1940 年，美国生产出世界上第一台轮胎式压路机。

1957 年，瑞典研制了轮胎驱动自行式振动压路机。

我国在 1000 多年前的隋唐时期就开始使用压实工具——石滚，以人力和畜力为动力。

①静作用光轮压路机。

静作用光轮压路机的发展走过了从以蒸汽机为动力到以内燃机为动力的发展道路。1952 年，上海市工务局机械厂（洛阳建筑机械厂的前身）测绘了一台 6 ~ 8t 静作用光轮压路机，并于 1953 年生产了 10 台（后发展成 2Y6/8 静作用压路机），基本满足了当时上海的建设需要。1953 年，天津市第五机器厂（天津工程机械厂的前身）生产了一台 10t 蒸汽动力的压路机，但未进入批量生产。1957 年，洛阳建筑机械厂测绘和改进设计了 3Y12/15 静作用压路机，成为定型产品。1960 年，徐州工程机械厂自行开发了 10t 蒸汽压路机。1962 年，建筑工业部统一规划安排，由徐州工程机械厂生产 2Y6/8 和 2Y8/10 内燃静作用压路机；同时又安排上海工程机械厂和三明重型机械厂生产 3Y12/15 静作用光轮压路机。20 世纪 80 年代初，徐州工程机械厂又设计制造了 2Y8/10A 型两轮静作用压路机，与 20 世纪 60 年代初生产的 2Y6/8、2Y8/10 型相比，它具有轴距短、转弯半径小、重心低、结构简单等优点。1982 年，该厂为支援巴基斯坦的建设，自行设计制造了 3Y14/18 型三轮压路机，1983 年出口巴基斯坦，深受外商的拥护和好评。此后，该厂又研制成功了目前国内最大吨位的 3Y18/21 型三轮静作用压路机。至此，静作用压路机基本形成系列，而且压路机的专业制造厂也基本形成。

②振动压路机。

振动压路机与静作用压路机比较，具有压实深度大、密实度高、质量好、生产效率高等特点。其能耗相当于静作用压路机的 65% 左右，效率相当于静作用压路机的 3 ~ 4 倍。

我国振动压路机发展起步较晚。1961年,西安公路学院筑机系(现长安大学工程机械学院)与西安筑路机械厂共同研制开发成功3t自行式振动压路机,标志着我国自行开发设计振动压实机械的起步。1965年,长沙建筑机械研究所与洛阳建筑机械厂共同研制了我国第一台YZ4.5型振动压路机,但由于当时减振问题没有解决好,因此只进行了小批量生产。1974年,洛阳建筑机械厂与长沙建筑研究所再次合作,研制了YZB8型振动压路机;同年,还在合作测绘国外样机的基础上,改进设计并研制成功第一台全液压轮胎式振动压路机,1987年又对YZB8型进行改进设计,研制出YZB8A振动压路机,提高了性能。从此,我国振动压路机进入了新的发展阶段。

洛阳建筑机械厂通过用户调查,结合当时国情和液压技术较为薄弱的情况,将3Y12/15型静作用压路机的行走驱动系统移植到YZ410型振动压路机上,改型设计了YZ10B型机械振动压路机。该机投放市场后受到用户好评,基本满足了我国当时对大型振动压路机的需要。1985年,YZ10B型振动压路机荣获国家银质奖。洛阳建筑机械厂还于1976年测绘了国外样机,自行研制了YZS06型手扶振动压路机。该机轻便灵活,适用于人行道、公园道路、沟槽回填土压实、公路及市政道路的修补工作,受到用户欢迎,1985年由建设部授予YZS06型振动压路机部优产品称号。

80年代,振动压路机得到飞速发展,洛阳建筑机械厂相继开发了YZT10、YZT12拖式振动压路机,YZS06C、YZS1.3型手扶式振动压路机,为占领国内市场打下了基础。1983年国务院重大办下达了国家千万吨级露天矿成套设备攻关项目,洛阳建筑机械厂和长沙建筑机械研究所共同接受了YZ18型18t级振动压路机的开发任务,经过严格试制、检测和鉴定,于1985年研制成功。在1987年全国大型设备攻关项目表彰会上,时任国务院总理亲自为该项目颁奖。1989年,该项目被评为国家级科技进步特等奖。

徐州工程机械厂从1982年开始生产振动压路机,1983年研制成功YZ2型振动压路机、YZS06型手扶式振动压路机、YZJ10A型振动压路机。长沙建筑机械研究所与徐州工程机械厂于1984年共同研制成功YZZ8型全液压式组合振动压路机,该机于1985年通过部级鉴定,达到20世纪80年代国际先进水平,1987年获建设部科技进步三等奖。几年之内,该机型成为徐州工程机械厂的主导产品。

从20世纪90年代开始,组合式振动振荡压路机SY8型(单驱动)、SY8A型(全驱动)在宣化工程机械厂诞生,YDZ12型在徐州工程机械厂诞生,YZ14D型在上海工程机械厂诞生。结合技术引进,各厂又研制了各种型号的全液压、双驱动、双振幅压路机,使我国压路机研发水平提高了一个档次,基本满足了国内需求,同时达到批量出口的水平。

③夯实机械。

在夯实机械方面,除了各厂生产传统的蛙夯、平板夯产品以外,近两年北京市政工程研究院开发了多功能振动振荡建筑夯机。该机具有从纯振动到纯振荡无级过渡;在振动器转向不变的条件下,夯实过程中可实现正反行走,振幅、频率均可调,底板面积可变,可乘坐操作人员等多项功能,是我国替代蛙式夯和平板夯的新一代压实机具,产品达到了国际先进水平。

(3)技术引进与合作

从1984年开始,各企业从多家国外公司引进了先进的振动压路机制造技术,在较短的时间内,使我国压路机制造业接近国外同类产品水平。主要有以下引进产品。

徐州工程机械厂于1984年5月与瑞典DYNAPAC公司签订许可证贸易技术引进合同,引进CA和CC两个系列振动压路机产品,产品规格为CA25S/10t(单驱动)、CA25D/10t和CA25PD/10t(双驱动)和CC21/7t、CC42/10t型全液压串联式振动压路机。在此基础上,该厂自行研制了YZC12/12t级全液压串联式振动压路机和YZC2/2.5t、YZC4/4t级全液压式串联式振动压路机,经过国产化以后均已达到批量生产能力。

洛阳建筑机械厂于1986年以许可证贸易方式引进德国BOMAG公司的BW141、BW151、BW120、BW213、BW217五个规格、11个型号的双钢轮振动压路机。

湖南江麓—浩利工程机械有限公司于1987年以许可证贸易方式引进德国CASE-VIBROMAX公司W1102系列4种规格、7个型号的振动压路机,其中有W1102D/11.1t、W1102PD/11.5t、W1402D/12.95t、W1402PD/13.35t、W1802D/16.2t、W1802PD/16.6t、W1102DH/11.7t振动压路机,并获得省新产品研制奖和科技进步奖。

山东公路机械厂于1986年以许可贸易方式,引进日本KAWASHAKI公司K12Ⅱ型振动压路机制造技术,派生出YZ10F、YZ16A、YZ19、YZ20A、YZC12等不同规格的振动压路机。

成都工程机械总厂于1994年以许可证贸易方式,引进西班牙LEBRERO公司UTA90型/9.5t、155TT型/15.8t振动压路机制造技术。

至此,国外主要著名的压路机制造厂商的16t级以下的振动压路机制造技术基本都引入国内,提高了整个压路机行业的设计制造水平,同时也缩短了与国外先进技术的差距。

(4)企业发展情况

我国压路机产品生产企业,在20世纪60年代只有8家,20世纪70年代有12家,到80年代发展到20多家,其中主要专业制造厂9家:徐工、一拖洛建、三明、江麓、山公、陕西水利、上海金泰、江阴交通和北京市政。

20世纪90年代以来,压路机产品的生产集中度不断提高,促进了压路机产品技术水平和经济效益不断提高。其中徐工集团徐州工程机械厂的压路机产量和销售额占全行业的50%以上;一拖集团洛阳机械厂占全行业22%以上。在大中型规格压路机产品中,这两家企业的产品产量和销售额占到全行业的80%。

徐州工程机械制造厂是全国压路机和路面机械行业的大型骨干企业,也是徐工集团国有股的股份制企业。1996年,该厂被列为国家火炬计划重点高新技术企业,国家“863”计划CIMS系统重点推广应用单位,目前拥有各类数控机床、加工中心等高精尖设备80多台。该厂在1995年11月通过了ISO9001质量体系认证,1996年5月又通过了美国FMRC质量体系认证,提高了压路机产品在国内外市场的知名度。

洛阳建筑机械厂是一个老企业,1904年创建于上海。工厂于1954年迁至洛阳,开始了新的创业时期。1954年制造出我国第一台三轮静碾压压路机,1963年试制出我国第一台4.5t级自行式串联振动压路机,1976年生产了第一台轮胎驱动光轮振动压路机和手扶振动压路机,为国内十多家厂家提供了压路机图样和制造技术,为发展我国压路机事业做出了巨大贡献。为进一步扩大企业竞争力,1988年,该厂与我国特大型企业中国第一拖拉机制造厂实行优化组合,成为一拖集团内专门生产压实与路面机械的独立经营的专业制造厂;1994年又与香港华晨集团合资经营,其行政后勤部门与工厂剥离,组建一拖建机实业公司,而生产经营实体部分成立合资企业,称为一拖(洛阳)建筑机械有限公司,对外仍称洛阳建筑机械厂。“洛阳牌”压路机是中国一拖重点工程机械产品之一，其生产、制造企业即为一拖（洛阳）建筑机械有限公司，它被誉为中国压实机械的“摇篮”。目前“洛阳牌”压路机在国内占有25%以上的市场份额，并出口到80多个国家和地区。公司具备“洛阳”牌（“洛建机械”）系列压实机械、路面机械、土方机械、环卫机械等工程机械的研发和生产能力。公司在压实机械技术领域始终走在全国同行业的前列，生产产品涉及全液压单、双钢轮振动压路机、三轮静碾、轮胎压路机、平地机、垃圾压实机、冷再生机、滑移装载机等高技术产品，先后获得了“中国明星企业”“中国名牌产品”“外商投资优秀企业”和“用户满意产品”等多项奖项。

（5）产品产量及品种规格发展状况

我国压路机产品生产规模形成较晚，1965年全国行业产量为643台；到1978年，全国年产量才发展到770台，当年累计产量12737台。改革开放以后，随着经济发展的快速上升，压路机行业得到快速发展，到1987年压路机产量达到历史最高峰，当年为4499台。1990年开始，受国家宏观经济调整影响，行业进入调整时期，压路机年产量又开始下降，1991年滑到低谷，当年产量为2410台，1992年以后压路机销售量又逐步回升，1993年达到历史最高产量4742台。在压路机产品产量逐步上升的同时，产品结构发生了变化，规格向大中型转移，8～18t级的需求量加大，并且向振动压路机方向发展。1992年压路机销售量为3038台，其中，振动压路机为1611台，占压路机总量的53%；到1998年，国产压路机销售量为4416台，其中振动压路机为2956台，占压路机总量的67%，比1992年上升了14个百分点。由于我国压路机产品技术水平与国外差距逐步缩小，因此近几年进口量也在下降，而出口量逐步增加，且出口量大于进口量，我国生产的压路机成为受发展中国家欢迎的产品。

自2009年以来，受国家政策的影响，以压路机为代表的高速公路及高速铁路施工机械呈现出了快速增长的态势。2010年，全国20家压路机企业共销售压路机25581台，主要产品销量比2009年同期增长56.6%，创历史新高；2011年，共计销售21617台；经过长达十年的行业深度调整和恢复性增长，2020年全行业压路机销量19479台，未来仍有较大空间。

我国压路机市场是全球重要的市场之一，产销量约占世界的1/4，我国是无可争议的压路机产销大国，也是全球最大的压路机市场。国产压路机涵盖十余个系列，近百个产品型号，具备较强的技术研发和创新能力，牢牢占据90%以上的市场份额。机械传动压路机为中国创造产品，全液压振动压路机、轮胎压路机的技术水平已达到世界先进。

8）凿岩机械与气动工具

（1）产品主要用途

凿岩机械与气动工具主要包括两大类产品：一类是凿岩机械（图3-24），另一类是气动工具。凿岩机械产品又分为6小类，即气动凿岩机械、内燃凿岩机、电动凿岩机、液压凿岩机、钻车和凿岩辅助设备；气动工具可分为3小类，即回转类、冲击类和其他类。

凿岩机械主要用于矿山采掘的凿岩作业，铁路、公路、国防建设中隧道的开挖及边坡处理等各种石方工程。

气动工具是以空气为动力的通用机具，是实现机械化操作的重要手段，常用于设备安装、桥梁拼装、打磨清理、除锈、表面抛光等。回转式气动工具包括气钻、气砂轮、气动砂带机、气动抛光机、气动磨光机、气螺刀、气动攻丝机、气搬机、气动除锈器、气动振动器、气剪刀、气锯、回转气动雕刻机、气铣刀等。冲击式气动工具包括气镐、气铲、气动铆钉机、顶把、冲击式气动除锈器、冲击式气剪刀、气动捣固机、气动捆扎机、气动钉合机、气动打钉机、气动扎网机、冲击式气动振动器、冲击式气动雕刻机、气锉刀、气动油枪等。其他气动工具有电动机、泵、绞车、地下穿孔机、气动桩锤、搅拌机、涂油机、风扇等产品。以下对气动工具不做详细介绍，主要阐述凿岩机械。

图 3-24

图 3-24　凿岩台车

(2)发展简史

自 1844 年第一台凿岩机研制成功并试用于隧道工程算起，凿岩机至今已有 160 多年的历史，是地下矿山传统的开采设备。随着科学技术的发展和进步，1887 年技术人员制造出第一台轻型气动凿岩机；1938 年发明了气腿和碳化钨钎头；1946 年研制成功矿用牙轮钻机；1960 年开发了独立回转凿岩机，随后发展和完善了架柱式凿岩机、凿岩钻车和潜孔冲击器；1970 年，液压凿岩机投入市场。

新中国成立前，虽然有部门已经开始使用凿岩机械和气动工具，但产品均为国外制造。新中国成立后，凿岩机械与气动工具大体经历三个发展阶段：1950 年至 1961 年行业形成，1962 年至 1983 年为行业发展时期，1983 年至现在是产品技术水平提高阶段。

①专业形成时期。

我国发展凿岩机械和气动工具是从建设沈阳风动工具厂开始的。1949 年东北解放不久，迫切需要恢复生产。当时抚顺煤矿和鞍山铁矿等单位恢复生产告急，提出必须赶制风钻（即凿岩机），否则即将面临停产。东北机械局把任务交给了东北机械七厂（沈阳风动工具厂前身），当年就仿制日本的 R-39 型气动凿岩机合计 100 台交付使用，由此诞生了我国第一批自制的气动凿岩机；1950 年又仿制了日本 S-49 型凿岩机 887 台，解决了一小部分燃眉之急。在国民经济建设第一个五年计划中，我国把建设沈阳风动工具厂列为苏联援建的 156 项重点工程之一。1955 年 1 月 21 日，工厂建设竣工验收，年产规模 20000 台（510. 14t 产品），到 1955 年底，当年产量达到 21432 台（625t 产品），工业总产值 650 万元（1970 年不变价）。

从 1957 年开始，新产品由仿制日本、苏联的产品，开始转向自行设计，按照国外产品结构进行类比设计。但是由于经验不足，理论基础差，我国在 1958 年设计完成的 30 个产品，只有 7 个投产；1960 年设计完成的 26 个产品，只有 3 个投产。但是通过自主开发，锻炼和培养了一批新产品研制人才，产品范围也由原来的气动凿岩机及气动工具开始扩展到内燃凿岩机和电动凿岩机。

随着沈阳风动工具厂产品稳定发展，生产技术的提高，全国需要凿岩机和气动工具的缺口又大，在其他地区的生产企业也相继建立。1958 年，上海汛华机器厂（上海风动工具厂的前身）开始生产气铲、捣固机、凿岩机等产品；1959 年，洛阳风动工具厂建成，开始生产 G10 型气镐；同年，南京战斗机械厂（现南京工程机械厂）也开始生产气动工具，1960 年，生产 G10 型气镐 783 台，但只占该厂工业总产值的很小一部分；1959 年，蚌埠风动工具厂、天津风动工具厂相继建成，生产气动工具和凿岩机械；1960 年 10 月，在原通化市汽车修配厂的基础上扩建成的通化风动工具厂，在 1961 年生产了第一批气镐。至此，凿岩机械与气动工具的生产厂家已发展到了 7 个，其中以沈阳风动工具厂规模最大。

②行业发展时期。

从 1961 年至 1983 年，我国主要专业生产厂从 7 家发展到 18 家，建立了一个负责本行业技术归口工作的风动工具研究所。该所于 1961 年经一机部批准成立于沈阳风动工具厂，1966 年由沈阳搬迁至甘肃省天水市，改名为天水风动工具研究所，坐落于天水风动工具厂厂区内。1977 年，天水风动工具研究所牵头组建了行业情报网。1987 年，我国确定天水风动工具研究所为国际标准化组织 ISO/TC118 压缩机、气动和气动机械技术委员会的国内归口工作单位之一。1983 年我国建立了气动工具行业标准化网。1975 年《凿岩机械与气动工具》杂志创刊，成为本行业的综合性技术刊物。

1983 年主要专业厂均为一机部归口管理企业，它们是：沈阳风动工具厂、天水风动工具厂、宣化风动工具厂（现为宣化采掘机械厂）、南京战斗机械厂（现为南京工程机械厂）、宜春风动工具厂、湘潭风动工具厂、通化风动工具厂、徐州风动工具厂、上海风动工具厂、洛阳风动工具厂、昆明风动工具厂、蚌埠风动工具厂、桂林风动工具厂、焦作风动工具厂、上海闸北机械工具厂、黄石风动工具厂、宣化通用机械厂和重庆凿岩机厂。以上 18 家企业在 1983 年共有职工 16500 人，总人数是 1955 年的 8.22 倍；工程技术人员 1072 人；主要设备 4196 台，为 1955 年的 9.45 倍；年末固定资产 15960.4 万元；全年工业总产值 10131.6 万元，为 1955 年的 15.6 倍；共生产凿岩机械与气动工具 135827 台，其中凿岩机械 46587 台，气动工具 89240 台；形成 43 个产品系列，224 个品种，332 个规格的产品。

1982 年 3 月 15 日，由沈阳、天水、宣化、南京、宜春 5 个风动工具厂和天水风动工具研究所成立了中国凿岩机械风动工具公司。1983 年，昆明和通化风动工具厂也参加了该公司。公司加强了产品营销服务，使产品遍布全国各省市，援外出口到 30 多个国家和地区。

③行业规模及技术水平提高时期。

a. 企业数量和行业规模迅速扩大。

20 世纪 80 年代后期，我国国民经济发展进入高速增长期，促进了凿岩机械与风动工具行业的快速发展。1998 年，企业数量发展到 40 多家，其中全民所有制企业 27 家。工业总产值 67582 万元。销售收入达到 66247 万元，是 1983 年的 6 倍。产品产量达到 336852 台，为 1983 年的 2.5 倍。其中凿岩机械 95507 台，气动工具 240587 台，钻车 494 台，钻机 134 台，凿岩支架 130 台。

b. 行业产品技术水平得到提高。

改革开放以后，通过几十年的发展，产品系列品种规格更加完善。凿岩机械产品已经发展到 24 个系列，150 多个品种规格，其中主要产品 55 种。气动工具共有 31 个系列，224 个品种规格，其中主要产品 67 种。在这些产品中，曾经获得部优产品称号的凿岩机械占 21.09%，获得部优产品称号的气动工具产品占 16.07%。

在“六五”期间，凿岩机行业五家骨干企业分别以许可证和技贸结合的方式，从瑞典、日本、法国、德国、美国引进了 5 类产品、11 个系列的凿岩机械产品设计、制造、检测技术，其中包括液压凿岩机、液压冲击镐、全液压露天和地下凿岩钻车、气动潜孔钻车、高气压潜孔冲击器，共用外汇 834 万美元。“七五”期间经过大量的消化吸收、试验验证和转化工作，这些产品都已进入批量生产，为我国凿岩机械和气动工具向高风压过渡奠定了基础。

(3)技术引进产品

从“六五”计划开始，为提高产品技术水平，我国共引进了 9 项发达国家的先进产品技术，其中 5 项为钻车技术，1 项是中低速中小功率调速型液力耦合器，1 项冲击器，1 项冲击镐，1 项气动工具镁合金压铸件技术。引进的产品规格及厂商如下。

①南京工程机械厂以专有技术联合商标许可证形式，于 1984 年 6 月与瑞典阿特拉斯·科普柯公司(ATLAS-COPCO)签订合同，引进全液压凿岩钻车专有技术。合同产品有：BommerH174、H175、H178 型凿岩钻车，PromecTH529、HT530 型凿岩钻车。技术资料包括产品的全部设计、制造和质量控制资料。

②沈阳风动工具厂以专有技术联合商标许可证形式，于 1984 年 6 月与瑞典阿特拉斯·科普柯公司签订合同，引进液压凿岩机制造与检测技术。合同产品有 COP1238MELE 系列和 COP1032HD 型液压凿岩机。

③宣化采掘机械厂以专有技术许可证形式，与法国爱姆科·塞科马公司(EIMCO-SECOMA)于 1984 年 7 月签订合同，引进特小型液压凿岩钻车制造技术。合同产品包括 CTH10-2F 型液压凿岩钻车和 HYD200 型凿岩机。

④宣化采掘机械厂以专有技术许可证形式，与美国英格索兰公司(INGERSOLL-RAND)于 1985 年 5 月签订合同，引进 CM-351 型钻车、储杆器及其零件、ABHO 转头及其零件；1989 年，转入宣化-英格索兰矿山工程机械有限公司合资企业。

⑤天水风动工具厂以专有技术许可证形式，与瑞典阿特拉斯·科普柯股份有限公司于 1985 年 7 月签订合同，引进 ROC712HC、812HC、712H 和 ROC812H 型四种履带式液压钻车的设计、制造、应用、试验和维修等方面的技术。

⑥宣化采掘机械厂以专有技术许可证形式，与美国英格索兰公司签订合同，引进 DHD340A、DHD360、DH-4、DH-6 型冲击器及钎头；1989 年，转入宣化-英格索兰矿山工程机械有限公司合资企业。

⑦通化风动工具厂以专有技术许可证形式，与日本古河株式会社于 1985 年 10 年签订合同，引进 HB400、HB1100、HB1800 型液压冲击破碎锤制造技术。

⑧宜春风动工具厂以专有技术许可证形式，于 1985 年 11 月与德国英培公司签订合同，引进风动工具镁合金压铸技术。其中包括镁合金压铸件模具设计、熔炼技术、压铸工艺操作技术和表面处理技术。

⑨蚌埠液力机械厂以专有技术许可证形式，于 1984 年 11 月与德国伏伊特公司(VOITH)签订合同，引进中低速小功率调速型液力耦合器。

(4)企业发展概况和主要产品及生产企业

凿岩机械气动工具行业是机械工业的重要组成部分，可分为凿岩机械与气动工具两大类。截至目前，我国已有凿岩机械与气动工具专、兼业生产厂和相关科研单位及高等院校近百家，能够提供2大类、40个小类、71个系列、近700个品种规格的产品，产品已相当齐全，除少数进口外，基本能满足国内需要。凿岩钻车已有履带式、轮式，按功能作用已有潜孔钻机、潜孔钻车、掘进钻车、全液压钻机、锚固钻机等产品。潜孔钻车除中风压、低风压以外，近几年又发展了高风压系列产品。凿岩机有手持式、气腿式、手持气腿两用凿岩机、液压凿岩机、导轨式凿岩机等产品。冲击器有高风压、中风压冲击器，有气动碎石器和液压碎石器。气动工具已生产气钻、气螺刀、气扳手、气砂轮、气镐、气铲、气动万能打磨机、气动双面除锈器、气马达等系列产品。

凿岩机械气动工具行业的产品产销量只有1993年有较大增幅。1995年产量下滑但销售额增加主要是来自价格因素。1994—1998年这5年间，产量平均按7%的比例下滑，销售额平均按5.8%的速度递减，2/3以上的生产能力得不到发挥，生产形势不容乐观。

凿岩机械与气动工具行业在1993年全行业盈利6209万元，当年只有2个企业亏损，从1995年开始，连续4年行业一直处于亏损状态，而且亏损企业数逐年上升。亏损的原因一是市场萎缩，特别是煤炭行业处于亏损状态，产品需求下降，拖欠产品制造企业贷款严重；二是随着产品市场结构发生变化，成套机械化采煤设备的进口，冲击了一部分国内市场；三是企业分散且规模小，消耗大、成本高，这样的行业结构已不适应当时市场的发展。在统计的34个企业中，只有14个企业年销售额达到了1000万元以上，9个企业年销售额达到3000万元以上，5个企业年销售额达到5000万元以上。因此，面对今后的市场发展趋势，大部分小企业进行了改组转行，进行产品结构调整，或与其他产业兼并联合，或向新兴产业发展。

9）电梯

（1）产品范围及服务场合

电梯产品是和建筑设施密不可分的人员和货物短程运输设备，其中包括垂直梯、自动扶梯和自动人行道等。电梯产品主要服务于高层建筑，交通基础设施及公用建筑设施等，它已经成为现代建筑内不可缺少的公共交通设备。

（2）发展简史、产品及企业情况

电梯是集机械原理应用、电气控制技术、微处理器技术、系统工程学、人体工程学及空气动力学等多学科和技术分支于一体的机电设备，它是建筑物中的永久性垂直交通工程。

①国外情况。

在电梯发明之前，人类就有了用“电梯”运货物或供人上下高层建筑的设计。早在公元前1世纪，罗马建筑师维特罗斯就利用升降台上下运货或运人了。不过，这种升降台是用人力、畜力或水力通过滑轮来操纵的。中世纪时期，有许多修道院建在险峻的峭壁上，进出修道院唯一的通道，就是用篮子做的升降台。乘客站在里面，然后用绳子通过滑轮吊着篮子上下升降。这就是最原始的“电梯”。

到了17世纪，法国出现一种叫“飞椅”的升降装置。人们在飞椅上系一根绳子，绳子的另一端绕过楼顶的一只滑轮，系在平衡锤上。乘客坐好后，只要把飞椅上的一只沙袋扔下去，随着平衡锤下降，较轻的飞椅和乘客就会上升到楼上的窗口，再爬进屋去。随着蒸汽机的出现，人们产生了用蒸汽的力量运送货物的设想。19世纪初，一位名叫赛勒斯·鲍德温的美国人设计出一种新型的水压升降机，用比较短程的活塞驱使升降机顶端的轮子转动，绕在轮子上的绳子就带动了升降台。这种升降机不需要庞大的液压缸及深井，而升降速度可达180m/min。

1850年,美国人亨利·沃特曼在纽约的曼哈顿仓库建造了一台利用以水压机为动力的升降机。他将一根缆绳一头系着升降台,另一头卷绕在称作卷扬机的圆柱形卷筒上。用蒸汽动力开动卷扬机,卷筒朝一个方向旋转,缆绳带着升降台上升;卷扬机朝相反方向旋转,缆绳就放开,升降台便下降。这种卷扬机被称作"土电梯"。

1854年的世界博览会上首次展示了老式木制电梯。一位勇敢的男子乘坐这种电梯升到4层楼的高处,俯视参观者数秒后,又平安地落到地面,而不像当时其他类似机器那样剧烈地撞到地上。这就是电梯的初次公开亮相。在这个演示的前一年,发明者奥的斯还没有意识到他的发明有那么重要。他在其工作的床垫厂里成功进行电梯的实验,后来他将那家老床垫厂改造为世界第一家电梯厂。自纽约水晶宫展出了第一部电梯起,到1877年西班牙开始使用电梯期间,奥的斯创立了自己的品牌和威信。他的公司如今仍是世界第一的垂直电梯制造厂家。电梯很快就成为大城市饭店和百货公司不可缺少的运输工具。更重要的是,它完全改变了人们的习惯和城市规划,对摩天大楼和立体城市的出现起到了决定性作用。在公开展示其发明10年以后,奥的斯开始收到源源不断的订单。订单不仅来自美国,也来自其他世界各地,电梯被安装在白宫、华盛顿的纪念碑和埃菲尔铁塔等著名建筑里。

由于电梯的发明,数百万旅游者可以从帝国大厦的顶层观看梦幻般的景色,或者进入自由女神像、里约热内卢的耶稣像内部参观。英国的白金汉宫、莫斯科的克里姆林宫和梵蒂冈的圣彼得大教堂也是由于有了电梯才得以对外展示。

1857年奥的斯在纽约一座55m高的大楼安装了第一部载客电梯。20年后,他的发明传入西班牙,按照合同,第一部电梯被安装在马德里阿尔卡拉大街5号的住宅楼里。

有人说,"没有电梯就没有纽约曼哈顿"。的确,有了电梯,摩天大楼才得以崛起,现代城市才得以长高,电梯提升了人们的生活品质。据统计,目前全球在用电梯约635万台,其中垂直电梯约610万台,自动扶梯和自动人行道约25万台,全球电梯每3天的运送量就相当于世界人口总数。垂直电梯的发明已有150年的历史,自动扶梯的发明也有100多年的历史。这期间,人们对电梯安全性、高效性、舒适性的不断追求推动了电梯技术的进步。

电梯的雏形是升降机。追溯这种升降机设备的历史,据说它起源于公元前236年的古希腊。当时有个叫阿基米德的人设计出一种以人力驱动的卷筒式卷扬机,安装在妮罗宫殿里,共有三台。这三台卷扬机被认为是现代电梯的鼻祖。其实,这种以人力提升的卷扬机,在我国早已有所使用,如在我国北方农村常见的水井辘轳,就是我们的祖先早在公元前使用的一种人力卷扬机。

当时的升降机都是鼓轮式的。鼓轮式升降机的主机类似现在的卷扬机,绳的一端吊挂轿厢,另一端固定在绳鼓上,靠钢丝绳被卷绕或释放而使轿厢升降。由于鼓轮不可能造得太长,绳的长度受到限制,升降机的行程不能太大;同时由于绳的根数不能太多,起吊质量也受到限制。

鼓轮式升降机在使用上也不安全,当上、下运行控制失灵,梯厢超越顶层极限位置冲向楼板时,由于钢丝绳继续被绳鼓卷绕,轿厢就会撞击顶楼板和断绳,引起重大事故。加之升降机的动力问题一直没有得到解决,鼓轮绕绳式的升降机在发展上受到限制。

直到1835年,人们开始采用蒸汽机作为升降机的动力,出现世界上第一台以蒸汽机作动力的载货升降机,并应用于工厂的生产运输,升降机开始发展起来。

1853年,美国人奥的斯研究出一种用于升降机的安全装置。他在轿厢支架的顶部安装一组弹簧及制动杠杆,钢丝绳与之连接,升降机两侧装有带卡齿的导轨。由于轿厢以其自重及载荷拉紧弹簧,并使制动杠杆不与导轨上的卡齿接触,所以在一般情况下轿厢能正常运行。一旦绳子断裂,在弹簧力的作用下,制动杠杆转动并插入两侧导轨的卡齿内,轿厢立刻制停在原来的位置,避免下坠,从而保证了乘载人员的安全。这一安全装置,就是现代电梯安全钳的原型。它初步解决了升降机牵引钢丝绳断裂而使轿厢下坠的安全问题,使升降机向前跨了一大步。

1858年,出现了世界上第一台以蒸汽机作动力,带安全装置的载人升降机。这为以后越来越高的高楼大厦提供了重要的垂直运输工具。

1889年,奥的斯升降机公司首先使用直流电动机作为升降机的动力,由于电动机具有体积小、功率大,控制方便等优点,从而使电梯真正趋于实用化。由于这种升降设备是以电力带动轿厢升降来取代人们上下楼梯,所以人们习惯叫这种升降机为"电梯"。

1903年,电梯的传动机构和安全性能有了重大改进。电梯以摩擦曳引形式取代传统的鼓轮绕绳式,以曳引轮取代了绳鼓。钢丝绳悬挂在曳引轮上,一端与轿厢连接,另一端与对重连接。曳引轮转动时,靠钢丝绳与绳轮间的静摩擦力带动轿厢运行。

曳引式电梯的特点是轿厢与对重作相反运动,一升一降,钢丝绳不需要缠绕,长度不受限制,根数也不受限制。这样使电梯的提升高度和载质量都得到了提高。

曳引式电梯靠摩擦传动,当电梯失控轿厢冲顶时,只要对重被底坑中的缓冲器阻挡,钢丝绳与曳引轮绳槽间就会发生打滑而避免发生撞击顶楼板和断绳的重大事故。由于曳引式电梯具有这些特点,因此得到发展并一直沿用至今。

电梯在动力问题得到解决之后,便转向电气控制及速度调节方面的研究,并获得迅速发展。1915年,自动平层控制系统设计成功;1924年,信号控制系统的发展使电梯操作员操纵大大简化;1928年,集选控制电梯开发成功。

第二次世界大战后,电梯进入发展高峰期,新技术特别是电子技术被广泛应用于电梯。

1949年,出现了群控电梯,首批4~6台群控电梯在纽约的联合国大厦使用。

1955年,出现了小型计算机控制的电梯。

1967年,可控硅技术应用于电梯,使电梯的拖动系统简化,性能得以提高。

1971年,集成电路被应用于电梯,第二年又出现了数控电梯。

1976年,微处理机(电脑)开始应用于电梯,使电梯的电气控制进入了一个新的发展时期。

20世纪80年代,又出现了调频、调压高速交流电梯,最高速度达6m/s,从而又开拓了电梯电力拖动的新领域,结束了直流电梯独占高速领域的局面。

1992年12月,奥的斯公司在日本东京附近的成田机场安装了水平穿梭人员运输系统。穿梭轿厢悬浮于气垫上,平滑无声地运行,速度可达9m/s。

1993年,三菱电机公司在日本横滨地区Landmark大厦安装了12.5m/s速度的超高速乘客电梯,这是当时世界速度最快的乘客电梯。

1996年,奥的斯公司引入Odyssey™集垂直运输与水平运输的复合运输系统的概念。该系统采用直线电动机驱动,在一个井道内设置多台轿厢。轿厢在计算机导航系统控制下,可以在轨道网络内交换各自运行路线。

②国内情况。

我国在实行改革开放政策以前，电梯工业很弱小，从1949年到1979年的30年间只生产了约1万台电梯。改革开放后，随着建筑工业的高速发展，我国电梯工业也迅速发展壮大。1980年电梯产量为2249台，到1990年电梯和自动扶梯的年产量已达到10334台，1995年产量上升至2.96万台，5年间平均增长率达到23.4%。从1995年到1998年总产量维持在3万台上下(1996年为2.97万台，1997年为2.95万台)。1998年总产量3.02万台，比1997年增长2.4%，其中客梯1.8万台，货梯0.54万台，自动扶梯0.48万台，其他类型电梯(液压梯、杂物梯等)0.20万台。我国成为全世界名列前茅的电梯生产大国和全球最大的电梯市场。2000年，深圳开始出现IC卡电梯控制系统，深圳市旺龙智能科技有限公司在中行苑安装了第一套IC卡电梯控制器，灵活、智能化地控制了电梯的运行管理。随着人们对安全、智能、节能的要求越来越高，IC卡电梯控制系列产品将广泛地安装在各种功能大厦中的电梯当中。

我国不仅在电梯数量上增长很快，而且通过采取合资、合作、技贸结合、技术转让等多种方式吸收、引进世界上先进的电梯技术和先进的管理，电梯工业的技术水平和产量质量有了显著的进步和提高。

在改革开放前，我国的电梯产品主要为继电器控制的双速电梯，以货梯为主，自动扶梯的产量微乎其微。30多年来，电梯控制技术经历了从继电器、集成电路、微机控制到现在的以微机网络化控制为主，交流驱动技术经历了从双速、调压调速到以变频调速为主，在改革开放的初期就淘汰了落后的交流-直流电动机组驱动的直流电梯。电梯的品种也日趋多样化，在改革开放前，我国只能生产低速、低档电梯，现在可以生产绝大部分我国市场需求的电梯品种。

电梯制造企业改革开放前不足10家，目前已获得生产许可证的企业就有170多家，总生产能力达5万台/年以上，有3家企业已列入全国工业企业500强。

(3)技术引进、合资、合作、引进外资概况

我国电梯行业的技术引进、合资、合作主要采用与境外著名电梯企业建立合资企业，引进它们的资金、技术和管理的方式进行的。

1980年瑞士迅达控股公司和香港怡和迅达公司率先与上海、北京电梯厂合资在我国内地地区建立了第一家合资电梯公司——中国迅达电梯有限公司；1984年美国奥的斯电梯公司与中方合资建立天津奥的斯电梯有限公司；1987年日本三菱电机株式会社和香港菱电工程公司与中方合资建立了上海三菱电梯有限公司；从1981年底广州电梯工业公司开始从日本国株式会社日立制作所引进电梯制造技术，在1996年1月中外方合资组建了日立电梯(广州)有限公司；日立自动扶梯(广州)电梯有限公司、广州广日电梯工业公司于1998年合并为日立(广州)电梯有限公司；1985年瑞士迅达控股公司和香港怡和迅达控股公司与中方合资建立了苏州迅达电梯有限公司。

随着上述五大合资公司取得的巨大成功，海外许多厂商又先后在我国建立了合资或独资的电梯公司，如广州奥的斯电梯有限公司、上海奥的斯电梯有限公司、北京奥的斯电梯有限公司(外方均为美国奥的斯公司)，沈阳东芝电梯有限公司(外方为日本株式会社东芝和日本电梯技术株式会社)，广东蒂森电梯有限公司(外资为德国蒂森电梯有限公司)，上海现代电梯有限公司(外资为韩国现代株式会社)，苏州江南电梯有限公司(外资为香港金士达贸易公司)，上海永大机电工业有限公司(外资为台湾永大机电工业有限公司)，上海崇友电

梯有限公司(外资为台湾崇友实业股份有限公司),华升富士达电梯有限公司(外资为日本富士达株式会社),通力(中国)电梯有限公司等总计20多家中外合资电梯公司。此外还有外商在我国建立的独资部件制造公司,如苏州爱斯克梯级有限公司和苏州西尔康电梯部件有限公司。

这些合资或独资的电梯公司技术先进、设备优良、管理科学,其产品和技术代表着世界电梯工业的最高水平。其电梯和自动扶梯的产量和产值占全国总产量的70%以上。

(4)近年电梯产品产量和进出口量

根据国家统计局最新数据,我国2021年电梯产量为154.5万台,同比增长20.5%;2022年电梯产量出现下降,为145.4万台;2023年电梯产量为155.7万台。2023年上半年我国载客电梯进口数量为316台,金额为156,274,556元。相比2022年上半年同期数据进口数量553台,同比增长-42%;出口数量为39428台,金额为5.79亿元。相比2022年上半年同期数据出口数量31056台,同比增长26%。

10)混凝土制品机械

(1)产品服务范围及服务场合

混凝土制品机械包括各种混凝土空心砌块成型机械、地面砖成型机械、构件成型机械、管件成型机械以及相关的配套产品(图3-25),广泛应用于各类砌块生产厂和构(管)件生产厂,制备各类混凝土制品服务于建筑、市政工程。它与现代建筑和市政工程密不可分。

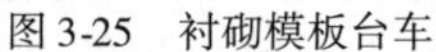

图3-25 衬砌模板台车

图3-25

(2)发展简史、产品及企业状况

①发展简史。

砖石是最古老的建筑材料之一。像中国的长城和埃及的金字塔等伟大的建筑物都是用砖石建造的,这种材料经受住了时间的考验。

19世纪时,随着水凝水泥的发展,混凝土砌体开始发展。在美国,有的地方开始出现了混凝土砌体,有人将石灰和潮湿的砂子混合在一起放入模具中做成大而重的固体砌块并用蒸汽加以养护。在英国,固体砌块由粉末状石灰、细集料和用来加速凝结的沸水制成。用这些砌块在伦敦建成的派尔商业区的房子和皇家外科医学院的大楼一直屹立至今。

因为质量大等问题固体砌块不再被普遍使用。1866年,空心砌块的模制成为一种完美的减轻质量的方法。1866年到1876年期间，美国和英国颁发了与此有关的几项专利。

直到1900年，混凝土砌块的广泛生产才成为可能。在这一年，派尔默开发了耐用又实际的、有可移式芯和可调式边的铸铁机器，并获得美国专利。这预示了现代混凝土砌块业的崛起。

然而即使有了派尔默的发明，如果没有另外一个发展——碾磨和煅烧波特兰水泥技术的改进，经济的空心混凝土砌块也不会出现。水泥混凝土中的黏合剂由石灰和黏土组成，在高温下煅烧，然后细细地碾磨。波特兰水泥，因其硬化后呈现出的颜色和质感与英国波特兰岛上广泛使用的石灰石相似而得名，发明于1824年。但是直到19世纪后期，其生产的改进才提高了它的可靠性并同时降低了它的成本。这样波特兰水泥业和混凝土砌块业几乎捆绑到了一起。这两个行业在20世纪的最初10年都经历了迅速的发展。正如一位作家在1906年所写道：1900年几乎没人知道混凝土砌块，但是现在美国可能有1000多个公司和个人在从事混凝土砌块的生产。在奥马哈的一位石匠耐尔斯·彼德逊看到了新的混凝土砌块，他问自己："当我能用模具来制作这些石头的时候，我为什么还要凿刻它们呢？"因此他用自己的存款买了一台砌块机，创办了理想水泥石公司。

实际上混凝土砌块方便、快捷、便宜。机器的价格可能只有60美元，其制造商承诺"经验真的不必要""任何人都能够做此工作"。一份1917年的Sears和Roebuck介绍手册宣称"这种设备将会是盈利的，无论你是为自己使用还是为销售而生产。如果你自己用，你可以在业余时间或是雨天里制作它们"。有大量的证据证明，一些个人确实可以自己模制砌块，但是大部分砌块还是由已经从事建筑业的人员来生产的。

早期的混凝土砌体比现在的模制砌块大，尺寸为610mm×305mm×205mm，早期机器的生产率大约为200块/8h。

1937年，23岁的弗雷德·耐斯借了800美元在华盛顿温哥华的Main街开了一家小工厂——哥伦比亚锻造和机械工厂。初期，哥伦比亚从事各种业务，包括修理那个时代的原始的砌块机。了解了那些手工操作的砌块机的复杂性之后，弗雷德较早得出结论——哥伦比亚可以设计并制造更好的机器。

1939年，"压力下的振动"被开发，这减少了模具的磨损。1945年，哥伦比亚机械率先制造了一种液压操作的机器，此机器是半自动化的，一次能生产2块8in×4in×12in(1in = 0.0254cm)的砌块。此为行业的第一例。此后不久，哥伦比亚制造了第一个液压机器，能够生产2块标准的8in×4in×12in砌块。因为这些机器能够轻松生产尺寸精确的、高质量的砌块，哥伦比亚砌块机受到广泛的欢迎。

基础的半自动化设备每班8h能够生产4000～5000块砌块，而更大的全自动化生产线每8h能生产22000块砌块。

在我国，早在1930年上海就有可能是用派尔默型的机器生产的混凝土砌块建造的房子了。现在这些建筑物仍然在使用当中，在靠近延安西路的地方可以看到。

我国改革开放以前，混凝土制品机械发展缓慢，生产规模非常小，混凝土制品的生产绝大多数以简单的手工生产方式为主，劳动生产率低下，制品质量不高。随着我国实行改革开放，建筑业出现了持续、高速的发展，从而带动了混凝土制品机械的大发展。尤其是我国进一步实行新型墙体材料改革和大力发展新型建材及制品以来，社会上对混凝土制品的需求越来越大，混凝土制品机械制造厂家逐年增多,生产规模不断扩大,技术含量不断提高,现已形成高、中、低档产品齐全,大、中、小型产品俱全的局面,原始的手工生产方式现已彻底改变。混凝土制品机械的产量由1983年的1400台增加到1995年的约3.7万台。13年间,年平均增长率为31.4%。1995年以来,由于市场需求的变化,各制造厂小型机械的产量逐年减少,大型机械设备的产量逐年增加,1998年产量2.47万台,比1995年减少,但产值增幅较大。我国混凝土制品机械逐渐成熟,规模将不断扩大。

2018年,混凝土机械行业表现良好,产量增长较快。搅拌站(楼)产量为7713台,同比增长22.6%;搅拌机械产量为5933台,同比增长3.3%;泵车产量为7786台,同比增长41.3%。2020年,混凝土机械产量下滑。搅拌站(楼)产量为5906台,同比下降23.1%;搅拌机械产量为4489台,同比下降20.5%;泵车产量为5491台,同比下降27.3%。2021年,混凝土机械行业复苏,"十四五"开局良好,混凝土机械总产值735亿元,同比增长10.0%;出口额达110.4亿元,同比增长15%。我国混凝土机械行业历经了数十年的发展,已经取得了显著的成果。在新的时期,行业将继续扩大规模,提高产值,为我国基础设施建设贡献力量。

②产品及企业状况。

改革开放以前,我国的混凝土制品机械产品主要是一些简易的手工操作的设备,生产新型墙体材料制品的设备以简易振动台式为主,产量很小,主要在贵州、广西等地使用;生产构件制品主要以手工翻转模方式生产。30多年来,在国家有关部门的支持下,通过借鉴、吸收国外先进技术,科研院所和有关生产厂家密切协作,共同努力,相继开发生产了新型混凝土砌块成型机、全自动砌块生产线、地面砖生产线、砌块劈裂机、装饰砌块凿毛机、预应力混凝土空心板挤压成型机、拉模成型机、推挤成型机、构件振动成型机、管件成型机等产品。在这些产品中,既有机械传动、常规电气控制的中小型设备,又有机电液相结合、微机全自动控制的大型设备,个别产品已经接近或达到国际同类产品先进水平,并且将逐步取代进口产品。

混凝土制品机械行业是伴随着我国建筑节能、减排环保和建筑工业化而发展的,由全国生产砌块(砖)、预制管(杆、桩)、预制墙(楼)板及预制异形构件机械设备的整机及配套件制造企业和科研设计、设备用户等有关单位组成,是我国工程机械二十大类产品之一。在墙体材料革新和建筑节能政策的推动下,混凝土砌块行业近30年来发展迅速,在我国形成了很大的产业规模,巨大市场需求使砌块机械品种规格、整机性能等均得到快速提升。根据中国工程机械工业协会混凝土制品机械分会的不完全统计,目前我国已有506家较大规模(年度业务收入500万元以上)的混凝土制品机械设备制造企业,2021年行业总产值约735亿元。

虽然行业发展速度较快,2011年再度迎来大幅增长,少数企业产值甚至翻番,但行业目前存在的问题也不少。首先,行业内企业平均年经营规模普遍较低,年经营规模超亿元的企业不超过20家。其次,行业技术基础薄弱,专业的设计研究人才匮乏,缺乏基础技术研究,缺乏产学研基础和条件,以中小企业居多,难以攻克关键技术,也难以实现产业价值的提升。另外,市场恶性无序竞争导致行业企业经济效益不高。由于企业经营规模小、产品成本高,为了维系生产经营的正常运转,企业不得不低价抢占市场份额。产品的低利润,使企业很难再投入资金进行技术研发投入和提高产品质量控制投入,导致企业和行业的发展进入恶性循环。

2016—2020年混凝土制品机械行业在国家建筑工业化、绿色建筑、海绵城市、综合管廊等产业政策推动下，取得了快速发展：整体技术与制造水平有所提高；安全环保指标提升；国际化步伐进一步加快；建材与设备一体化发展，新材料新技术推动新设备发展；建筑废弃物处理技术和产品成为新的增长点。

虽然行业内一些骨干企业的产品质量和技术性能以及质量稳定性可以与国际同行相媲美，但仍有部分混凝土制品机械生产企业由于经营规模小、技术力量薄弱、生产装备投入不足，导致生产出的机械产品质量稳定性和可靠性差。目前，国内企业生产的砌块生产线设备以中小型和半自动化设备居多。而年产量达到10万$m^3$以上的承重砌块生产线多数采用进口设备，因此国内生产混凝土制品的高端用户大多被国际知名企业所拥有，致使国内混凝土制品设备生产企业的经济效益增长缓慢。

（3）技术引进、合资、合作、引进外资概况

我国的混凝土制品机械的技术引进、合资、合作、引进外资主要是在混凝土小型空心砌块成型机械方面进行的。

20世纪80年代中期，在有关科研院所的帮助下，西安东方机械厂、扬州机械厂从意大利ROSACOMETTA公司引进了HQC5型全自动砌块生产线技术。

20世纪90年代中期，绵竹机械厂、东方机械厂等利用对美国、德国进口设备的现场组装，从中消化、吸收了一部分国外技术。

德国HESS公司在河北廊坊建立了备件中心及模具生产厂，加工生产各类模具。

11）混凝土机械

（1）发展简史

19世纪40年代，在德、美、俄等国家出现了以蒸汽机为动力源的自落式搅拌机，其搅拌腔由多面体状的木制筒构成；一直到80年代，才开始用铁或钢件代替木板，但形状仍然为多面体。1888年，法国申请登记了第一个用于修筑战前公路的混凝土搅拌机专利。20世纪初，圆柱形的拌筒自落式搅拌机才开始普及，形状的改进避免了混凝土在拌筒内壁上的凝固沉积，提高了搅拌质量和效率。1903年，德国在斯太尔伯格建造了世界上第一座水泥混凝土的预拌工厂。1908年，在美国出现了第一台内燃机驱动的搅拌机，随后电动机则成为主要动力源。从1913年美国开始大量生产预拌混凝土，到1950年亚洲的日本开始用搅拌机生产预拌混凝土，这期间仍然以各种有叶片或无叶片的自落式搅拌机的发明与应用为主。

1952年，天津工程机械厂和天津建筑机械厂试制出我国第一台混凝土搅拌机。

随着预制混凝土工厂的发展，为了保证预制混凝土质量，迫切需要解决混凝土从制备点到浇筑现场的输送设备。1926年，美国首先成功地研制了搅拌筒水平放置的混凝土搅拌输送车（图3-26）。我国是20世纪60年代开始引进生产混凝土输送车的。

诞生于20世纪20年代的意大利CIFA公司是一家拥有80年技术沉淀的世界顶级混凝土机械公司。CIFA是全球第一台混凝土泵车的研发和制造者（1968年，16m）。CIFA研发、创新的历史就是国际混凝土搅拌、运输和泵送机械的发展史。CIFA的技术推陈出新，创造了一个又一个公认的里程碑。

（2）混凝土机械设备分类及其行业形成

①混凝土机械设备分类。

混凝土机械主要包括以下 13 种产品,其中搅拌类设备有搅拌机、搅拌楼和搅拌站,输送设备有搅拌输送车、混凝土泵、布料杆、臂架式混凝土泵车(图 3-27),浇注设备有喷射机械手、喷射台车、浇注机、混凝土振动器和振动台。其中混凝土搅拌楼(站)、搅拌输送车、臂架式泵车、布料杆、混凝土泵等产品又称为商品混凝土机械设备。新中国成立以来,上述产品从无到有,发展到目前,产品系列品种基本齐全。

图 3-26　混凝土搅拌车

图 3-26

图 3-27　混凝土泵车

图 3-27

②行业形成。

现代工程建设离不开混凝土,混凝土施工离不开混凝土机械。我国混凝土机械行业在改革开放 30 年中所取得的成绩让国人自豪、促国人奋进。

在 1978 年前,即改革开放前,我国混凝土机械行业就已基本形成,全国混凝土机械生产厂由 20 世纪 50 年代的 6、7 家发展到 70 多家;搅拌机年产量由 1955 年的 105 台,到 1978 年达到 6339 台;振动器年产量由 2062 台增长到 73524 台。整个混凝土机械产品年产量由 1955 年的 1283t,到 1978 年达到 25164t,增长 20 倍。同时商品混凝土机械发展也开始起步,1978 年生产了混凝土泵及泵车 22 台,搅拌运输车 10 台,搅拌楼(站)13 台,为发展商品混凝土成套设备初步奠定了基础。

1993 年,我国混凝土机械产品产量达到世界最高水平,其中搅拌机产量达到 9 万多台,同时加快了商品混凝土的推广使用,使得商品混凝土成套机械设备进入高速发展期,社会效益和经济效益显著。以下将主要介绍商品混凝土机械的发展情况。

经过几十年的努力拼搏，依靠改革开放、自主创新，秉承着开拓创新、精益求精的精神，不断推动行业向前发展，在技术、品质和创新方面取得了长足进步。我国2022年混凝土机械行业销量为8.9万台，同比下降23.8%，其中国内销量为5.19万台，同比下降44.6%，出口销量为3.95万台，同比增长59.8%。

(3)商品混凝土机械设备发展情况

①发展走势。

商品混凝土机械是混凝土机械设备中的一类产品。所谓商品混凝土，是指在固定的混凝土搅拌厂(站)，将搅拌好的混凝土半成品供应到浇灌现场。对于大型工地，也可将搅拌站设在施工现场附近，便于运送到现场，其生产工艺与混凝土搅拌厂内生产是一样的。目前商品混凝土机械主要包括搅拌站、搅拌输送车、混凝土泵、混凝土泵车、混凝土布料杆及其他配套辅助设备等。

几十年来，我国建筑施工用混凝土，以在施工现场工地采用鼓筒式搅拌机生产为主。1993年，鼓筒式搅拌机年产量达到9万台，当年正在运行的有70多万台，成为世界之最。这种搅拌机工作容积小，配比不准确，搅拌质量不稳定，效率低，作业场地大，环境影响严重。目前在大中城市建设中，施工建设场地越来越狭窄，粉尘及噪声等污染扰民现象十分严重，需要采用商品混凝土来完成建筑施工。同时，发展中的水利、电力、路桥、机场、港口码头等设施建设，也都需要高质量的混凝土。这种发展趋势促进了我国商品混凝土机械的快速发展。

我国商品混凝土主要是从20世纪80年代末开始发展起来的。1991年，国内生产混凝土搅拌站92台，进口29台，合计只有121台；混凝土泵国内生产94台，进口38台，合计为132台；混凝土搅拌输送车国内生产107台，进口44台，合计151台。到1996年，混凝土搅拌站国内年产量达到323台，进口整机及关键零部件336台套，合计659台套，比1991年增长445%；混凝土泵国内产量791台，当年进口156台，合计947台，比1991年增长617%；混凝土搅拌输送车国内产量635台，当年进口1476台，合计为2111台，比1991年增长1298%。以上五年的增长幅度说明我国商品混凝土机械市场需求发展非常快。

由于我国商品混凝土机械制造起步晚，跟不上商品混凝土需求发展，造成相关设备大量进口。据海关统计资料分析，1991年进口额不足2000万美元，到1995年进口额高达2.2亿美元，增长11倍。根据市场需求，国内商品混凝土机械制造业迅速崛起，1996年进口额开始下降，当年下降到1.7亿美元。

商品混凝土机械产品价格的标定，参照了进口产品价格，产品利润高(平均利润率达30%以上)，因利益驱动，近年来许多企业纷纷转向发展商品混凝土机械制造业，大有一哄而起的势态。国内产量在大幅度上升，生产企业由1991年的几家发展到现在的200多家；相应进口量也在大幅度下降，1998年进口额只有5736万美元，其中混凝土泵94台，混凝土输送车283台，混凝土搅拌站205台，混凝土泵车40多台。

②进口和技术引进情况。

a.产品进口来源。

混凝土搅拌站和混凝土泵的整机及关键零部件进口来源主要是德国的LIEB-HERR、TE-KA、ELBA公司，此外还有日本的日工株式会社和意大利的ORU、CIFA公司。

我国混凝土搅拌运输车进口来源主要是日本和韩国，1995年从日本进口459台，价值2806万美元；从韩国进口1036台，价值4298万美元；从德国进口93台，价值900万美元；从中国台湾地区购入40台，价值208万美元；从美国进口83台，价值1408万美元；从捷克进口34台，价值107万美元；此外还有俄罗斯、意大利、波兰、瑞典等。1996年，我国又从日本进口593台，价值3512万美元；从韩国进口761台，价值4300万美元，以及德国进口47台，中国台湾地区购入40台，美国进口16台。

混凝土泵车的主要进口来源是德国TEKA、LIEB-HERR、PUTZMEISTER公司和韩国水山株式会社（DC-A1000B型）。目前韩国水山和沈阳建筑机械厂合资建立沈阳天龙混凝土机械有限公司，由韩方提供技术和部分资金，经营生产混凝土泵车。

b. 技术引进、合资、合作情况。

a）混凝土搅拌站（楼）。

华东建筑机械厂引进日本日工株式会社（NIKKO）S4S-100P型（60m$^3$/h）及BPU-150PALT型混凝土搅拌楼制造技术，其中搅拌机、操作台、配电箱由日本组装件进口；而后又与美国REXLON合资生产LOGOIO型（200m$^3$/h）大型混凝土搅拌站。

韶关新宇建设机械有限公司引进德国ELBA公司EMC4S（45m$^3$/h）、60（60m$^3$/h）、75（75m$^3$/h）三个规格的主机制造技术。

徐州混凝土机械厂引进德国LIEB-HERR公司EZA30（30m$^3$/h）、MOBILE1.0S（55m$^3$/h）混凝土搅拌站主机制造技术。

内蒙古第二机械制造厂引进德国TEKA公司TRANSMIX1500型混凝土搅拌站，其中搅拌机、控制系统、螺旋输送器由TEKA公司提供部件。

航天工业总公司第二研究院310研究所引进德国WELOW公司BA1500型（56～68m$^3$/h）、BA3000型（96～120m$^3$/h）混凝土搅拌站制造技术。

山东方圆集团公司于1994年与德国TEKA公司签订长期合作协议，合作生产TEKA公司混凝土搅拌站。

目前，国产混凝土搅拌楼最大已达240m$^3$/h。

b）混凝土搅拌输送车。

韶关新宇建设机械有限公司在1984年以技贸结合方式引进日本极东（KYOKUTO）公司EA05-61型搅拌输送车制造技术，选用日本MITSUBISHI、捷克TATRA、韩国双龙、STEYR底盘。

华东建筑机械厂引进日本萱扬（KAYABA）公司MR45、MR45-T、MR60-T型搅拌输送车制造技术，而后又组建中日合资上海华建混凝土搅拌输送车有限公司。

徐州混凝土机械厂引进德国LIEB-HEER公司HTM604型混凝土搅拌输送车设计制造技术。

内蒙古第二机械厂引进德国REICH公司RTM6-D、RTM7-D、RTM8-D型搅拌输送车制造技术。采用STEYR和BENZ底盘。

北京城市建设工程机械厂引进意大利CIFA公司65RH型混凝土搅拌输送车制造技术，并进行合作生产，进口关键零部件。

唐山通达运有限公司与俄罗斯合资组建唐山卡玛斯专用汽车制造有限公司，合作生产卡玛斯混凝土搅拌输送车。

c）臂架式混凝土泵车。

辽宁海城集团引进德国TEKA公司混凝土泵车制造技术，臂长32m，理论输送量71m³/h。

内蒙古第二机械厂引进德国REICH公司混凝土泵车设计制造技术，采用BENZ底盘进行合作生产。

中外合资中桥集团公司泉州机械厂引进德国TEKA公司混凝土泵车制造技术，理论输送量59m³/h。

湖北建设机械股份有限公司于1998年引进意大利CIFA公司的SPG100-14E36/4-14E42/4型混凝土泵车。

四川建筑机械厂于1998年引进德国ELBA公司的SCN5260型混凝土泵车。

（4）与外商合资的商品混凝土机械设计制造企业

徐州工程机械（集团）股份有限公司与德国利勃海尔于1995年9月17日组建徐州利勃海尔混凝土机械有限公司。

上海松江县新桥开发区与德国施维英（SCHWING）机械制造有限公司合资生产固定式和车载式混凝土泵。

中桥集团泉州机械厂与德国TEKA公司合资生产混凝土泵和泵车。

中美合资无锡江加机械设备有限公司生产混凝土搅拌站、搅拌机、振动压路机、钢筋机械加工设备。

中美合资海阳富兰克建设机械有限公司生产HBT系列混凝土泵。

中澳合资湖州杰康工程机械有限公司合资生产混凝土泵。

中日合资上海华建混凝土搅拌输送车有限公司生产混凝土搅拌输送车。

中美合资徐州贝司特工程机械有限公司（原海伦哲工程机械有限公司）合资生产TS1408、HBT100、HBT60、HBT60A拖式混凝土泵。

深圳重科机械有限公司合资（香港）生产HLS60、HLS90、HLS120型混凝土搅拌楼，HBT8090、HBT60110、HBT6030、HBT90115、HBT75145型混凝土泵。

（5）商品混凝土机械市场发展概述

商品混凝土作为基础性建筑材料，其需求量直接受到下游基础设施建设、工业设施建设、民用建筑建设等影响。从更深层次来说，基础性建筑材料的市场需求与国民经济发展息息相关。

20世纪90年代至今，我国国民经济持续快速发展、工业化和城镇化水平不断提高、基础设施建设和房地产开发投资等固定资产投资高速增长，虽然近些年增长速度有所放缓，但我国人均GDP跟中等发达国家水平相比仍有一定差距，经济仍然存在较大的增长空间。根据国家统计局数据，2022年我国GDP继2020年首次突破百万亿大关后达到121.02万亿元，固定资产投资额达57.21万亿元。我国GDP、固定资产投资额持续保持增长态势，为商品混凝土行业的发展创造了良好的经济环境。

12）钢筋加工机械和钢筋预应力机械

（1）产品范围及服务场合

现代化建筑工程中已广泛地应用钢筋混凝土结构、预应力钢筋混凝土。钢筋加工机械和钢筋预应力机械主要服务于建筑业、桥梁、隧道、冶金等领域，制作各种混凝土结构物或钢筋混凝土预制件所用的钢筋和钢筋骨架等。钢筋加工机械和钢筋预应力机械主要包括以下几部分。

钢筋强化机械：钢筋冷拉机、钢筋冷拔机、冷轧带肋钢筋成型机、钢筋冷轧扭机等。

钢筋成型机械：钢筋调直切断机、钢筋切断机、钢筋变曲（弯箍）机、钢筋网片成型机等。

钢筋连接机械：钢筋焊接机、钢筋套管挤压连接机、钢筋锥螺纹连接机等。

钢筋预应力机械：钢筋预应力张拉机、钢筋预应力锚具、钢筋预应力镦头机等。

（2）发展简史、产品及企业情况

①发展简史。

改革开放前，钢筋加工机械和钢筋预应力机械发展较慢，且多为企业辅助产品、非主导产品。随着我国建筑业的快速发展，出现过建筑机械供不应求的现象，其中钢筋加工机械和钢筋预应力机械也不例外，从而促进了技术的进步与发展。主要体现在以下几个方面。

a. 技术的进步得到完善：各企业、院校、科研等机构不但研制了粗钢筋的连接、细钢筋的钢网焊接、XM 型锚具、QM 型锚具、OVM 型锚具、冷轧带肋钢筋生产工艺等许多适合我国国情的新技术、新工艺等，而且将原有的老产品进行了改进更新。

b. 品种结构趋向合理：品种进一步系列化、规格化，确保各种产品不但能满足一般工程施工的需要，而且保证特殊工程、特殊环境的设备需要。

c. 替代进口产品：由于我国自主研制的产品技术、制造质量、关键部件等均已达到一定水平，因而已成为建筑业替代国外产品的首选设备。

钢筋加工机械和钢筋预应力机械的发展，为建筑业提高施工质量、提高施工速度等起到了积极的促进作用，也为以后的出口、进入国际市场和与国际接轨打下了坚实的基础，对钢筋加工机械和钢筋预应力机械行业也有较大的促进作用。

随着我国城镇化快速发展，近年来钢筋加工机械和钢筋预应力机械行业发展迅速，整体水平与国际先进水平的差距不断缩小。我国钢筋加工机械从新中国成立后开始发展，起初基本上是仿照苏联 20 世纪 40 年代的切断机、弯曲机、调直机产品。20 世纪 80 年代改革开放以来，钢筋加工机械的产品结构、品种、性能、产量都得到很大发展，三种产品的年产量大幅度增加。20 世纪 90 年代到 21 世纪初，我国开始学习和引进欧洲钢筋加工机械技术，产品的规格品种、外观和稳定性都得到进一步发展和提高。我国设计研发能力、生产制造技术有了很大进步，现在行业已经具备了一定的自主研发能力。目前，我国钢筋机械连接、钢筋弯箍、单机弯曲、单机切断、焊网技术已经接近或者达到国际先进水平，有些产品和技术拥有了自主的知识产权，产品质量和技术性能与国外同类产品的差距逐步缩小。钢筋专业化加工配送是进入 21 世纪后学习欧美工业发达国家钢筋工程施工先进理念而引进我国的，虽然起步时间不长，但发展势头强劲。加入专业化加工配送行列的企业越来越多，逐步受到广大建筑施工单位的青睐，钢筋工程的钢筋加工逐步向专业化方向发展。钢筋加工机械品种规格日益增多，除市场上大量应用的切断机、弯曲机、调直切断机外，近几年先后开发了焊网机、数控弯箍机、焊笼机、三角梁焊机、剪切生产线、弯曲生产线等新产品。钢筋连接技术从由焊接连接为主逐步转为以机械连接为主，开发了智能电渣压力焊机、滚轧直螺纹成型机、剥肋滚轧直螺纹成型机、钢筋螺纹自动化生产线等新产品。钢筋预应力机械的锚具、夹具和连接器随着我国工程建设需求不断增多，基本上实现了产品的系列化，张拉设备和电动油泵的性能和可靠性都有了较大提高，基本实现了大吨位和小型轻量化。

②产品及企业情况。

以前，钢筋加工机械和钢筋预应力机械行业多以人工或简单机械为主，产品结构简单、精度差、技术也较落后、产品品种单一，而现在产品无论在技术、规格、数量等方面，通过合资、合作、技贸结合、技术转让等多种方式吸收、引进了世界一流的先进技术、管理、销售、生产工艺、新机种，并结合我国国情开发了许多新技术、新产品。例如：冷轧带肋钢筋成型机、钢筋冷轧扭机、螺纹钢筋调直切断机、大型钢筋切断机、数控钢筋变箍机、钢筋网片成型机、钢筋套管挤压连接机、钢筋锥螺纹连接机、多种形式预应力锚具等新产品，改进了钢筋调直切断机、钢筋切断机、钢筋弯曲机、钢筋焊接机、钢筋预应力张拉机、钢筋预应力锚具、钢筋预应力镦头机等，这些均已被建筑业广泛应用。

1985年前其生产企业不足20家，且产品多为非主导产品，而目前已有约300家生产企业，骨干企业约100家，产品也多为企业主导产品。

近年来，我国钢筋及预应力机械得到快速发展，产品的性能和质量不断提高，新技术、新产品不断涌现。钢筋冷拉、钢筋冷拔、钢筋冷轧带肋、钢筋冷轧扭等强化机械在原有强化原理基础上，采用高频加热设备加热、控制回火温度技术，将冷轧工艺与回火处理相结合，使两种强化效果相叠加，细化晶粒，改善内部组织，提高了钢材强度和延性。以普通碳素钢为原料，经过冷加工和回火处理，把条件屈服强度提高到500MPa级，屈服强度达545～565MPa，抗拉强度达到630～680MPa，伸长率达到18.5%～22.0%。钢筋切断机、钢筋弯曲机（含小型弯箍机）、钢筋调直切断机等单机产品占据着市场80%以上份额，年市场销售量约为20万～25万台，生产企业呈现区域化聚集模式。切断机、弯曲机的最大加工钢筋直径可达50～60mm，被加工钢筋抗拉强度可达670MPa以上。钢筋调直切断机的调直技术和切断技术有了较大发展，钢筋肋无损伤调直技术获得国家发明专利。调直钢筋最大直径由14mm发展到18mm，既可调光圆钢筋，也可调直冷轧或者热轧带肋钢筋；送料传动系统采用变频调速技术实现无级变速，调直钢筋最大牵引速度可达180m/min。由于非接触长度检测控制技术的应用使调直切断误差可控制在1.5mm以内，调直直线度小于3mm/m，调直辊寿命达到连续生产1万t以上。数控弯箍机在抗钢筋扭转、钢筋弯曲头、钢筋快速剪切等机构上形成了多项技术专利，最大加工钢筋直径达到16mm，实现单根或者双根钢筋弯箍，弯箍效率显著提高。钢筋切断生产线加工钢筋最大直径可达50mm，最大加工能力每班可实现300t。钢筋网片成型机目前国内主要有焊接头固定式和焊接头移动式两种类型。固定型适合加工大长度、大直径钢筋笼；移动型占地面积小，适合受加工场地限制时钢筋笼的加工。设备可加工上、下弦筋直径8～12mm，弯曲侧筋直径5～8mm，桁架高度50～320mm，桁架宽度50～150mm，桁架长度200～1200mm，焊接速度12～15m/min。

在钢筋连接领域，小直径钢筋（直径小于22mm）的连接以焊接为主导；大直径钢筋（直径大于22mm）的连接以机械连接为主导。近年来我国又开发出来了分体套筒连接和套筒灌浆连接。钢筋机械连接的最大直径50mm，连接钢筋强度级别为屈服强度335MPa、400MPa、500MPa。

在预应力机械领域，随着预应力技术和钢绞线材料的不断发展，涌现出了许多新型锚固体系、钢绞线悬拉索体系、碳纤维筋拉索锚具等产品。目前,最多锚固钢绞线的锚具根数已达到109根,可锚固直径分别为$\phi$12.7mm、$\phi$12.9mm、$\phi$15.2mm、$\phi$15.7mm、$\phi$17.8mm、$\phi$21.8mm、$\phi$28.6mm钢绞线。锚具的静载锚固效率系数大于0.95,破断延伸率2%;动载锚固性能满足在应力上限$0.45\sigma_b$($\sigma_b$为抗拉强度)条件下,能承受250MPa以下应力幅的200万次应力循环。近年来国内研制开发了具有优越锚固性能和结构轻巧的2000MPa级新一代超高强预应力锚固体系,其以1860MPa级和2000MPa级高强钢绞线为锚固对象。体外预应力结构的应用,使箱梁腹板内无预留孔道,降低了结构整体造价。体外预应力体系可以随时检测、调校索的应力,检查索的腐蚀情况,便于维修、换索。

13)装修机械

(1)产品范围及服务场合

装修机械行业作为建筑业的重要组成部分是必不可少的,在整个建筑工程中,装修工程量占50%左右,产品使用范围广,应用的装修机械品种规格最多,特别是抹灰工程量占整个建筑劳动总量的30%左右。从工期上看,建筑标准较高的工程装修比例更大,约占整个房屋建筑工程量的50%~70%,可见装修施工是目前建筑工程施工中的重要环节。

装修机械种类很多,根据用途可划分为:①灰浆制备及喷涂机械;②涂料喷刷机械;③油漆制备及喷涂机械;④地面修整机械;⑤屋面装修机械;⑥高处作业吊篮及装修升降平台;⑦建筑用擦窗机;⑧建筑装修机具;⑨其他装修机械。

(2)发展简史

我国从事装修机械的研究开发与生产的企业有200多家,多以中小企业为主,专业生产厂少,兼营装修机械产品的厂家较多,特别是进入市场经济后,私人企业的增多,使此种现象更为突出。据1994年不完全统计,全行业年产各种装修机械6万多台,品种规格不断地增长。20世纪50~20世纪60年代,我国还只能生产灰浆搅拌机、抹灰机、隔膜泵等产品。改革开放以来,装修机械为适应市场情况开发了许多新产品,具有显著经济效益的品种得以发展,年产量有所增加,但总体上年产各种装修机械仍在6万台左右。我国在装修机械主导产品中相当于国外20世纪70年代末和20世纪80年代初技术水平的产品约占总数的25%,只有2%~5%达到了20世纪90年代的先进水平,其余大部分产品仍属于国外20世纪60~20世纪70年代的中期水平。随着高档装修材料的应用,我国大量引进先进材料、先进技术、先进机具,扩大装修机械的品种和数量,提高了装修施工机械化程度,促进了装修机械行业的发展,以此逐步解决装修工程量大、施工机械化程度低、占用劳动力多、工期长等建筑施工中的薄弱环节和老大难问题,力争使装修机械在总体水平和行业的总体能力上尽快适应国内和国际市场的激烈竞争并和国际水平接轨。主要产品及生产企业介绍如下。

①灰浆制备及喷涂机械。

灰浆制备喷涂机械主要包括筛沙机、灰浆搅拌机、灰浆输送泵、灰浆联合机、淋灰机、麻刀拌和机、喷浆泵、喷涂机等。

灰浆搅拌机主要搅拌各种配比的白灰浆、水泥砂浆及混合砂浆。其生产企业规模小,约有70多家,生产公称容量在50~350L的系列产品。

灰浆输送泵主要用于垂直及水平输送砂浆、白灰浆,对内外墙及顶棚进行喷涂抹灰作业。据1997年不完全统计,国内约有20~30家灰浆输送泵生产企业,年产量还不到700台。

灰浆联合机集搅拌、泵送、空气压送于一体，采用集中传动，可单独完成各种砂浆的制备、输送、喷涂作业，也可以用于各种浆状材料的水平和垂直输送。该机采用双活塞泵，压力高，可直接泵送80m的垂直距离，且泵送平稳，其主要技术性能达到20世纪80年代国际先进水平，早前被建设部列为科技成果重点推广项目之一。

在被列为“九五”国家重点科技攻关项目的墙面喷涂装修设备中，US8.0型砂浆泵和UBL1.2型螺杆式涂料喷涂泵主要技术性能均达到20世纪90年代国际先进水平，较好地改变了民用建筑中普遍采用传统的手工抹灰和喷涂施工方法。

淋灰机是制备白灰膏的一种高效简易的机械，麻刀灰拌和机是制备麻刀灰的一种常用机械。

②涂料喷刷机械。

涂料喷刷机械主要包括：喷浆泵，气动式、电动式、内燃式、高压无气喷涂机，抽气式、自落式有气喷涂机，喷塑机，石膏喷涂机等。

20世纪80年代我国研制成功了PWD-2型、PWD-8L立式、DGJ-8型电动隔膜式等电动式高压无气喷涂机；近几年随着涂料在建筑业中应用日益增多，又研制成功了TYG压送滚涂机，输送高度可达6m，连续作业每小时可涂饰200m$^2$；目前又开发研制出罐式多头喷涂机和高压静电喷涂机等先进机型。

③油漆制备及喷涂机械。

油漆制备及喷涂机械主要有油漆喷涂机、油漆搅拌机。

④地面修整机械。

地面修整机械的主要机型有地面抹光机、地板磨光机、踢脚线磨光机、地面水磨石机、地板刨平机、打蜡机、地面清除机、地板砖切割机。

地面修整机械近几年发展较为迅速，我国先后研制了地面抹光机、地板切割机、地板刨平机、打蜡机、地面水磨石机、地面清除机、画线机、自动式和遥控式地面水磨石机，其中地板磨光机达到20世纪80年代国际先进水平，产品适销对路。河南省黄河实业集团公司研制的金刚石磨头一举成功，用于代替地面水磨石机的三角磨石，提高功效8倍以上，经济效益显著，自80年代中期至今持续占领国内80%的市场，并远销30多个国家。

⑤屋面装修机械。

屋面装修机械主要有涂沥青机、铺毡机。

目前，我国开发研制的屋面装修机械有屋面涂沥青机和屋面铺毡机；今后将结合防漏难题，逐步开发研制高水平的屋面机械。

⑥高处作业吊篮及装修升降平台。

高处作业吊篮的主要机型有手动式、气动式高处作业吊篮，电动爬绳式、电动卷扬式高处作业吊篮，主要用于建筑物的施工和维修作业。

据不完全统计，国内生产吊篮的企业有近25家，吊篮年产量在逐年上升，1998年达3500～4000台，大部分产品性能达到了20世纪80年代的国际先进水平，目前又研制新型提升机和安全锁用于吊篮上，使吊篮销售和租赁形势看好。如今在大城市随处可见吊篮在施工作业，在北京、上海等甚至可见一栋大楼的外墙装修同时使用15～30台吊篮的壮观情景。

装修升降平台主要机型有剪叉式、臂架式、套筒油缸式、桅柱式、桁架式等15种型号产品。

国内生产企业有30多家，基本实现了产品系列化，产品的主要技术性能达到20世纪80年代国际先进水平。其由于用途广泛，除用于建筑装修行业外，还可用于市政建设、高处设备的安装与维修、消防、供电、摄影、标语广告、修剪树枝、火箭发射架的安装与保养、飞机养护、机库的检查等各个行业。目前国内使用最多的是剪叉式升降平台，约占市场45%，其次是套筒油缸式和桁架式升降平台各占市场的20%，由于产品质量不断提高，有些产品已进入国际市场。

⑦建筑用擦窗机。

建筑用擦窗机的主要机型有轮载式伸缩臂变幅、小车变幅、动臂变幅的擦窗机，屋面轨道式伸缩臂变幅、小车变幅、动臂变幅的擦窗机，悬挂轨道式擦窗机和插杆式擦窗机。

该机械主要用于宾馆、饭店、商场及高层建筑的玻璃幕墙、玻璃窗和外墙的清洗、装修、检修等作业。

国外高层高档建筑都选择安装擦窗机设备作为楼宇保洁及检修的必备措施，而国内近几年才出现。随着建筑业的发展和高层建筑的不断涌现，楼宇外墙清洗及检修才引起人们的重视。国内起步较晚，国外公司趁机而入，使得大部分设备还是依赖进口，其造价昂贵，一台设备平均需要人民币上百万元，如果建筑物结构复杂，那么就需要数百万元，是国产设备造价的3～4倍之多。因此当务之急是在吸收国外最新技术的基础上，研制开发出性能先进的新产品，以满足国内市场的需求。

目前国内已有数十家企业专业配套生产擦窗机，占领50%～60%的市场。由于是非标设计，承接单位需要有雄厚的科研力量，具备研究、设计、试验、生产等条件。北京凯博擦窗机械技术公司除承担了“九五”国家重点科研攻关项目“墙面清洗、维护装修设备”的任务外，还承接了国内50多项工程，完成了北京新世界中心、北京国际金融大厦、四川国际金融大厦、北京世界金融中心、北京嘉里中心等50多项重点工程的不同种类的外墙清洗设备，成为国内目前有较强优势的科、工、贸一体化的企业之一。

⑧建筑装修机具。

建筑装修机具主要是运用小容量电动机，通过传动机构驱动工作装置的一种手提式或便携式机具。

随着建筑业的兴起、工程量的增加，室内与室外环境装饰装修任务繁重。建筑装修机具占电动工具行业30%～40%，不仅需要增加品种，更要求有先进、高效、灵活特点。目前，批量生产的产品有电锤，直向(角向)磨光机，混凝土切割机、切缝机，石材、型材切割机，射钉枪，开槽机，木工机械，金属构件冲切机，电动坡口机，电镐等多种装修机具。

据电动工具行业统计，国内约有30多家生产企业，年产量约300万～500万台，企业大多属于合资企业，如上海日立电动工具公司、永康恒丰电器制造公司、闽日电动工具公司等。而多数企业面临着合资、独资企业的兴起，国外产品的大量打入，市场竞争十分激烈的局面，这无疑是个严峻的考验。电动工具行业中生产建筑装修机具的专业厂不多，湖南建筑装修机具总厂、冷水江建筑电动工具厂当时是建设部装修机械行业的定点生产厂，生产的品种规格达20多种；但由于技术改造跟不上，虽然产品供不应求，产量却上不去。主要原因是：技改投资不到位；配套用小容量电动机缺进口关键设备、检测设备无法实现自动化生产；工艺设备落后，质量不稳定，未形成生产线；功效低，致使企业经济效益上不去。

⑨其他装修机械。

目前,国内生产弯管机、管子套丝切断机、管材弯曲套丝机的生产企业有10多家,年产量在2000台左右。其品种规格齐全,技术水平较先进,是施工现场不可缺少的量大面广的产品。电动坡口机、电动穿孔机、电动弹涂机、滚涂机、贴墙纸机、孔道压浆机等特殊机型也有小批量的生产。

我国已经有装修机械专业生产厂和科研开发及高等院校近200多个,能够提供10大类,65组型,近百个系列,上千个品种规格的产品。

14)施工升降机械

(1)产品用途及分类

施工升降机是垂直运送人员及物料的提升机械,广泛用于中高层建筑施工作业。施工升降机按其动力传递形式可分为钢丝绳式(SS系列)和齿轮齿条式(SC)两大类。

钢丝绳式施工升降机分为双柱式(龙门式)和单柱式(井架式),它主要由龙门架或井字架再配上建筑卷扬机组成。此种产品主要用于一般民用中低层建筑载物,主要特点是简单、价格低。

齿轮齿条式施工升降机是20世纪80年代末大力发展和推广应用的一种新型的提升机械,也是今后的发展重点。齿轮齿条式升降机的主要特点是安全性能好,可用于载人、载物,解决了大型高层建筑物人员和物料的垂直运升问题。经过20多年的发展,其优越性逐步被人们认识,用途越来越广,从事生产的企业也不断增加。

(2)发展简史

最早的升降平台使用人力、畜力和水力来提升。升降装置直到工业革命前都一直依靠这些基本的动力方式。

①国外情况。

古希腊时,阿基米德开发了经过改进的用绳子和滑轮操作的升降装置,他用绞盘和杠杆把提升绳缠绕在绕线柱上。

公元80年,角斗士和野生动物乘坐原始的升降平台到达罗马大剧场中的空中竞技场。

中世纪,最著名的拉升升降装置是位于希腊的圣巴拉姆修道院的升降平台。这个修道院位于距离地面大约61m高的山顶上,提升机使用篮子或者货物网,运送人员与货物。

1203年,位于法国海岸边的一座修道院的升降平台使用了一个巨大的踏轮,由毛驴提供提升的动力,通过把绳子缠绕在一个巨大的柱子上,负重就被提升了起来。

18世纪,机械力开始被用于升降平台的发展。1743年,法国路易十五授权在凡尔赛的私人宫殿安装使用平衡物的人员升降平台。

1833年,一种使用往复杆的系统在德国哈尔茨山脉地区用于升降矿工。

1835年,一种被称为“绞盘机”的用皮带牵引的升降平台安装在英国的一家工厂。

1846年,第一部工业用水压式升降平台出现,其他动力的升降装置紧跟着很快出现了。

1854年,美国技工奥的斯发明了一个棘轮机械装置,在纽约贸易展览会上展示了安全升降平台。

1889年,埃菲尔铁塔建塔时安装了以蒸汽为动力的升降平台,后改用电梯。

1892年,智利阿斯蒂列罗山的升降设备建成,直到现在,15台升降平台仍然在使用。

1845年,第一台液压升降机诞生,当时使用的液体为水。1853年,美国人艾利莎·奥的斯发明自动安全装置,大大提高了钢缆曳引升降机的安全性。1857 年 3 月 23 日,美国纽约一家楼高五层的商店安装了首部使用奥的斯安全装置的客运升降机。自此以后,升降机的使用得到了广泛的接受和高速的发展。最初的升降机是由蒸汽机推动的,因此安置的大厦必须装有锅炉房。1880 年,德国人西门子发明使用电力的升降机,从此名副其实的升降机正式出现。

目前,瑞士格劳宾登州正在兴建的"圣哥达隧道"是一条从阿尔卑斯山滑雪胜地通往欧洲其他国家的地下铁路隧道,全长 57km,预计 2016 年建成通车。在距地面大约 800m 的"阿尔卑斯"高速列车站,将兴建一个直接抵达地面的升降平台。建成后,它将是世界上升降距离最长的一部升降平台。旅客通过升降平台抵达地面后,便可搭乘阿尔卑斯冰河观光快速列车,2h 后就能到达山上的度假村。

②国内情况。

在近代,我们用来升降货物的是一种木质梯子,用起来很不方便,攀登时比较危险。我国首个安装升降机的城市是上海。1907 年,六层高的汇中饭店安装了 2 台奥的斯升降机。台湾第一部商用升降机则在 1932 年安装,位于台北市菊元百货,当时称为流笼。

目前,国内生产的升降机产品型号各异,提升高度有 4m、6m、18m 甚至达百米不等,选用国内外先进液压马达和泵站系统、液压系统防爆装置和液压自锁装置,具有设计新颖、结构合理、升降平衡、操作简单、维修方便等其他产品不可替代的优点。升降机广泛用于厂房维护、工业安装、设备检修、物业管理、仓库、航空、机场、港口、车站、机械、化工、医药、电子、电力等高空设备安装和检修。

我国第一台齿轮齿条式施工升降机是 1973 年问世的。当时北京第一建筑工程公司仿照波兰 Z-G1000 型试制成 G731 型单笼升降机,载质量为 1000kg。这一产品的问世,填补了国内空白。之后直到 1977 年原国家建委和一机部联合下达了研制高层建筑施工成套设备的任务,其中就有齿轮齿条式升降机(当时为 SF120 型),由长沙建筑机械研究所负责设计,辽宁、北京、江苏分别试制。江苏连云港机械厂首先于 1979 年试制完成了单笼升降机,经试验后通过了部级鉴定,并纳入部批量生产计划。

1979 年,上海宝山建筑机械厂、连云港机械厂、北京一建机械厂、北京设备安装公司机械厂、川安化工厂等一批企业都在这前后投入了这一产品的开发,但真正发展较快、水平较高的阶段是在 1983 年之后。自 1983 年起,随着建筑业的迅速发展和开发区的兴起,我国从国外引进了许多产品,为学习和借鉴提供了机会,同时也使国内的企业看到了这一产品的生命力和前景,无论从技术力量上还是从资金上都有了较大的投入。从 1983—1986 年这段时期内,比较有代表性的产品有长沙建机所设计的 SF120 型、上海宝山建机厂开发的 ST 型等。这期间上海冶矿所根据国外产品开发的 SC100/100 型,大量吸取国外先进产品的技术,使产品性能上了一个台阶,缩短了与国外在技术上的差距。

提高零部件的技术水平和产品质量是行业技术进步的核心,有许多单位着力于专用零部件的研究与开发,主要是限速制动器、专用制动电机和高效率减速机。限速制动器是升降机最重要的部件之一,它的可靠性直接关系到产品的安全性能。这一关键部件早在开发 SF120 型升降机时,就得到了比较圆满的解决,到了 1983 年以后只是完善和提高的问题。当时专用制动电机成了关键所在,因此江苏启东电机厂与上海冶矿所合作,测绘了国外专用电机,并根据其原理和特点,结合我国的实际情况,成功研发出了第一代 YZE132-4 型升降机专用制动电机。该产品的研制成功为行业做出了巨大贡献。与此同时，另一个关键问题——减速机也在首钢得到了比较满意的解决。首钢首次将我国特有的平面二次包络环面蜗轮蜗杆技术成功地应用到了升降机上，制成了第一台平面二次包络环面蜗轮蜗杆专用减速机。它们的应用大大地改善了升降机的产品性能，缩小了与国外的差距。到了1986年，国内产品的品种有所增加，有13个单位从事升降机的研究、开发和制造，行业已初步形成。

1986年10月，中国建筑机械化协会在上海宝山召开会议，将原建筑卷扬机分会正式更名为"建筑卷扬机及升降机械分会"，并确定了首批20个升降机会员单位。1992年之后的几年是施工升降机发展最迅猛的时期，产品产量连年翻番，生产企业也迅速扩大，尤其是一些大型企业都投入了这一产品的开发，技术水平不断提高，产品的影响力也越来越大，在建机行业中的地位也越来越重要。为此，经建设部公司社团管理办公室批准，同意成立中国建设机械协会施工升降机械专业委员会，并经民政部登记备案，核发了专业委员会印章。至此，施工升降机行业终于有了自己的行业组织，在升降机行业发展史上具有十分重要的意义，将对今后的发展起很大的促进作用。

(3)行业基本概况

①产品发展情况。

钢丝绳式施工升降机由于结构简单，价格低，根据我国国情，在今后相当一段时期内还会有很大的市场，近几年进一步提高了产品的安全可靠性，向市场上推出了SSE100、SSE150、SSE200和SSB100等几种产品。这些产品除仍旧保持价格优势外，设计更为合理、科学，具有断绳保护和自行架设机构等功能，普遍得到了用户的认可。从目前发展形势看，此类产品正逐步进入正规发展阶段。但是，另一类产品目前生产仍不正规，这部分产品大多数在小型建筑队伍中使用，而且多数出自非正规的生产企业，从设计、管理和使用等方面都没有严格的要求，比较混乱。而这部分产品在市场上又占有相当大的比重，从长远来看应该对其进行整顿，加强管理，以减少事故的发生。

目前全国年产齿轮齿条升降机约1500台，总产值约4亿元。目前生产的产品品种规格有：SCT100、SCT120、SC100/100、SC160、SC160/160、SCD200、SCD200/200、SC200和SC200/200型。在以上产品中技术水平较高、批量最大的当属SCD200/200及其变型产品SC100、SC100/100和SCD200型。该产品约占总产量的85%。该产品额定载质量2000kg(不带对重为1000kg)，额定提升速度为40m/min，最大提升高度150m。该产品的技术性能参数、制造质量均可达到国外20世纪80年代末的先进水平。

1992年，建设部长沙建设机械研究院与北京京港机械设备有限公司联合开发的SC40型超高升降机最具代表性，该产品是为中科院大气物理研究所观察塔专门设计、制造的，额定载质量为400kg，额定提升速度40m/min，最大提升高度325m。该产品采用了以下先进技术：一是首次在升降机上采用微型计算机控制，具有自动平层功能；二是吊笼首次采用豪华装修，设有空调；三是提升高度为国内之最；四是在国内外首次将安全滑接输电装置成功地应用到升降机上，解决了作为永久性升降机动力线的问题。

上海建筑科学研究院与上海宝达工程机械有限公司联合开发的SCQ150/150倾斜式升降机也具有较高的水平。该产品是为上海杨浦大桥施工而专门设计的，解决了倾斜式建筑物的施工问题，取得了良好的社会效益和经济效益。

1995—1997年,长沙建设机械研究院与上海宝达工程机械有限公司共同研制成功了具有国际同类产品20世纪90年代先进水平的SCD200/200Y型液压施工升降机。它是国产第一台液压无级调速升降机,额定提升速度可在0~80m/min范围实现无级调速,最大高度达350m,速度快、无冲击、运行平稳,取代了进口设备。

1998年,随着变频技术的发展,行业厂尝试变频技术在升降机上的应用取得了重大突破,相继有长沙建机院中联公司、上海宝达、广州京龙公司等研究成功,并推向市场。该产品可实现从0~90m/min无级调速,且这一技术与国外同步。

②生产企业发展概况。

a.上海宝达工程机械有限公司:1992年与马来西亚北方电梯公司合资,是国内最早生产施工升降机的企业之一,也是近年来发展速度最快、最专业、批量最大、用户质量评价最高的企业。迄今为止,宝达牌施工升降机标准产品已有六大系列、十八种型号,其中自行开发研制的五个主导系列:SCD200/200J;SCD200/200AJ;SCD200/200V;SCQ150/150;SCT100的施工升降机之前被国家建设部鉴定为均达到国际同类产品的先进水平。随着生产能力的不断增强,公司各型号产品的销量直线上升,位居全国同行业销量首位,并远销亚洲、非洲、欧洲和中东地区。

b.北京京港机械设备有限公司:从20世纪70年代开始生产施工升降机,是国内最早生产该产品的企业之一,也是国内第一家升降机的合资企业。

c.江汉建筑工程机械厂:该厂生产升降机起步比较晚,近年来发展较快,并已形成以升降机为主导产品,专业从事建筑工程机械设计、开发和制造的企业,位于中国湖北荆州。该厂至今已有70年的历史,原隶属于中国石化集团第四石油机械厂,2001年完成股份制改造,先后通过了国家一级计量单位、国家高新技术企业、湖北省重合同守信用企业等资质认证,通过了ISO9001:2000质量体系认证、国际CE认证,被评为“中国名优产品生产企业”“湖北名牌产品”。

d.广州京龙工程机械有限公司:成立于1996年,是建设部(现住房和城乡建设部)中国建设机械总公司下属企业,是专业生产施工升降机的厂家。经过多年的发展,京龙机械已成为国内年产销量较大的施工升降机企业之一。

e.长沙建设机械研究院中联公司:公司成立后由原研究院专业从事设计转制到产品生产,虽然起步比较晚,但具有一支富有研究经验的技术人员队伍,目前已将与国外先进水平同步的变频调速升降机推向市场,主要型号有SCD200/200T型、SCD200/200、SCD200、SC100/100和CD100等多种型号产品。

配套件情况,目前行业内有20多个配件厂为主机服务,升降机的主要部件均由专业厂生产,如传动板、电动机、减速机、齿条、限速制动器、高强度螺栓、电控柜等。

15)路面机械

(1)产品主要用途

路面机械是用于道路修筑与维修养护的专用机械设备,产品特点是品种繁多、功能专一、生产批量小。它主要包括沥青、水泥路面及相应路基的修筑与维修养护所需的机械设备、桥梁专用的维修养护以及道路检测设备等。

修筑沥青路面的机械设备主要有沥青混合料搅拌设备、摊铺机、沥青洒布车、石屑撒布机、沥青熔化与加热设备、沥青运输车以及乳化沥青设备等。

修筑水泥路面的机械设备主要有水泥混凝土搅拌设备、滑模及轨道式摊铺设备、路面拉毛及切缝设备等。

修筑路基的机械设备主要有稳定土厂拌和路拌设备、稳定剂（水泥、石灰等）撒布及喷洒设备等。

道路维修养护主要设备有沥青路面综合维修车、补缝设备、各种形式沥青路面再生设备、路面铣刨设备、水泥路面破碎设备、多功能养护车、路标清洗设备、清障车、清扫车、画线设备、桥梁专用检测维修车等。

路面检测设备主要有检测道路压实度、平整度、抗滑能力、几何形状等各种专用设备。

（2）发展简史

1885年以汽油为动力燃油的汽车问世，1887年人们发明了气压轮胎，由此汽车工业兴起。由于汽车荷载与马车不同，为了适应荷载的需要，当年美国又在石粉、砂、沥青混合料中加入了碎石，发明了“Warrenitebitulithic路面”，即下层为粗级配沥青混凝土与上层沥青砂两层摊铺一层碾压而成的双层式沥青混凝土路面。这是沥青混凝土路面的由来。到1905年，美国Topeka（托皮卡）市铺筑了“Topeka路面”作为磨耗层，使沥青路面结构更趋完善。

1911年美国最高法院作出裁决，允许各汽车厂可以自由制造汽车，交通运输正式进入汽车交通时代，对路面提出了更高的要求。为此，1920年出现了沥青混凝土最初试验法——Hubbard-Field方法。1930年沥青路面摊铺机被发明，1932年高速公路在德国修建，从此沥青路面成为现代高等级路面的主要形式。

20世纪30年代，VOGELE公司生产出世界上第一台沥青混合料摊铺机，主要靠轨道作为基准来保证路面的平整度。BARBER－GREENE公司在1937年推出拖式摊铺机，它由拖拉装置和浮动熨平装置组成，结构简单，尺寸较小。但其供料装置功能简单，不能根据需料量控制进料量的大小；在找平性能方面，仅采用了浮动熨平板的自动找平特性，找平效果较差。20世纪50—20世纪70年代，随着液压技术的成熟及自动控制理论的发展，摊铺机在功能上有了较大进步，除了摊铺宽度和厚度有所增加外，在找平装置、供料系统等方面与从前产品相比有着本质的改善。

我国路面机械起步于20世纪60年代初期，相对于其他工程机械专业机种起步较晚，且规模也相对较小。20世纪60年代初至20世纪70年代末，该类产品主要由交通部归口管理，当时产品主要由交通部公路科学研究所与交通部直属的西安、郴州、新津等筑路机械厂进行开发、研制生产，针对当时国内公路建设的具体需求，共同开发研制了多种适用于修建二级以下公路的一般路面机械产品。主要有生产率10～30t/h多种形式的沥青混合料搅拌设备、铺宽4.5m摊铺机、石屑撒布机、沥青洒布机、75马力土壤稳定拌和机以及多种道路养护机械等。其中生产率30t/h的间歇式沥青混合料搅拌设备、铺宽4.5m的摊铺机等产品获全国科技大会奖，为我国路面机械发展奠定了必要的技术基础。

1978年改革开放以来，我国开始修建沈大、京津塘等高速公路，同步进口了多种技术性能先进的高级路面施工机械产品。国外著名路面机械厂商纷纷来中国进行多种形式的技术交流和商务活动，拉开了发展高级路面机械产品的序幕。

交通部于20世纪80年代初正式列入了国家第一个“引进沥青混合料搅拌与摊铺设备制

造技术”的项目。20 世纪 80 年代初—20 世纪 90 年代初期间,我国相继又引进了沥青混合料摊铺机、稳定土厂拌设备、水泥滑模摊铺机等多种先进的路面机械制造技术。经过多年的消化、吸收和国产化工作,目前我国已具备了批量生产修筑高等级公路主导路面机械产品的能力,相应的整体开发研制能力和技术水平等方面都上了一个台阶,缩小了与世界先进国家的技术差距。现在我国已能生产用于修筑高等级公路的生产率为 60 ~ 240t/h 系列间歇式沥青混合料搅拌设备;铺宽 3 ~ 12.5m 系列摊铺机产品,国内市场占有率达 50% ~ 60%;生产率 30 ~ 100m$^3$/h 系列水泥搅拌设备产品;铺宽 5 ~ 9m 的滑模式摊铺机产品;稳定材料拌和设备(厂拌和路拌设备)是近期发展最快的机种,厂拌设备有生产率 200 ~ 600t/h 系列产品,路拌设备有功率 200 ~ 400 马力多种型号,已基本占领了国内市场,极少进口;铣刨宽度 0.5 ~ 1m 的路面冷铣刨机产品。

修筑二级以下公路的一般路面机械产品,在引进国外先进技术和结构的基础上进行了较大的技术改造,其产品整体质量有了较大的提高。目前,沥青混合料搅拌、摊铺设备,沥青洒布、运输、加热等设备均有多种形式的系列产品。其产品种类和生产能力均可满足市场需求,并有少量出口至东南亚各国。

滑模式水泥混凝土摊铺机开发于 20 世纪 60 年代中期,最先出现在美国,德国、日本相继跟进。经过几十年的发展,目前业内已形成了以 COMAGO、CMI 等为代表的美国品牌以及后期崛起的德国 Wirtgen 公司的品牌。随着我国高等级公路的兴起,国内一些企业先后花巨资从美国和德国引进了滑模式摊铺机。我国工程机械行业从 20 世纪 90 年代初开始关注滑模摊铺机,先后有 6 家企业通过技术引进或自主开发进行了产品的研制,但终因技术难度太大和市场原因而未获成功,因而国内滑模摊铺机市场一直完全被外国品牌垄断。中联 HTH60T 滑模式水泥混凝土摊铺机于 2007 年 8 月 1 日下线,为确保质量稳定,随后进行了一系列的实地摊铺试验和工业性考核,直至 2008 年 5 月底才正式完成。

(3)技术引进概况

①主要技术引进项目实施概况。

1985 年,交通部西安筑路机械厂与交通部公路科研所共同引进了英国 PARKER(派克)公司生产率为 60 ~ 80t/h 的 BM1000 型间歇式全自动沥青混合料搅拌设备的制造技术。

该机型系全自动控制,材料计量精度高,生产出的沥青混合料的质量完全满足高速公路施工要求。1985 年引进技术后,经过消化、吸收和国产化工作,于 1987 年生产出第一台产品,它是我国第一台自行制造适用于高等级公路施工应用的搅拌设备。该机型国产化率达 95%,价格相当于国外同类进口产品的 2/3 以下,现已广泛应用于国内公路、市政和援外等公路工程施工,并已基本上占领国内市场,替代进口。

1986 年,镇江路面机械制造总厂引进日本 NIIGATA(新潟铁工所)公司铺宽 4.5m 的 ZLTLZ4.5 型沥青混合料摊铺机的制造技术,1989 年即生产出国产化率达 90% 以上的产品。在引进技术的基础上,该厂自行开发研制了铺宽 5 ~ 9m 多种型号的摊铺机产品,现已发展成为国内摊铺机主要生产厂家之一。

1987 年,西安筑路机械厂与交通部公路科研所共同引进了德国 DYNAPAC 公司铺宽 8m 的 12000R 轮胎式和 15000K 履带式摊铺机制造技术。DYNAPAC 工厂是德国主导摊铺机的专业制造公司。该机型采用全液压驱动,机电液一体化控制,全自动比例供料控制以及电液自动找平等多项当代摊铺机的最高技术和结构。经过艰苦的工作，西安筑路机械厂于 20 世纪 80 年代末和 20 世纪 90 年代初分别制造出国产化率达 80% 以上的 LTY8 轮胎式和 GTLY7500 履带式摊铺机产品，广泛用于国内高等级公路和市政道路的施工。该厂采用引进摊铺机的多项先进技术和结构，开发研制和改造了铺宽 5 ~ 6m 以及 12m 的多种型号的摊铺机，年生产能力 200 台。

1989 年，徐州工程机械厂通过技贸结合的方式，引进了德国 VOGELE 公司铺宽 6 ~ 9m 的 S1502、S1700、S1704、S1800 和 S1804 型轮胎式和履带式摊铺机的制造技术。VOGELE 公司摊铺机采用液压驱动、机电液一体化控制、全自动比例供料、电加热、电液自动找平等多项当代摊铺机的最新技术和结构，并配有高密实度熨平装置。它是我国引进摊铺机的主要供应商之一，其产品在国内广泛应用。徐州工程机械厂经过多年的消化吸收以及国产化工作，并结合具体国情，现已具有铺宽 4.5 ~ 12.5m 共 11 个型号的系列产品，国产化率达 70% 左右，并形成了年产 120 台套的能力，已成为国内摊铺机主导专业制造厂。

1991 年，江苏华通机械集团公司引进了澳大利亚阿伦公司生产率为 200 ~ 280$m^3/h$ 的 ASR 系列大型移动式稳定材料厂拌设备的制造技术。该设备为全拖挂移动式，具有结构紧凑、安装运输方便、计量精确等技术特点。它可搅拌各种稳定材料、碾压式混凝土（RCC）以及水泥混凝土等多种材料。ASR 系列产品研制成功后，合作双方于 1995 年 11 月注册成立了中澳合资镇江华通阿伦机械有限公司，合作开发研制了 WBS 系列模块式稳定土厂拌设备（生产率 200 ~ 400t/h）、ACM（250$m^3/h$）以及 BCM（120$m^3/h$）模块式水泥混凝土连续式搅拌设备。该合资厂已成为国内大型稳定材料厂拌和连续式水泥混凝土搅拌设备专业制造厂。

1992 年，陕西建设机械厂以技贸结合方式，引进德国 ABG 公司 TITAN411 和 TITAN322 履带式摊铺机的制造技术，现已发展为 TITAN423 和 325 机型。上述两种机型采用全液压驱动、机电一体化控制、全自动比例供料、结构简单、效果良好的双振捣高密实度熨平装置等多项当代摊铺机最新技术与结构，可摊铺沥青混合料、RCC（树脂涂布铜皮）、各种稳定材料以及级配碎石等，摊铺效果良好，可靠性高，是目前进口到我国摊铺机量最多的厂家。由于整体质量和施工效果良好，该摊铺机受到施工单位的肯定与欢迎。该厂为确保产品质量和生产能力，曾进行多次技术改革，进口了关键制造加工设备，改进工艺和装备条件。目前该厂生产的 423 型履带式摊铺机国产化率约 50%，年生产能力可达 30 余台，取得了良好的社会经济效益，总体市场十分看好。

1993 年，西安筑路机械厂与英国 PARKER（派克）公司签订了引进大型移动式 M3000 型间歇式沥青混合料搅拌设备的制造技术。该机型生产率 180 ~ 240t/h，安装在多个拖挂底盘上，安装与转移十分简便。它属于计算机全自动控制、材料计量精度高、除尘效果良好、配置齐全的现代化搅拌设备。1996 年该厂生产出第一台产品，年生产能力可达 10 ~ 15 台，可替代进口产品，市场前景良好。

1998 年，西安筑路机械厂与英国 PARKER（派克）公司再度达成了引进移动式系列搅拌设备制造技术的协议，使该厂具备了生产移动式系列搅拌设备的条件，即 M3000 型（180 ~ 240t/h）、M2000 型（120 ~ 160t/h）、M1500 型（90 ~ 120t/h）、M750 型（45 ~ 60t/h）；再加上西安筑机厂开发研制的可搬式搅拌设备 LB500、LB1000 型（60 ~ 80t/h）和 LB2000 型（120 ~ 160t/h），使得该厂成为目前国内搅拌设备品种齐全的专业制造厂。

1993年，郴州筑机厂引进了美国Power Curbers公司的5700型铺宽2.5～5m多功能滑模式水泥混凝土摊铺机的制造技术。该机采用全液压驱动、电液自动找平和转向控制，是具有可完成滑模摊铺水泥路面、路缘、中央隔离带、边沟等水泥构造物等多种功能的机械装备。1997年该厂完成了第一台产品，经施工应用效果良好，填补了国内多功能滑模式水泥混凝土摊铺机的空白，为开发研制系列产品提供了良好的技术基础。该产品已经投入小批量生产。

1996年，徐州工程机械厂引进了英国ACP公司的T2000型（生产率120～160t/h）间歇式沥青混合料搅拌设备的制造技术。该机采用模块式结构，不用打地基，安装转移较方便，计算机全自动控制，材料计量精度高，环境污染可达到环保要求，适用于高速公路施工。多台国产化的产品陆续投入施工应用，已具备小批量生产能力。

通过上述技术引进和合作生产，这些企业的产品目前已占有国内2/3市场份额，并有少量出口。目前，进口量大的主要是大型路机产品，虽然数量不多，但由于设备昂贵，销售额要占国内市场的1/3左右。

②技术引进促进路面机械行业的快速发展。

通过技术引进，我国路面机械整体发展取得了如下几方面的主要业绩。

填补了我国高等级路面机械产品空白，并使主导路面机械产品已基本形成系列，如间歇式沥青混合料搅拌与摊铺设备。

使我国路面机械的整体技术水平上了一个档次，可生产用于高等级公路施工的配套路面机械产品。

现已形成多种高等级路面机械批量生产能力，其产量大幅度增加，可占领国内市场50%以上。

获得十分明显的社会、经济效益，通过技术引进，已形成批量生产能力；经过消化、吸收以及国产化的工作，大大提高了开发研制的整体实力和技术水平，为持续发展创造了十分有利的条件。

培养和造就了一大批高素质的专业技术人才，形成了一批具有一定技术实力和规模的骨干企业，为进一步发展打下了良好的基础。

通过实践证明，路面机械的技术引进取得十分可喜的业绩。

（4）企业发展概况

在20世纪70年代，我国从事路面机械生产的企业只有十多家，其中专业制造企业只有西安筑路机械厂、郴州筑路机械厂、新津筑路机械厂及各省区的公路局修造厂。改革开放以来，公路建设已成为国民经济发展的营养血脉，哪个地区道路通、道路好，经济发展就快。公路建设的快速发展，带动了路面机械制造业的发展。目前，全国从事路面机械制造的企业有60多家，其中专业制造企业就有20多家，产品市场一直处于上升趋势，大部分企业得到发展。我国沥青混凝土搅拌设备的产销量在2017年为1023台套，2018年和2019年全年产销量基本稳定在730台套左右。沥青混凝土搅拌设备的出口量在2017年为723台，出口金额12690万美元，2018年和2019年下滑幅度不大。而沥青混凝土摊铺机的产销量2017年为2390台，2018年为2319台，2019年为2773台。根据中国海关数据，2019年中国摊铺机国际贸易由贸易逆差转变为贸易顺差，2019年中国摊铺机出口金额达到6511.8万美元。

16)桩工机械

(1)产品主要用途

桩工机械主要用于各种桩基础、地基改良加固、地下连续墙及其他特殊地基基础等工程的施工。其主要特点：一是要面对各种复杂的地质条件，二是伴随着各种地基施工工法的诞生而发展。目前各种基础的施工方法有200余种，因此桩工机械是多品种、多规格型号、专用性较强、生产批量不大的一种建筑施工机械。桩工机械的主要产品有：柴油打桩锤、液压打桩锤、落锤打桩机、振动桩锤、成孔机、地下连续墙成槽机、软地基加固机械、静压桩机以及各种打桩架和泥水分离设备等10余类，50多个品种，200多种规格、型号，基本能满足施工需要。

(2)发展简史

新中国成立前，我国没有桩工机械制造业。20世纪50年代初期，我国基础施工全部使用旧中国从国外进口遗留下来的蒸汽式打桩机和笨重落后的落锤。第一个五年计划期间，由于富拉尔基第一重机厂、武汉长江大桥等国家重点建设工程需要，我国开始仿制国外3～10项单作用和双作用蒸汽式打桩机以及苏联的B17系列振动桩锤，开始有了以仿制为主的桩工制造业。厂家都是施工部门的修配厂，当时还没有专业的桩工机械生产厂。20世纪60年代初，第一机械工业部五局(工程机械局)成立，我国开始组建桩工机械制造行业。上海电工机械厂改为上海工程机械厂，定点专门生产桩工机械，成为我国最早生产桩工机械的专业生产厂。1964年行业调整时，第一机械工业部建筑机械研究所(原为建工部建筑机械金属结构研究所)第二研究室被确定为桩工机械研究室，从此开始了我国自行研制桩工机械的新时期。从20世纪60年代中期到20世纪70年代末期这15年间是桩工机械的行业形成、发展、壮大时期。在湖南常德由国家投资，上海工程机械厂负责包建，新建专门生产桩工机械的规模较大的浦沅工程机械厂，而后天津搅拌机厂、铁道部武汉桥梁机械厂、郑州勘察机械厂、东台机械厂、河北新河钻机厂、北京施工机械厂、上海基础公司修配厂先后发展成为制造各种桩工机械的专业生产厂和兼业生产厂。由于认真贯彻了科研、制造、使用密切结合的方针，科研单位与制造业和桩工机械使用单位密切配合，我国先后开发研制生产了筒式柴油机打桩锤、导杆式柴油锤、轨道底盘三支点打桩架、长螺旋钻孔机、潜水式钻孔机、振动沉拔桩锤、振动沉拔桩架、液压压装机、钢丝绳式机械压桩机、振冲器及多头钻机等，部分解决了国家重点建设工程急需，替代了部分进口，少量桩工机械还出口援外到越南、阿尔巴尼亚、东南亚一些国家。从20世纪70年代末，特别是党的十一届三中全会以后到现在这30多年来是桩工机械行业快速发展时期。兰州建筑通用机械总厂、哈尔滨第一机器制造厂、北京城建机械厂、黑龙江双城钻机厂、瑞安建筑机械厂、江阴振冲器厂、瑞安振冲工程机械厂、武汉建筑工程机械厂、湖南桩工机械厂、四川丹棱机械厂、桂林建工机械厂、上海探矿机械厂、北京桩工机械厂等企业也先后发展成为生产各种桩工机械的生产厂。建设部北京建筑机械综合研究所设立了桩工机械研究室和专门与日本车辆制造公司技术合作联合开发桩工机械产品的CAD室。同济大学、哈尔滨建筑大学、南京建工学院、东北大学等高等院校除教学外，也从事桩工机械新产品、新技术、新原理研究，并取得了一定成果。到目前为止，桩工机械行业制造厂已发展到30多家，形成了部属研究所、企业研究所、院校研究所三个层次的开发科研设计力量。

(3)技术进步

技术进步主要表现在以下方面。

①与施工工法密切结合,开发研制了一批新产品,桩工机械产品实现了系列化。目前,柴油桩锤有筒式水冷、筒式风冷和导杆式3个系列,共31个型号规格;振动桩锤有DZ系列,引进生产的KM、VM系列,液压式可调偏心距EP系列共3个系列,共有47个型号规格;液压打桩锤有1个系列共3个型号规格;压桩机有1个系列共11个型号规格;长螺旋钻孔机有1个系列共7个型号规格;潜水式钻孔机有1个系列共4个型号规格;转盘式钻孔机有1个系列共15个型号规格;振动器有1个系列共8个型号规格;轨道式打桩架和步履式打桩架也基本形成系列,每种打桩架有3~5个型号规格。

②桩工机械产品普遍采用了液压传动、机械振动、变频、变幅等先进技术,计算机辅助设计(CAD)等先进设计手段,产品技术水平上了一个新档次,达到了国外20世纪80年代末、20世纪90年代初技术水平。桩工机械产品中,履带式底盘三支点打桩架、液压桩锤、步履式桩架、压桩机、部分型号的底盘式钻机、振动桩锤的偏心距调节机构、夹装机构、回转斗式钻机的动力头等均采用了全液压传动。为适应不同地质条件的施工,建设部北京建筑机械研究所开发研制了EP系列液压式可调偏心距振动锤,激振力可由0调到数百吨,振幅可由0调到20mm。该机种目前已广泛应用于各种地基基础施工。1996年,胜利油田为建造海上石油平台与长沙建设机械研究院联合研制开发了DZ400S、DZ600S振动锤,采用了耐振电机和变频调速技术,其功率达600kW,是国内超大型电动振动桩锤。

③采用新原理、新结构研制了一批具有我国自己特点的桩工机械。我国有很多软土地带,为了在软土地区进行桩基础施工,并减少施工公害,在70年代初,根据北京地铁工程急需,我国研制成功了用于工字钢桩的液压式锚桩平衡反力的DY320型压桩机,可同时压2根桩,单桩压力达160t;以后又相继研制成功液压式配重平衡、混凝土预制桩单桩压桩机,使用性能比较好。压桩机还具有无空气污染、无噪声、无振动冲击等优点,是具有我国自己特点的新型桩工机械,目前已批量生产。液压步履式打桩架也是具有我国自己特点的桩工机械。该机采用液压传动步履式新结构原理,接地比压低、通过性能好,能前后左右行走移位,也能回转,是一种结构紧凑、造价比较低、性能比较完善、操作方便省力、技术适用、性能可靠的打桩架,目前也批量生产,广泛应用在桩基础施工中。

④引进、消化、吸收国外先进技术,促进了我国桩工机械产品技术水平的不断提高。1983年、1995年和1998年,上海工程机械厂以许可证方式分别引进了德国DEIMAG公司风冷筒式柴油桩锤系列、日本车辆制造双作用液压桩锤系列和履带式底盘三支点打桩架及其设计制造技术。1984年,抚顺挖掘机厂以许可证形式引进日本日立建机履带式底盘三支点液压打桩机。1986年,兰州建筑通用机械总厂以许可证形式引进日本建调神户振动沉拔桩锤系列。1987年,黑龙江肇州液压件厂以技贸结合形式引进日本KEACHO公司切桩机。1988年,北京城市建设工程机械厂引进意大利土力公司附着式大直径回转斗(短螺旋)钻机。1994年,郑州勘察机械厂以许可证形式引进英国BSP附着式大直径回转斗(短螺旋)钻机。1998年,哈尔滨四海工程机械制造公司以技贸结合形式引进日本车辆制造履带式起重机。这9项引进产品经消化吸收多数项目已批量投产,国产化率一般达到了60%~100%。其中振动桩锤、柴油桩锤已达到90%以上;其他引进项目为了确保产品质量,关键的基础零部件如发动机、液压液力元

件重要原材料仍由国外配套，国产化率在60%～80%。引进国外技术产品，通过技术转化，也促进了我国桩工机械产品的不断改进和技术水平的不断提高。北京建筑机械综合研究所与日本车辆制造公司进行了桩工机械多种产品的计算机辅助设计（CAD）开发技术合作。这种技术合作方式促进了我国技术人员对日本产品技术的全面深入了解，显著地提高了桩工机械计算机辅助设计开发研究能力和日语会话能力。

⑤多项桩工机械产品及新技术成果荣获各级科技进步奖。在共同努力下，全行业60多年开发研究成功了数百项桩工机械新技术、新产品，为完成国家重点工程的基础施工发挥了巨大作用。其中，一批技术先进、在工程施工中取得了显著经济社会效益的技术产品，荣获了部级、省市级科技进步奖、专利奖及其他各种奖励。

（4）企业技术改造

“六五”计划以来，国家加强了对桩工机械重点企业的技术改造，通过中央、地方政府贷款和企业自筹解决企业技术改造投资问题，仅上海工程机械厂、郑州勘察机械厂、兰州建筑通用机械总厂、浦沅工程机械厂、哈尔滨第一机器制造厂等五家骨干企业，累计技术改造投资就接近2亿元。这些企业经技术改造后，厂房生产面积得到扩大，引进了数控机床加工中心、自动切割机等先进工艺装备，生产能力显著提高，也确保了产品质量稳步上升。到目前为止，我国桩工机械行业已能批量生产柴油桩锤、液压打桩锤、振动桩锤、柴油锤桩架、振动沉拔桩架、压桩机、成孔机、地下连续墙成槽机、软地基加固机械及其配套设备共10个类组，近20个系列（其中柴油锤3个系列、液压锤1个系列、振动锤4个系列、钻孔成孔机3个系列、打桩架5个系列、压桩机1个系列、振冲器1个系列等）共200个左右型号规格的桩工机械产品，生产能力可达到2000台（2000t）。桩工机械系列产品可基本满足国内市场需求。

新中国成立以来，桩工机械工业取得了长足的发展，为我国建设事业做出了应有的贡献。未来桩工机械行业同样负担着更加艰巨的任务，也面临着各种挑战。我们在发展进步过程中还存在不少困难和问题。虽然多数桩工机械产品达到了国外20世纪80年代末水平，但是整个桩工机械行业的技术水平仍与国外先进水平有着较大的差距。如我们的产品品种、规格仍比较少，不能很好地满足用户施工需要；我们产品的技术性能的先进性，质量的可靠性与国外产品尚有比较显著的差距；在生产制造方面，工艺和工艺装备还不够先进，生产效率不高，质量不稳定，专业化生产水平较低，生产成本较高。这些问题必须在未来发展中设法尽快解决。尤其是在面临国外厂商竞争的严峻形势，桩工机械行业产品质量、数量和技术性能等必须尽快赶上或超过国外先进水平，为我国建设事业做出更大的贡献。

## 3.4 国内外工程机械发展趋势

### 3.4.1 国外工程机械发展趋势

（1）系列化、特大型化

系列化是工程机械发展的重要趋势。国外著名大公司逐步实现其产品系列化进程，形成了从微型到特大型不同规格的产品。与此同时，产品更新换代的周期明显缩短。所谓特大型工程机械,是指其装备的发动机额定功率超过1000马力,主要用于大型露天矿山或大型水电工程工地的机械。产品特点是科技含量高,研制与生产周期较长,投资大市场容量有限,市场竞争主要集中少数几家公司。以装载机为例,目前仅有马拉松·勒图尔勒、卡特彼勒和小松-德雷塞这三家公司能够生产特大型装载机。

(2)多用途、微型化

为了全方位地满足不同用户的需求,国外工程机械在朝着系列化、特大型化方向发展的同时,已进入多用途、微型化发展阶段。推动这一发展的因素首先源于液压技术的发展——通过对液压系统的合理设计,使得工作装置能够完成多种作业功能;其次,快速可更换连接装置的诞生——安装在工作装置上的液压快速可更换连接器,能在作业现场完成各种附属作业装置的快速装卸及液压软管的自动连接,使得更换附属作业装置的工作在操作工室通过操纵手柄即可快速完成。一方面,工作机械通用性的提高,可使用户在不增加投资的前提下充分发挥设备本身的效能,能完成更多的工作;另一方面,为了尽可能地用机器作业替代人力劳动,提高生产效率,适应城市狭窄施工场所以及在货栈、码头、仓库、舱位、农舍、建筑物层内和地下工程作业环境的使用要求,小型及微型工程机械有了用武之地,并得到了较快的发展。为占领这一市场,各生产厂商都相继推出了多用途、小型和微型工程机械,如卡特彼勒公司生产的IT系列综合多用机、克拉克公司生产的"山猫"等。

(3)电子化与信息化互动

广泛应用微电子技术与信息技术,完善计算机辅助操作系统、信息管理系统及故障诊断系统;采用单一吸声材料、噪声抑制方法等消除或降低机器噪声;通过不断改进电喷装置,进一步降低柴油发动机的尾气排放量;研制无污染、经济型、环保型的动力装置;提高液压元件、传感元件和控制元件的可靠性与灵敏性,提高整机的"机-电-信"一体化水平;在控制系统方面,将广泛采用电子监控和自动报警系统、自动换挡变速装置;用于物料精确挖(铲)、装、载、运作业的工程机械将安装GNSS定位与质量自动称量装置;开发特种用途的"机器人式"工程机械等。

以微电子、因特网为重要标志的信息时代,不断研制出集液压、微电子及信息技术于一体的智能系统,并广泛应用于工程机械的产品设计之中,进一步提高了产品的性能及高科技含量。LeTourneau集成网络控制系统便是一例,通过显示在机载计算机屏幕的出错信息,提示操作工出错原因,并采用三级报警灯光信号(蓝、淡黄、红)表示发动机、液压系统、电气和电子系统的各种状态。目前,该系统已安装在L1350型矿用装载机上。

(4)不断创新的结构设计

以装载机为例,工作装置已不再采用单一的"Z形"连杆机构,继出现了八杆平行举升机构和TP连杆机构之后,卡特彼勒公司于1996年首次在矿用大型装载机上采用了单动臂铸钢结构的特殊工作装置,即所谓的"VersaLink机构"。这种机构替代综合多用机上的八杆平行举升机构和传统的"Z形"连杆机构,可承受极大的扭矩载荷和具有卓越的可靠性(耐用性),驾驶室前端视野开阔。O&K公司研制的创新LEAR连杆机构,专为小型装载机而设计。Schaeff公司于2000年3月在巴黎INTERMAT展览会上展出的高卸位式SKL873型轮式装载机的可折叠式创新连杆机构工作装置,进一步增加了轮式装载机的工作装置的种类。

(5)安全、舒适、可靠

驾驶室将逐步实施ROPS和FOPS设计方法,配装冷暖空调。全密封及降噪处理的"安全环保型”驾驶室，采用人机工程学设计的驾驶座椅可全方位调节，以及功能集成的操纵手柄、全自动换挡装置及电子监控与故障自诊断系统，以改善操作工的工作环境，提高作业效率。大型工程机械安装有闭路监视系统以及超声波后障碍探测系统，为操作工安全作业提供音频和视频信号。微机监控和自动报警的集中润滑系统，大大简化了机器的维修程序，缩短了维修时间。如卡特彼勒公司的 F 系列装载机日常维修时间只需 3.45min。目前，大型工程机械的使用寿命达 2.05 万 h，最高可达 2.5 万 h。

（6）节能与环保

为提高产品的节能效果和满足日益苛刻的环保要求，国外工程机械公司主要从降低发动机排放、提高液压系统效率和减振、降噪等方面入手。目前，卡特彼勒公司生产功率为 15 ~ 10150kW 的柴油发动机。其中 6 缸、7.2L、自重 588kg、功率为 131 ~ 205kW 的 3126B 型环保指标最好，满足 EPATier Ⅱ 和 EUStage Ⅱ 排放标准。卡特彼勒 3516B 型发动机装有电子喷射装置及 ADEM 模块，可提高 22% 的喷射压力，便于燃油完全、高效燃烧，燃烧效率可提高 5%，$NO_x$ 下降 40%，扭矩增加 35%。个别厂家生产的工程机械产品，机外噪声已降至 72dB(A)。

具体到各机型，其发展趋势如下。

（1）塔式起重机：目前，国外已生产出 2000kN · m 以上的大型塔机，丹麦的科洛公司制造出起重力矩达 100000kN · m 的塔机。这些大型塔机在结构设计、工作机构、调速、安全、操纵显示和监控系统都采用了很多先进技术，向大型化方向发展已成为新趋势。在欧洲，下回转快速安装的塔机发展很快。因为，这种塔机具有可整体托运、可快速架设和多变的结构（箱式或棚式塔身，吊臂可水平、可仰角、可伸缩、可折叠）等优点，十分适合小城镇建设使用。城市型塔机（上顺回转装塔机）发展较快。因为，这种塔机搬运十分方便。例如一台起升高度 37m，臂长 45m 的塔机，只需 3 辆货车就全部运走。上回转动臂自升塔机也有相应的发展。因为，这种塔机起吊质量大、自重相对小，很适合狭窄工地的施工。大型塔机的工作机构向高速发展，晶闸管调频、无级调速和调压调速技术已开始应用。机电仪一体化技术在塔机上的应用越来越完善。这些技术可随时显示起重质量、起重力矩、起重高度和工作幅度，还可自动显示及控制各种故障。

（2）筑养路机械：国外的筑养路机械向大型化和高速化方向发展的趋势十分明显。如水泥混凝土摊铺机最大驱动功率达 368kW、最大摊铺厚度 610mm、最大摊铺宽度 16.5m。路面机械向机电液一体化、电液一体化、微机控制、随机自动检测和显示等新技术领域发展，使机械设备的技术更趋密集。国外很重视机械的质量和可靠性，因为他们很重视机械设备在施工中的出勤率。另外，他们还十分重视路面机械在施工中的噪声控制、废气排放控制等。

（3）工程推土机械：向大功率发展，小松制作所已推出发动机额定功率 784kW 的大功率推土机；向多配制方向发展，如湿地型、超湿地型、灌木丛型…… 而且比例不断增加；多功能、多用途、高效节能的机种不断涌现，每种机型都配备多种机具；向机电一体化方向发展，出现了可控制履带打滑、控制静液传动的新型推土机。新技术、新结构、新发明大量应用在推土机上，出现了高置驱动轮结构、差速转向机构、恒功率发动机等新型推土机。国外还很重视操作人员工作条件的改善，所以现在生产的推土机安全性和舒适性都有很大提高。

（4）装载机械：国外装载机上计算机技术的应用十分广泛，如用计算机控制发动机系统来提高发动机寿命，减少动力损失，节约燃料；用计算机监控水温、油温、诊断故障，以提高产品的可靠性,确保作业质量。装载机械安装了电子消音器以降低噪声,努力降低废气排放和泄漏,保护环境。

近年来,国外装载机的设计和制造进一步体现了以人为本的理念,要为操作工提供一个更加舒适的环境,以达到“全自动化型”的境地。国外企业根据人体工程学设计了座椅、操纵台、环保型的低噪声发动机以及赏心悦目的流线型驾驶室。大中型装载机驾驶室普遍采用翻车保护机构(ROPS)和落物撞击保护机构(FOPS),室内安装空调装置;采用防尘、减振和隔音材料;按人机工程学设计的驾驶座椅可全方位调节,有的已达轿车座椅的舒适程度,座椅右侧还设计有摆放饭盒、水瓶及其他物品的地方,操作台上安装 AM/FM 立体声盒式磁带收录机,为操作工安全作业提供音频和视频信号;有的还安装网络电话等,极大地提高了作业的舒适性。

(5)压实机械:世界各国都很重视振动压实机械的开发和应用,因为它节材,生产效益又高。振幅大、振动频率高的自行式双振驱动串联式振动压路机发展较快,因为它压实效果好。轻小型振动压实机械,包括 1.2 ~ 3t 的自行式振动压路机,1t 以下的手扶振动压路机和振动夯实机在国外发展也很快。压路机向多功能和系列化方向发展,在同一种压路机上可装配光轮、凸块轮、橡胶轮和推土铲,从而使压路机一机多用。国外已出现沟槽压路机、斜坡压路机、水下压实机等特殊用途的压实机。

(6)轮式起重机:在国外自行轮式起重机的发展趋势是一机多用,如在吊臂头部加装工作斗头、高空工作平台、各种抓具、夹具、螺旋钻、斜置副臂等;发展类似的变型产品,如高空作业车、随车起重机、桥架检修车、伸缩式作业平台和伸缩臂装载机等。全地面起重机得到发展,英国桑德兰工厂推出的新概念 60t 越野汽车起重机就是一个典型代表。

(7)工程挖掘机械:国外挖掘机向系列化、大型化方向发展,最大的液压挖掘机自重达 800t、斗容达 $42m^3$、动臂长达 24.9m、机宽 8.6m、高 11.5m。挖掘机的液压传动朝着高压高速、大流量、大功率、静态特性好、结构简单、质量好、成本低、可靠耐用的方向发展。国外已实现了发动机转矩和液压泵所吸收转矩的最佳配合,对油污染度、发动机完好率、铲斗装满率的显示与监控,实现了微机自动换挡、集中监控、集中润滑和自动报警。国外挖掘机的安全性、舒适性、可靠性、可维修性都比较高,节能降耗技术、环保技术用得较好。

(8)混凝土搅拌及运输机械:国外搅拌站向机电一体化方向发展。其微机控制技术日趋成熟,可靠性不断提高,对物料配比、容量变更控制都十分精确。搅拌站还增加了搅拌机负荷动态监测,混凝土物料稠度控制,水泥料位指示、除尘、消声、废水处理等装置。德国出现了混凝土泵送技术的“液压脑”。混凝土泵送最大水平距离超过 4000m、输送量最大达 $180m^3/h$。国外臂架式混凝土泵车正向大型化、小型化、电气化、多功能化方向发展。为适应多次投料工艺,出现了很多新型混凝土机械产品,如带振动装置的强制搅拌机、双螺旋叶片搅拌输送车。产品结构形式多样化也是个趋势,如德国同一生产搅拌站主体结构可组合变换成装载机、拉铲、皮带机或直列组合仓四种上料方式的搅拌站。

(9)平地机和铲运机:国外铲运机向大型化方向发展,不仅功率大而且铲斗也大。平地机和铲运机的自动化、智能化和节能效果明显提高,如小松的平地机装有先进的电子监控系统。履带式和轮胎式车辆的机架和工作部件广泛应用了高强度钢,大大提高了材料耐磨性能,使制动器更为可靠。

(10)桩工机械:液压桩锤近年来在国外发展很快,在许多领域大有取代气动锤和柴油锤之势。柴油桩锤由于打击能量大,已成为预制桩施工中使用最广的一种设备。振动桩锤仍广泛用于水电站建设、大型桥梁工程中。德国生产的中、高频振动桩锤能够用少量振动锤基本件,下沉各种不同质量、长度和形状的桩。国外正在对电磁锤进行研究。

(11)叉车:电动叉车是今后的发展方向。国外叉车的机电一体化发展趋势十分明显。日本有的新叉车用传感控制器操纵转向机构,不仅节约电能而且机构简单紧凑。瑞士新型微机控制的小吨位电动叉车,可使电动系统始终保持最佳状态。

(12)内燃凿岩机械:在国外,低噪声、低振动、低粉尘和低油耗的产品发展很快,性能精良、可靠。

巴黎 INTERMAT2003 组织了由来自法国、德国、英国、意大利、比利时和西班牙的 19 位专业人士组成的创新评奖委员会,对参展商的样机从以下 5 个方面进行了评比。从创新奖的评奖标准也可以清楚地看出工程机械的发展趋势。

(1)技术性:利用先进技术提高产品的生产效率,改进产品的可维修性。

(2)经济性:降低投资成本和维护成本。

(3)质量:产品的制造品质和设备的作业质量。

(4)舒适性、安全性:应用人机工程学改善工作条件,产品操作方便。

(5)环保性:不仅仅停留在对环境的保护方面,而是更高层次的人、设备、环境的和谐统一。

### 3.4.2 国内工程机械发展趋势

微课:中国工程机械发展趋势

从新中国成立初期到现在,工程机械行业已经随之成长了 70 余年。从新中国第一批工程机械,到现在自主创新,实现跨越式增长。工程机械已经走向了成熟,从我国企业来说,不管是技术研发、品牌建设和市场方向上,都似乎到了行业的高峰。但是,行业的发展如同历史的年轮一般,没有最高,只有更高。未来的工程机械的发展方向也在朝着更加高端化的区域前进。在 2008 年全球金融危机爆发前,由于新兴国家尤其是我国强劲增长的需求拉动,全球机械制造业经历了连续几年的高速发展。然而,全球经济的增长离不开机械制造业的持续进步,而机械制造业也始终伴随着全球经济的增长而不断发展变化着。

1)工程机械行业的观点

(1)产品高端化

智能化一直是我国机械工业发展的方向。不管是企业还是产品,智能化都在悄悄改变着他们的运营方式和操作方法。快速的数据传递以及高效的工作效率一直是企业降低成本、发展产品的方法。

在未来,建筑行业等面向多样化、高层化和美观化的发展,对于工程机械的产品性能和效率的要求也会更高。所以,工程机械企业在产品研发上,会随着市场的需求,而趋向更加独特的性能加工,以满足工程建设的需求。

(2)企业国际化

产品出口、投资建厂和海外收购已经成为工程机械走向世界势不可挡的趋势。在经济面临外需不振、经济增速下行的压力下,我国将更重视创新对经济发展的驱动作用,未来将主要依靠科技创新和管理创新来实现可持续发展。

(3)品牌差异化

随着工程机械市场的调整,企业更加注重其在服务品牌的打造,许多工程机械企业走上了用服务提升品牌价值的道路。

2011 年,中联重科启动"蓝色关爱"服务品牌,构建全过程信息化管理的内外互动式服务体系和保障平台,为用户带来全新的服务模式和产品品质体验,并率先将设备服务从"被动式维修"带入了"主动式关怀",在行业内首先推出"蓝色关爱"服务品牌,为客户提供售前、售中、售后一站式整体服务解决方案。三一重工各个分公司在致力于打造行业服务第一品牌:三一泵送推出"一生无忧"服务活动;三一起重启动大规模的服务万里行活动;三一重机及代理商更是派出上千名服务精英,1500 台服务车辆,对全国 28000 多台设备展开巡检等。另外,行业龙头企业如徐工、山推、柳工、厦工等都推出了具有显著特色的、差异化的服务品牌。

(4)"绿色智能"化

随着国内工程机械行业市场规模不断扩大以及"十二五"节能减排方案的提出,"绿色环保"成为众多厂家的发展目标。行业发展趋势不断推进着"绿色"、"智能"技术在工控自动化领域的创新应用。以物联网为代表的信息领域革命技术,机械产业走向绿色道路,使人们可以以较低的投资和使用成本实现对工业全流程的"泛在感知"。机械产业通过走绿色道路,来达到提高产品质量和节能降耗的目标。

微课:工程机械的绿色未来

另外,节能环保是全球的大趋势,机械制造业也会随大势所向。总体上来说,随着世界各国尤其是新兴市场国家对节能环保的关注度的提高,工程机械转向环境更友好、能耗排放更低,将是必然趋势。

微课:工程机械智能化发展

国内市场竞争将日益激烈,外资企业也继续加大在我国的投资和布局,如卡特彼勒、小松、特雷克斯等。因此,在"产品过剩"的情况下,企业更应该努力开拓国际市场,提高我国工程机械在国际市场的竞争力。

绿色战略主要体现在提高产品的能源效率,促进资源的循环利用以及降低产品的排放等三个方面。实施绿色战略对于提升企业的市场竞争力,为企业的临时发展注入活力意义重大。

①提升产品的能源效率意味着降低产品的油耗。油耗水平是用户在购买工程机械设备时考虑的关键因素之一。以对装载机市场的调研结果为例,大约 62% 装载机用户将油耗水平列为购买时重点考虑的因素。这一比例在轻载工况的用户中更高。龙工和临工在 2012 年相继推出了 D 型和 L 型节能装载机。而三一重工在 2012 宝马展上推出其新款 C9 系列挖掘机时,首先介绍了产品突出的节能优势。

②促进资源的循环利用，以发展再制造获得价格优势，吸引中小客户并保有长期客户。再制造业利用废旧产品作为新产品的原料，在资金、材料和能源的投入方面，相比直接生产将减少60%。同时，企业为获取废旧机器而推出的以旧换新政策将有利于留住已有客户。全球工程机械巨头卡特彼勒公司从再制造业中获益颇丰。2012年，三一重工在四川追加投资1亿元用于建设再制造业基地。

③降低产品的排放，有利于更好地促进工程机械产品出口。2012年国内工程机械产品在出口方面虽然出口数据喜人，但其中不乏隐忧，贸易保护主义倾向或许是最大的阻碍。而排放规范很可能以一种技术壁垒的形式呈现。所以，降低产品排放对于国内工程机械企业而言应当刻不容缓。

(5)向大重型方向发展

我国工程机械产业发展非常快，目前已经形成了挖掘机械、土方机械、起重机械和混凝土机械等一系列产品的产业链和产业集群，实现年产值近500亿美元的产业规模。我国企业积极开拓国际市场，统计数据显示，2009年，我国工程机械出口逾47亿美元，占国际市场的份额达到10%。

为适应修筑铁路、跨海大桥及能源工程等重大项目的需要，工程机械正在朝大型和重型发展，形成了创新和研发的生产能力。

(6)自主品牌建设

自主品牌主机企业配套的零部件企业，围绕主机企业的需要，纷纷加大了投资力度，各工程机械产品检测检验中心、相关代理商、售后维修服务企业也不同程度地按照市场需求加大了投入和整合。上、中、下游各产业链正在优化发展。

2)由上海宝马展反映出的国内工程机械发展动向

上海宝马展每两年在上海新国际博览中心举办，汇聚全球精英。不仅展示中国工程机械的发展潮流和前沿技术，也是国内外企业展示实力、推广新品和拓展市场的重要平台。展品范围广泛，包括各类工程机械和相关配套件及维修设备。在上海宝马展上，观众可以近距离感受全球领先的工程机械技术和产品，同时了解行业动态和市场趋势。展览期间，企业举办技术交流会、专题研讨会和产品发布会等活动。上海宝马展为全球工程机械行业的繁荣和发展注入动力，并汇聚海内外行业精英，全面覆盖多方面展示，诠释行业的创新发展。

(1)国内工程机械制造水平不断取得突破，将以高性价比的优势满足国内机械市场需求。

德国、美国等海外机械工程供应商通过其代理商，已在我国发展多年，制造的产品能满足我国工程机械市场对高端产品的需求。但是在近年的展会上可以看到，我国民族品牌的多项工程机械高新技术产品水平已经渐渐与国外品牌拉近距离。这是国内一批具有代表性的工程机械品牌通过不断努力向大型化、智能化、现代化的方向发展取得的硕果。这些高新技术产品将以高性价比的优势满足国内机械市场需求，与国际高端产品争夺国内市场。

(2)专用机械、节能环保、现代化机械产品将成为未来的发展趋势。

如今节能环保的相关法律法规日趋成熟，而可持续发展、技术革新、智能化、现代化等主题引导着当下的市场需求。在这样的大环境下，专用机械、节能降耗机械、现代化工程技术将越来越受市场欢迎，也只有大型化、智能化、现代化的专用机械才能在未来获得更多的客户。

(3)矿山机械、破碎机行业产品性价比大幅度提高。

在矿山机械领域，大型化的矿山机械、破碎机设备并非是机械的质量及外形的“大型”，而是在生产方面的“大型”，尤其是可以在尽可能小的外形基础之上使之产能更大。如国内品牌大型圆锥式破碎机科技含量已经可以与国际水平相媲美，矿石产能可达600t/h，与国际品牌相比，性价比极高。

矿山机械行业国内一线品牌郑州鼎盛公司专注大型化、高产能的破碎机设备，生产了国内首台产能最大的2GDPC2325 单段锤式破碎机和位居世界产能第二、国内产能第一的 PF2325V 大型石料专用破碎机。由于国内一大批这样的矿山机械企业不断的努力创新，在国内销售市场已形成与国际品牌的竞争态势。

3)从新产品的出现看我国工程机械产品未来发展三大趋势

国内工程机械企业频频推出新产品，我们不难从这些产品发展中看出，我国工程机械正朝着节能化、智能化、大型化转变。

(1)节能化

能源短缺是国际问题，绿色发展是全球达成的共识。而我国也一直在强抓节能减排，我国的非路面机械排放标准也是逐年在提高。节能化产品将是工程机械行业发展的必然趋势。

(2)大型化

大型化就意味着技术的提高和适应条件的提升。为保证施工的方便与快捷，工程机械大型化也成了一个重要的发展趋势。

(3)智能化

智能化一直是我国机械工业发展的方向。

无论是节能化、大型化还是智能化，都是我国工程机械行业发展的必然趋势。现在各大企业陆续推出新产品来抢占市场份额，而这些高性能产品的推出必将推动国内工程机械行业的发展。

4)行业顶级专家的预测

《中国机械工程技术路线图》经过一年多的研究和编写已经出版。专家们提出了面向2030 年机械工程技术发展的五大趋势和十大技术。

这五大趋势是绿色、智能、超常、融合、服务。专家指出，这十个字不仅着眼于中国机械工程技术的实际，也体现了世界机械工程技术发展的大趋势。

十大技术分别是机械设计、成形制造、智能制造、精密与超精密制造、微纳制造、增材制造、绿色制造与再制造、仿生制造、服务型制造、机械基础件与绘制技术路线图。专家指出，这些技术的突破将提升我国重大装备发展的基础、关键、核心技术创新和重大集成创新能力，提升我国制造业的国际竞争力。

## 复习思考题

(1)我国工程机械发展史分为几个时期？在不同时期各具有什么特点？

(2)我国工程机械行业发展中存在的主要问题是什么？

(3)查阅资料分析我国“十四五”期间工程机械的市场需求。

(4)第一台全液压反铲挖掘机是什么时期诞生的？

(5)试述我国推土机行业技术发展特点。

(6)我国装载机三大龙头企业有哪些？

(7)解读塔式起重机型号QTP60、QTK60的意义。

(8)压实机械中的振动压路机和轮胎压路机首先是由哪个国家生产出来的？

(9)我国凿岩机械和风动工具生产是从哪里起步的？

(10)简述我国电梯行业技术引进、合资、合作概况。

(11)简述我国桩工机械引进国外先进技术情况。

(12)蒸汽机是谁发明的？哪国人？

(13)第一台煤气机是谁发明的？

(14)柴油机是谁发明的？

(15)现代汽车之父指谁？三轮汽车和四轮汽车分别是谁发明的？

(16)我国工程机械行业的发展历史分为哪几个阶段？

(17)世界上第一台以蒸汽机为动力的自行式三轮压路机是什么时间出现的？由哪个国家制造？

(18)我国各种主要工程机械的生产时间和厂家是怎样的？

单元4

# 国内外工程机械公司和品牌

## 学习目标

### 知识目标

(1) 正确描述商标(LOGO)的概念及作用;
(2) 正确描述司肖理论的含义及构成;
(3) 正确描述国内外著名工程机械制造企业概况和发展历程;
(4) 正确描述国内外著名工程机械制造企业的产品类型和主要品牌;
(5) 正确描述国内外著名工程机械制造企业的企业文化。

### 能力目标

会识别常用工程机械产品标识。

# 4.1 品牌、商标、司肖理论与企业文化

《工程机械定义及类组划分》规定我国工程机械分为20个大类,每个大类又分成若干组,每组又根据产品的名称分成若干品种。而各国对工程机械也有不同的分类情况。工程机械无论从机械种类来看,还是从制造企业品牌及系列品种来看,都数不胜数。本部分内容仅介绍在公路施工中部分常用的工程机械的制造企业品牌和文化。

## 4.1.1 品牌的定义、功能及分类

微课:品牌的定义

1)品牌的定义

品牌的英文单词Brand,源自古挪威文Brandr,意思是"烧灼",人们用这种方式来标记家畜等需要与其他人相区别的私有财产。到了中世纪的欧洲,手工艺匠人用这种打烙印的方法在自己的手工艺品上烙下标记,以便顾客识别产品的产地和生产者,这就产生了最初的商标,并以此为消费者提供担保,同时向生产者提供法律保护。16世纪早期,蒸馏威士忌酒的生产商将威士忌装入烙有生产者名字的木桶中,以防不法商人偷梁换柱。到了1835年,苏格兰的酿酒者使用了"Old Smuggler"这个品牌,以便维护采用特殊蒸馏程序酿制的酒的质量声誉。

我国早在商周时期就有了品牌的萌芽,商周时期的手工艺人开始在他们生产的商品上面刻上文字标记,这些文字标记都是早期商标和品牌的萌芽。到了春秋战国时期,商业作为一门独立的职业从生产劳动中分离出来,形成了一些固定的商品交易场所。到1904年,即清光绪三十年,清政府出台了《商标注册试办章程》,这是我国历史上第一个有关商标品牌方面的法规。自此以后,品牌的注册管理纳入法制轨道,"品牌"开始成为具有严格法律效应并受到法律保护的商业行为。

经过几百年的历史演进,商业竞争格局以及零售业态不断变迁,品牌承载的含义也越来越丰富。如今,"品牌"一词无论是其内涵还是外延方面都已经大大地扩展了。品牌虽然是理论界和企业界都经常使用的词汇,但是它至今都没有一个统一的定义。

微课:品牌竞争战略

中国品牌研究学者余阳明先生在其《品牌学》中将品牌归纳为符号说、综合说、关系说、资源说4类,对于品牌的定义都有其一定的合理性,无所谓孰优孰劣,只是各自的视角不同而已。

参照国内外学者的论述,我们认为,品牌是用以识别某个销售者或某群销售者的产品或服务,并使之与竞争对手的产品或服务区别开来的商业名称及其标志,通常由文字、标记、符号、图案和颜色等要素或者这些要素的组合构成。

品牌是一个集合概念,主要包括品牌名称和品牌标志两部分。品牌名称是指品牌中可以用语言称谓的部分;品牌标志是指品牌中可以被认出、易于记忆但不能用语言称谓的部分。

2)品牌的功能

(1)品牌是区别的标志,具有识别功能;

(2)品牌是对消费者的承诺和保证,具有担保功能;

(3)品牌是连接产品与消费者关系的纽带,具有沟通功能;

(4)品牌是无形资产,具有价值功能。

3)品牌的分类

品牌可以依据不同的标准划分为不同的种类。

(1)根据品牌知名度的辐射区域划分,可以将品牌分为地区品牌、国内品牌和国际品牌。

(2)根据品牌产品生产经营的不同环节划分,可以将品牌分为制造商品牌和经营商品牌。

(3)根据品牌来源划分,可以将品牌分为自有品牌、外来品牌和嫁接品牌。

(4)根据品牌的行业划分,可以将品牌分为工程机械品牌、家电电子行业品牌、食品饮料行业品牌、日用化工品牌、服装鞋类品牌等。

除了上述几种分类以外,品牌还可以依据产品或服务在市场上的态势划分为强势品牌和弱势品牌;依据品牌用途不同,划分为生产资料品牌和消费品品牌。

微课:中国工程机械行业品牌竞争发展趋势

中国从5G、高铁、大飞机,到北斗、神舟、嫦娥、天问,正稳步迈向创新型国家行列。从制造强国、质量强国到科技强国、文化强国,中国式现代化进程也必定加速向前。在以国内大循环为主体,国内国际双循环相互促进的新发展格局下,国产品牌替代国外品牌成为市场大势,本土品牌也迎来新的机遇。国务院印发《关于同意设立"中国品牌日"的批复》,同意自2017年起,将每年5月10日设立为"中国品牌日"。民族品牌的重要性日益提升,也逐渐肩负起传递中国形象、讲好中国故事的时代责任。

### 4.1.2 商标的定义、功能及分类

品牌与商标,两者既有联系,又有区别。品牌是一个市场概念,而商标是一个法律概念。很多人认为商标就是品牌,品牌就是商标,其实这是两个内涵不完全重叠的概念。

1)商标的定义

微课:商标(LOGO)的定义

商标是《商标法》的核心概念,也是我国《商标法》所要保护的客体。但是关于商标的概念,我国《商标法》中历来对其并没有明确的描述,仅在第8条中规定:任何能够将自然人、法人或者其他组织的商品与他人的商品区别开的标志,包括文字、图形、字母、数字、三维标志、颜色组合和声音等,以及上述要素的组合,均可以作为商标申请注册。但第8条的描述仅是对商标形式的列举,具体的含义还是不得而知。

如果从文义角度对商标这一概念进行解释，商标应该是一种“标志”，并且这种“标志”具有“商业”的属性。也就是说，商标除了是标志外，还应具有商业内涵，是生产经营者使用在商品或者服务上的标志。

关于商标的概念，理论界也有不少学者进行了相应的概括与界定。他们虽然都对商标的概念进行了相应的阐述与界定，但都是不全面的，有的是从商标的功能出发，有的是从商标实证研究的基础上提出的。

参照国内外学者的论述，我们认为，商标是指在商品或者服务之上，将自己的商品或者服务与他人提供的同种或者类似商品或服务相区别而使用的标志。而这种标志可以由文字、图形、字母、数字、三维标志、颜色组合和声音等，以及上述各种要素的组合构成。

商标的起源可以追溯到原始社会，原始人类出于识别的目的开始在一些物品上刻印标记。

在国家博物馆里保存着一块我国宋代的广告印刷铜版，被业内一致认为是我国最早的商标——北宋“白兔”标识（图4-1）。该标识的中心图案是一只手持缝衣针的白兔，上刻有“济南刘家功夫针铺”，两侧刻有“认门前白兔儿为记”，下刻有“收买上等钢条，造功夫细针，不误宅院使用，转卖兴贩，别有加饶，请记白”。1957年，中国广告先驱徐百益在参观博物馆时看见这块铜版。经过仔细研究后，他认为“济南刘家功夫针铺”铜版比欧洲历史上最早的印刷广告还要早几百年。从此，这块中国宋代的商标铜版开始变得声名鹊起。

图4-1　“济南刘家功夫针铺”广告青铜版

图4-1

2）商标的功能

商标的功能，是指商标在商品生产、交换或提供服务的过程中所具有的价值和发挥的作用，故此商标的功能又称为商标的作用。通常认为，商标具有的主要功能包括：

（1）商标的识别功能。这是指通过商标可以识别商品来源的功能或者说商标具有识别性，这是商标的基本首要功能，商标就是因要识别商品来源才得以产生的，所以有此功能的标志方可成为商标。

（2）商标的品质保障功能。生产者通过商标表示商品为自己所提供，服务提供者通过商标表示某项服务为自己所提供，消费者也通过商标来辨别商品或服务，对其质量作出鉴别，这种鉴别关系到生产经营者的兴衰，可以促使生产经营注重质量，保持质量的稳定。

(3)商标的广告宣传的功能。现代的商业宣传往往以商标为中心,通过商标发布商品信息、推介商品、突出醒目。同时,在市场竞争中,利用商标进行广告宣传,可迅速为企业打开商品的销路。

3)商标的分类

(1)商品商标和服务商标;

(2)普通商标、集体商标和证明商标;

(3)可视商标和非可视商标;

(4)驰名商标和著名商标。

### 4.1.3 司肖理论与企业文化

企业文化是20世纪80年代企业管理思想的产物,并被公认为现代企业管理的有效模式。CIS(司肖)是英文 corporate identity system 的缩写。意思是“企业的统一化系统”或“企业的自我同一化系统”或“企业识别系统”。司肖理论把企业形象作为一个整体进行建设和发展。企业识别系统(司肖)构成要素主要由三部分构成:企业理念识别(mind identity 简称 mi)、企业行为识别(behavior identity,简称 bi)、企业视觉识别(visual identity,简称 vi)。

1)企业理念识别

企业理念识别是一个企业在生产经营活动过程中的经营理念、经营信条、企业使命、企业目标、企业哲学、企业文化、企业性格、企业座右铭、企业精神和企业战略等的统一化。换言之,企业理念是企业在开展生产经营活动中的指导思想和行为准则。它包括企业的经营方向、经营思想、经营道德、经营作风和经营风格等具体内容。

2)企业行为识别

企业行为识别包括对内和对外两部分。对内包括对干部的教育、员工的教育(如服务态度、接待技巧、服务水准、工作精神等)、生产福利、工作环境、生产效益、废弃物处理、公害对策、研究发展等;对外包括市场调查、产品开发公共关系、促销活动、流通政策、银行关系、股市对策、公益性和文化性活动等。

企业的行为识别几乎涵盖了整个企业的经营管理活动。不同的企业在内涵上又有所不同。如银行业重视外观形象和社会形象,销售企业重视外观形象和市场形象等。在企业行为中能直接作用到公众、形成公众的印象与评价的因素,主要可分为7种形象24项因素,包括:

(1)技术形象:技术优良、研究开发力旺盛、对新产品的开发热情。

(2)市场形象:认真考虑消费者问题、对顾客服务周到、善于宣传广告、消费网络完善、很强国际竞争力。

(3)公司风气形象:清洁、现代感、良好的风气、和蔼可亲。

(4)未来性形象:未来性、积极形象、合乎时代潮流。

(5)外观形象:信赖感稳定性高、企业规模大。

(6)经营者形象:经营者具有优秀的素质。

(7)综合形象:一流的企业、想购买此公司股票、希望自己或子女在其公司工作。

企业的行为识别偏重于行为活动的过程,消费者对其的认识也需要一定的时间;而且随着时代的变化,企业的行为识别内容也在不断地进行调整,以符合整体司肖系统的变革。

3)企业视觉识别

企业视觉识别一般包括基本设计、关系应用和辅助应用三个部分。基本设计包括:企业名称、品牌标志、标准字、标准色、企业造型、企业象征图案、企业宣传标语、口号和吉祥物等;关系应用包括:办公器具、设备、招牌、标识牌、旗帜、建筑外观、橱窗、衣着制服、交通工具、包装用品、广告传播、展示和陈列等;辅助应用包括:样本使用法、物样使用规格及其他附加使用等。

在司肖所有活动中,企业视觉识别效果最直接,在短期内表现出的作用也最明显。统一的企业视觉识别设计可以在企业对外宣传和企业识别上获得最有效、最直接的具体效果。也正因为如此,很多人把视觉识别等同于司肖,甚至把企业视觉识别等同于"企业形象"。在企业视觉识别中,视觉的设计是论证其成功的关键。一个良好的设计应该具有以下几个要素:

①能反映企业的理念识别基本特征。

②能反映企业基本经营性质。

③视觉设计必须容易辨认、记忆,具有系统性及严格区别于其他同类企业。

④视觉设计必须符合美感,赏心悦目,能被绝大多数人接受并能引起他们的好感。

理念识别(mi)是司肖的中心和依据。企业经营理念和企业战略的确定是实施司肖战略的关键。理念的优劣直接关系到企业的发展方向及未来的前途。完善而独特的理念识别是活动识别的依据。作为企业的动态系统的行为识别(bi)是理念识别(mi)的具体表现,而且也直接关系到视觉识别(vi)这一以静态为特征的视觉传达系统。

企业文化作为企业的一个特殊化群体存在样式,它的生存和发展方式具体体现为企业整体的思想、心理和行为方式,通过企业的生产、经营、组织和活动而表现出来。其中企业理念居于主体地位。企业文化是经过企业成员集体创造、享用、认同、继承和更新的。因此,在内部具有共性化,同时在外部又具有个性化,不同的企业文化也有不同的类型及模式。

企业司肖内部认同的最高目标是建立优秀的企业文化。司肖体系中的理念识别(mi)和行为识别(bi)集中地表现了企业的精神、理念、价值观和行为准则。全面的司肖导入,是以企业对社会市场和企业内部环境的综合分析为依据的,对于企业组织结构与企业文化的存在状况,以及它们之间统一与协调的程度进行深入检查与研究,最终为企业经营者提供一个加强组织机制,提高企业环境适应能力与市场竞争的契机。

企业司肖导入的价值在于通过建立企业的共同价值观念与行为准则,为企业的全体员工提供向心力、凝聚力和归属感,并在一定程度上弥补企业文化团体的分离倾向。因此司肖导入,必须要以明确的方式表达企业文化的实际意义,使它成为全体员工的共识;另外,还要对企业文化已有存在方式进行全面的重新检查与测试,并在此基础上为企业的决策者提出达到目的的最优规则。

## 4.2 土方工程机械的知名品牌

土方工程机械就是在土方工程或其他工程施工中由一台机械能够独立完成铲土、装土、运土、卸土的施工机械。其作业过程可能连续性进行,也可能周期性进行。该类机械可以是拖式的,也可以是半拖式或自行式的,其行驶装置有轮胎式和履带式两种。

土方工程机械是施工机械中用途最广泛的一大类机械,主要包括推土机、平地机、铲运机、挖掘机、装载机和挖掘装载机等。土方工程机械一般是由基础车(轮胎式或履带式特殊底盘)、工作装置和操纵系统三大部分组成。它们可以用来进行铲装、短距离运送、长距离运输、平整、推挖、挖掘、回填、装载和牵引等作业。

在工程建设施工中,土方工程机械使用比较多。本单元只介绍部分市场保有量比较大的工程机械品牌。

1)卡特彼勒公司

(1)企业简介

企业视频:卡特彼勒

虚拟仿真:卡特彼勒虚拟仿真博物馆

微课:平地机

美国卡特彼勒公司(NYSE:CAT)成立于1925年,是世界上最大的工程机械和矿山设备生产厂家,也是世界上主要的天然气发动机、柴油机和工业用燃气轮机生产厂家之一,是建筑机械、矿用设备、柴油和天然气发动机以及工业用燃气轮机领域的技术领导者和全球领先制造商。

该公司成立90多年来,一直致力于全球的基础设施建设,并与全球代理商紧密合作,在各大洲积极推进持续变革。2023年,其排名在全美财富100强中位居20位,在世界财富500强中位居第230位。公司在全球每天用于开发研究的投资为400万美元,2022年销售收入为594亿美元,500多种产品产销至200余个国家。

1925年,Holt制造公司和C. L. Best推土机公司合并,组成卡特彼勒推土机公司。

1931年,第一台Diesel Sixty推土机从伊利诺伊州东皮奥利亚的装配线下线,它采用新型高效动力源的履带式推土机。

1940年,卡特彼勒开发产品系列包括机动平地机、铲式平地机、升降式平地机、筑梯田机和电动发电机组。

1942年,美国在战争中使用卡特彼勒的履带式推土机、机动平地机、发电机组和用于M4坦克的特殊发动机。

1950年,卡特彼勒推土机公司在英国成立,这是众多海外公司中的第一家,目的在于帮助管理外汇短缺、关税、进口控制,并为全球客户提供更好的服务。

1963年,卡特彼勒和三菱重工在日本成立了第一家由美国公司拥有部分股权的合资企业。

1983年,卡特彼勒租赁公司业务扩展,为全球客户提供设备金融服务可选方案,现已更名为卡特彼勒金融服务公司。

1986年,卡特彼勒推土机公司更名为卡特彼勒公司,这更准确地反映了公司不断发展的多样性。

1987年,公司耗资18亿的工厂现代化项目已启动,使制造流程更加顺畅。

1990年,公司结构进行了分散,根据资产回报率和客户满意度重组业务单位。

1997 年,公司继续扩张,收购了英国的 Perkins 发动机公司。加上 1996 年收购了德国的 MaK Motoren 公司,卡特彼勒已成为世界领先的柴油发动机制造商。

2003 年,卡特彼勒成为第一家整个 2004 型系列清洁柴油发动机完全符合美国环保署（EPA）要求并得到其认证的发动机生产厂商。卡特彼勒突破性的排放控制技术,即“ACERT®”,完全符合环保署的标准,而且无须牺牲性能、可靠性或燃烧效率。

2008 年,卡特彼勒推出首款电动履带式拖拉机 D7E。

2012 年,美国卡特彼勒公司推出了新型 Cat CT15 发动机,该发动机可提升 CT660 型专业货车的功率。

2018 年,卡特彼勒首发世界首台高驱动力电动推土机 Cat © D6 XE。

2019 年,卡特彼勒推出了搭载 Cat 智能科技集成设计的三款 Cat 新一代挖掘机,相比传统坡度控制作业操作,效率可提升高达 45% ,同时,燃油效率比上一代机型最多可提升 20% 。

2024 年,卡特彼勒成功展示其首款电池动力地下矿用卡车。

(2)卡特彼勒的 LOGO(图 4-2)

图 4-2 卡特彼勒的 LOGO

2)株式会社小松(KOMATSU)制作所

(1)企业简介

株式会社小松制作所(即小松集团)是全球主要的工程机械及矿山机械制造企业之一,成立于 1921 年,迄今已有 100 多年历史,公司总部位于日本东京。小松集团在中国、美国和欧洲一些国家设有地区总部,现有集团公司 252 家,员工 6 万多人,2022 年集团销售额达到 3. 54 万亿日元(以上为截至 2023 年 3 月 31 日数据)。

虚拟仿真:小松挖掘机 720°全景展示

小松主要产品有挖掘机、推土机、装载机、自卸货车等工程机械,各种大型压力机、切割机等产业机械,叉车等物流机械,TBM(隧道掘进机)、盾构机等地下工程机械以及发电设备等。

(2)小松的 LOGO(图 4-3)

图 4-3 小松的 LOGO

3)徐工集团工程机械股份有限公司

(1)企业简介

企业视频:徐工

徐工集团工程机械股份有限公司(简称:徐工机械,股票代码: 000425. SZ),为徐州工程机械集团有限公司(简称:徐工集团)核心成员企业,是国企改革“双百企业”, 江苏省首批混合所有制改革试点企业,是我国工程机械行业规模宏大产品品种与系列齐全、极具竞争力、影响力和国家战略地位的千亿级企业。

目前全球行业第3位、中国机械工业百强第4位、世界品牌500强第382位,是中国装备制造业的一张响亮名片。公司前身溯源于1943年创建的华兴铁工厂,是中国工程机械产业奠基者和开创者,引领行业开启国际化先河,源源不断为全球重大工程建设贡献力量。公司产品包括了土方机械、起重机械、桩工机械、混凝土机械、路面机械五大支柱产业,以及矿业机械、高空作业平台、环境产业、农业机械、港机械救援保障装备等战略新产业,下辖主机、贸易服务和新业态企业60余家。

徐工集团注重技术创新,建立了以国家级技术中心和江苏徐州工程机械研究院为核心的研发体系。徐工技术中心在国家企业技术中心评价中持续名列行业首位。依托徐工研究院、徐工南京研究院和在建的徐工上海研究院、徐工欧洲研究院,近年来徐工诞生了一批代表中国乃至全球先进水平的产品:2000t级全地面起重机,4000t级履带式起重机,12t级中国最大的大型装载机,百米级亚洲最高的高空消防车,第四代智能路面施工设备等,在全球工程机械行业产生了颠覆式影响,打破了国外企业的全球垄断。"全地面起重机关键技术开发与产业化"和"ET110型步履式挖掘机"分别荣获2011年度、2010年度国家科学技术进步二等奖(行业一等奖空缺)。徐工被国家发改委、科技部等五部委联合授予"国家技术中心成就奖",被授予国家首批、江苏省首个国家技术创新示范企业。

2012年,徐工成功研制全球最大吨位、技术含量最高的XCA5000全地面起重机和全球最大的DE400矿用自卸车。

2013年,徐工自主研制的"全球第一吊"4000t级履带式起重机首吊成功。

2014年,徐工首个海外全资生产基地——徐工巴西制造基地竣工投产。

2015年,徐工汽车制造新基地投产暨首台"汉风"重型卡车下线。

2016年,徐工打造行业首个Predix(工业云平台),成为中国工业领域开放共享的工业云平台。

2017年12月12日,习近平总书记视察徐工。

2018年,"神州第一挖"徐工700吨级液压挖掘机下线。

2019年,徐工XCA1600全地面起重机成功完成全球最高140米陆上风电安装。

徐工建立了覆盖全球的营销网络,辐射180多个国家和地区的庞大高效网络,服务世界,徐工在全球拥有30个海外分子公司、40个海外办事处、40个大型备件中心、300多家海外经销商,构建形成了涵盖2000余个服务终端、5000余名营销服务人员,为用户提供全方位营销服务。徐工产品已出口到世界190多个国家和地区,2022年实现出口443.02亿美元,保持行业出口额首位。目前,徐工9类主机、3类关键基础零部件市场占有率居国内第1位;5类主机出口量和出口总额持续位居国内行业第1位;汽车起重机、大吨位压路机销量全球第1位。

徐工集团秉承"担大任、行大道、成大器"的核心价值观和"严格、踏实、上进、创新"的企业精神,先后获得我国工业领域的最高奖"中国工业大奖表彰奖"和"全国五一劳动奖状""中华慈善奖"及"全国抗震救灾英雄集体" 等荣誉。

徐工集团技术中心承担了多项国家"九五""十五""863"项目及省部级科技攻关项目、重大装备项目和重大成果转化项目,研制出新一代起重机械、铲运机械、压实机械、路面机械等换代产品,攻克了一大批制约工程机械产品研发的关键技术,引领工程机械行业数字化、智能化、绿色节能化转型发展。近五年来有30多项研究成果获得江苏省科学技术进步奖和中国机械工业科技进步奖,拥有授权专利430多项。

截至2021年底，徐工拥有有效授权专利8511件，其中发明专利1965件，国际专利130件。累计获得国家科学技术进步奖5项，中国专利金奖2项、银奖1项。

（2）徐工的LOGO（图4-4）

图4-4 徐工的LOGO

徐工的LOGO由一个正方形（寓意方正诚信稳重）、一个六边形（重工业特点的螺丝套，寓意专业、精益求精的精神）、一个三角形（稳固、耐用、钻石、金刚石、信誉）三部分组合而成，其负形部分（衬托图案的部分）为三个"1"组合而成，寓意拼搏进取，团队凝聚力、向心力，行业领先龙头、领导者；负形部分还是徐工的"工"首字母"G"的抽象化表现，寓意重工等含义。而"XCMG"则是"Xuzhou Construction Machinary Group"的缩写。

企业视频：山工

4）山东山工机械有限公司（山工）

（1）企业简介

山东山工机械有限公司坐落于山东省青州市，占地100万$m^2$，现有职工2200人，是国家大型一档企业，国家定点生产轮式装载机的骨干企业，中国人民解放军总装备部轮式机械定点生产厂和科研试制单位。公司总资产16亿元，现已形成年产各类产品2万台套的能力。公司通过了国家质量体系认证，并取得了出口机电产品的许可证，先后被山东省和中国机械工业局评为"管理示范先进企业"，主导产品被评为"山东名牌"和"中国机械工业名牌"，获山东省产品质量奖。在2003年珠海世界500强峰会上，山工与卡特彼勒签署合作意向书。2005年卡特彼勒投资的新山工正式成立，2008年正式成立卡特彼勒全资子公司——卡特彼勒（青州）有限公司。

（2）山工的LOGO（图4-5）

图4-5 山工的LOGO

5）鼎盛天工工程机械股份有限公司（鼎盛天工）

（1）企业简介

鼎盛天工工程机械股份有限公司位于天津华苑新技术产业园区，原名中外建发展股份有限公司，成立于1905年，总占地面积27万$m^2$，建筑面积15万$m^2$，其中现代化生产厂房13.5万$m^2$，研发中心1.5万$m^2$。鼎盛天工工程机械股份有限公司是天津工程机械研究院通过划转、收购中外建发展公司、鼎盛工程机械公司的控股权更名后于1999年3月26日正式成立的高科技产业化上市公司。2004年重组后，公司集合“天工”与“鼎盛”两个著名品牌，产品涵盖铲运机械、筑养路机械、路面机械等多种工程机械产品门类。其中“天工”牌平地机以系列全、档次高等优势，成为中国平地机的第一品牌。“鼎盛”牌摊铺机综合现代机电液高新技术，采用最优化配置，以卓越的性能、可靠的品质成为行业前三位的强势品牌。随着公司投资3亿元、占地27万$m^2$，包括四大联合厂房和一个大型研发中心的天津工程机械（科技）产业园的全面竣工，公司将达到年产工程机械及部件2.2万台套、工业产值达50亿元的规模。2011年11月18日，鼎盛天工正式更名为国机汽车股份有限公司，公司重大资产重组暨中进汽贸整体上市顺利完成，公司正式登陆中国A股市场。

公司拥有以国家级专家、教授级高工为代表的科技英才队伍，聚集国家级技术开发中心、“863”计划成果产业化基地、博士后工作站的综合研发机构。公司站在国际工程机械先进水平的高度把握产品发展方向，承担着国家“863计划”重点项目——机群智能化工程机械、路面施工机械智能化和制造信息化、工程机械工况检测和质量管理技术研究等高新技术研发课题，适应了当今机电一体化、智能化的发展趋势，代表着国际高端产品水平，其成果作为“孵化器”，加快高新技术产品的成熟，促进公司强大的技术优势向规模产业优势的转化。

（2）鼎盛天工的LOGO（图4-6）

图4-6　鼎盛天工的LOGO

6）天津移山工程机械有限公司（天建）

（1）企业简介

天津建筑机械厂［现为天津移山工程机械有限公司］始建于1953年，是我国最早从事履带式推土机生产的专业厂家，自1958年研制出履带式推土机起，已具有60多年制造履带式推土机的历史。1993年，该厂在国内率先实现销售推土机超万台。

公司现为国家铲运机械重点骨干企业，国家大型二类企业，主业从业员工1500多人，中高级专业技术人员和经济管理人员556人，厂区占地面积24.2万$m^2$，建筑面积14.6万$m^2$，主要生产设备748台，高精度大型机床71台套，在河北邯郸还建有大型铸锻加工基地。

目前公司产品涵盖工程机械系列、智能制造系列、应急救援装备系列、农业装备系列4大种类。公司参与了《履带式湿地推土机技术条件》《履带式推土机试验方法》《履带式推土机技术条件》等国家标准的制定工作，2015年，公司研发的智能工具机器人荣获《人民日报》社主办的第十五届中国经济论坛中国原创技术奖。

作为世界500强企业新兴际华（集团）有限公司的全资子公司，在天津滨海新区拥有总占面积1000亩(1亩=666.67m$^2$),建筑面积超过14万m$^2$的新兴移山滨海工业园。大力发展具有优势竞争力的工程机械、新能源装备,成套环保装备、油料特种装备、特种车辆等高新技术装备制造产业。公司为国家高新技术企业,拥有省级企业技术中心,具有很强的技术研发能力,多项产品获得省部级奖项。“移山品牌”具有较高知名度,连续多年被天津市评为“天津市著名商标”。

天津建筑机械厂生产履带式推土机历史悠久,技术力量雄厚,在1958年制造出全国第一台履带式推土机,成为我国工程机械行业的先驱。1968年,该厂按照原国家计委的批示,负责包建了黄河工程机械厂,并为其设计厂房,输送技术,安排工艺,并抽调500多名生产技术管理骨干,参加建厂和发展生产。

在1958年第一台履带式推土机的基础上,该厂陆续自行研发了移山100、120、160系列推土机,不仅在20世纪60—20世纪70年代为国家的国防建设和基础建设起到了重要作用,处于国内履带式推土机主导地位,同时20世纪80年代初在同行业厂家中率先引进日本小松D60和D65技术,引导了国内推土机的技术发展方向,确立了在行业中技术领先的优势地位。20世纪90年代在D60和D65基础上,学习国际先进技术,该厂进一步开发研制了160、180、200等不同马力等级、适合不同工况的系列推土机,巩固了中马力推土机在国内的技术领先地位。进入2000年,该厂又根据国际推土机的技术发展趋势,瞄准小松20世纪90年代的新技术,研发了TYD200模块式结构液压先导推土机,始终保持了国内技术领先地位。

产品先后荣获市级和部级优质产品称号,取得《出口产品质量许可证》,获得2004年国家级“守合同,重信用”单位和2005年度“中国企业改革全国示范单位”。

营销理念与模式:通过经销和选用“移山”产品,经销商和用户可获得最大利益,以用户满意作为衡量服务工作的最终标准,作为营销工作的目标。营销模式以代理销售为主,直接销售为辅。“移山”牌履带式推土机先后出口到泰国、印度尼西亚、马来西亚、老挝、孟加拉国、尼泊尔、巴基斯坦、朝鲜、赤道几内亚、加纳、巴布亚新几内亚、加蓬、土库曼斯坦、吉尔吉斯斯坦、阿尔巴尼亚、玻利维亚、美国等十几个国家和地区。

公司奉行“精心设计、精心制造、严控质量,适应市场,持续为顾客提供满意的产品”的质量方针,弘扬“追求技术领先、打造移山精品”的企业精神,热忱地为广大客户提供满意的产品和优质的服务。公司积极推进自身转型升级,利用“互联网+”思维打造符合中国制造2025行动纲领的企业。逐渐形成以推土机为主体,向“破障、破拆、破碎”智能制造及“特殊装备”延伸的“一体两翼”产业格局,打造一个集团及天津市应急救援装备制造研发基地,更好地为国计民生服务。

(2)天建的LOGO(图4-7)

图4-7 天建的LOGO

7）中国国机重工集团有限公司（国机重工）

（1）企业简介

中国国机重工集团有限公司成立于2011年1月，是世界500强企业中国机械工业集团有限公司（国机集团）的全资子公司，是由国机集团旗下工程机械业务资源重组整合改制而成立的大型装备制造企业集团，总部设在北京。

国机重工主营业务涵盖工程机械及相关重工领域的研发制造、服务、工程承包和贸易等三大领域。其现有28家控股和参股企业，其中1家上市公司、4家海外公司，在天津、江苏常州、河南洛阳、四川泸州等地拥有大型产业基地。国机重工与工程机械行业世界知名企业美国特雷克斯、韩国现代、日本小松等组建合资企业，合作机构遍布全球100多个国家和地区。

在工程机械研发与制造领域，国机重工拥有实力雄厚的科技研发和产品制造能力，拥有1所国家级工程机械研究院、2所国家级企业技术中心、2个企业博士后科研工作站、1所机械工业质量监督检测中心。

国机重工产品覆盖铲土运输机械、压实机械、路面机械、挖掘机械、桩工机械、起重机械、混凝土机械、市政环卫机械及零部件等种类、数十个系列、上百个品种。产品主要包括装载机、挖掘装载机、平地机、压路机、工程起重机、垃圾压实机、摊铺机、铣刨机、液压挖掘机、推土机、旋挖钻机、工程机械零部件等。

（2）国机重工的LOGO（图4-8）

图4-8　国机重工的LOGO

“M”造型象征展开双翅的雄鹰腾飞于巅峰，寓意国机重工在国机集团支持下，勇攀高峰，腾飞发展；三角造型象征着雄伟的山峰；图形凹凸有致、颜色匀称、讲究对称，展现了特有的和谐美和匀称美，体现了“和谐国机”的理念；

标志整体似长城造型的演绎，体现了民族特色，梯形造型展现了集团的踏实稳健、诚信可靠；图形中内含“人”的造型，突出国机集团“以人为本”的企业理念，以人的汇聚共托机械工业发展的未来。

8）陕西同力重工股份有限公司（同力重工）

（1）企业简介

陕西同力重工股份有限公司是一家专业生产非公路用车的高新技术企业，建有中国最大的非公路用车生产基地，是非公路用车行业的开创者和领导者。

同力重工具有国内领先的研发和制造能力，公司聚集了国内外知名的非公路用车研发、制造专家。秉承“做中国最经济适用非公路用车”的产品理念，通过工法研究和资源集成创新，同力重工建立了非公路用车设计规范、标准，实现了研发、制造专业化。

通过多年来对非公路用车工况及基础部件的潜心研究，同力重工掌握了非公路用车的核心技术和研究方法，独创了“同力工法”，使产品始终最为适应用户的非公路工况需求，也确保了用户使用同力重工产品能够获取远高于其他运输设备的高效益。

同力重工现已形成40t、50t、60t、70t四大系列，30多个产品品种，同时还开发有多种非公路特种运输设备，产品广泛应用于各类矿山、水电工地、大型工程。同力重工产品投放市场以来，始终引领中国非公路用车行业的发展潮流，市场占有率达到30%以上，深受广大用户的厚爱。同时，产品出口俄罗斯、蒙古、哈萨克斯坦、吉尔吉斯斯坦、马来西亚等多个国家。

(2)同力重工的LOGO(图4-9)

图4-9 同力重工的LOGO

## 4.3 挖掘装载机械的知名品牌

1)现代集团

(1)企业简介

韩国现代(HYUNDAI)集团曾是韩国5大财团之一，世界500强排名前100位。创始人郑周永从1946年至1951年期间先后创建了现代汽车、现代土建、现代建设等公司，20世纪70年代又建立了现代重工业公司，从而使现代集团成为以建筑、造船、汽车行业为主，兼营钢铁、机械、贸易、运输、水泥生产、冶金、金融、电子工业等几十个行业的综合性企业集团。

现代重工业株式会社是韩国现代集团的主要公司，包括造船事业部、海洋工程事业部、发动机事业部、工业成套设备事业部、电气电子系统事业部、工程机械事业部和新能源事业部。现代工程机械事业本部总部位于中国上海，生产和销售包括履带式挖掘机、轮式挖掘机、迷你挖掘机在内的多种建设装备。

(2)现代的LOGO(图4-10)

图4-10 现代的LOGO

2)斗山集团

(1)企业简介

成立于1896年的韩国斗山集团(DOOSAN)原本是一家民营企业，最早以“宗家府”泡菜起家，目前，是韩国主要的财团之一，公司业务涉及重工业、服务业、消费品等多领域。

企业视频：斗山

斗山集团对世界经济环境的快速适应性促使它成为不同行业的领导者，从最尖端的技术到快速消费品，都拥有世界级的质量和技术，如拥有世界排名第一的海水淡化工厂——斗山重工业（Doosan Heavy Industries & Construction Co Ltd），世界排名第一的社会基础设施——斗山产业开发（Doosan industrial Development Co Ltd），世界排名第二的大型船用发动机——斗山发动机（Doosan Engine Co Ltd）等。

斗山集团2001年收购韩国重工业；2003年收购高丽产业开发；2005年收购大宇综合机械株式会社，成立斗山工程机械有限公司（Doosan Infracore），生产斗山挖掘机。

（2）斗山集团的LOGO（图4-11）

图4-11　斗山的LOGO

企业视频：柳工

3）广西柳工机械股份有限公司（柳工）

（1）企业简介

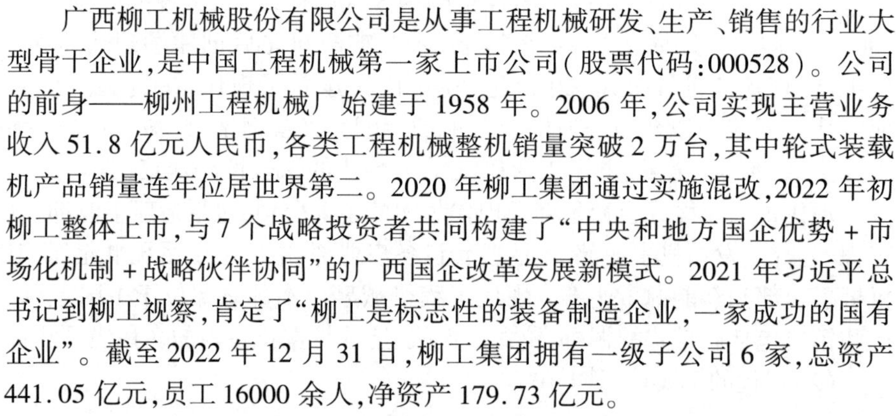

广西柳工机械股份有限公司是从事工程机械研发、生产、销售的行业大型骨干企业，是中国工程机械第一家上市公司（股票代码：000528）。公司的前身——柳州工程机械厂始建于1958年。2006年，公司实现主营业务收入51.8亿元人民币，各类工程机械整机销量突破2万台，其中轮式装载机产品销量连年位居世界第二。2020年柳工集团通过实施混改，2022年初柳工整体上市，与7个战略投资者共同构建了“中央和地方国企优势+市场化机制+战略伙伴协同”的广西国企改革发展新模式。2021年习近平总书记到柳工视察，肯定了“柳工是标志性的装备制造企业，一家成功的国有企业”。截至2022年12月31日，柳工集团拥有一级子公司6家，总资产441.05亿元，员工16000余人，净资产179.73亿元。

柳工从1966年推出第一台现代化轮式装载机开始，经过60多年来的努力和创新，如今已成长为一个拥有挖掘机械、铲土运输机械、起重机械、工业车辆、压实机械、路面施工与养护机械、混凝土机械、桩工机械、高空作业机械、矿山设备、钢筋和预应力机械、压缩机、经济作物机械化设备、气动工具、工程机械配套件等产品品种的企业。

柳工是中国工程机械的排头兵。近年来，柳工集团加快关键核心技术攻关，不断攻克制约高质量发展的“卡脖子”问题，率先开启电动化、智能化和无人化工程机械新技术领域的探索和产品研发，突破电芯、电池管理系统等电动核心技术，发布电驱自动换挡变速器等核心零部件产品。柳工集团进一步拓展电动产品布局，加大力度将电动装载机、无人操作工程机械等高端装备大规模推向全球市场。如今柳工集团在全球已拥有30家海外子公司和机构、4家海外制造工厂、5大全球研发基地、300多家经销商为170多个国家和地区提供产品和服务。

柳工的主导产品为1.5～10t(额定载质量)轮式装载机、0.11～1.2$m^3$(斗容规格)履带式液压挖掘机、10～25t(工作质量)压路机,以及全新系列的路面机械产品如沥青摊铺机和平地机,亦可根据用户需求进行工程机械产品及变形产品的设计、生产。公司具有年产超过2万台各类工程机械整机制造能力,有近10种型号的产品荣获机械部和国家级多项奖励和荣誉称号。其中,轮式装载机系列处于国内领先水平,“柳工”牌装载机2004年荣获“中国名牌产品”称号;高原型特种轮式装载机填补了国际空白,获2003年度国家科技进步奖二等奖。2015年,柳工荣获“装备中国创新榜样奖”,柳工挖掘机、压路机两款产品喜获中国工程机械优质品牌。2016年,“柳工”牌装载机被评为用户满意产品。

柳工拥有先进的制造、质量保证技术,引进了具有20世纪90年代国际先进水平的大型加工中心、机器人自动焊接生产线及树脂砂无箱造型铸件生产线等100多台(套)设备。按照国际先进标准建成的产品可靠性试验场和产品出厂试验场,为柳工产品试验和质量提供了充分的保障。柳工采用现代化的手段和技术自行研制开发各类工程机械,通过自身的国家级企业技术中心及完善的CAD(计算机辅助设计)、CAM(计算机辅助制造)、CAE(计算机辅助工程)计算机网络技术,在研发、采购、生产、营销等各环节广泛应用信息化手段,全面实施MRPⅡ(制造资源计划)管理工程等现代化管理。

柳工是工程机械行业唯一获得由中国质量协会颁发“全国用户满意企业”“全国用户满意产品”“全国用户满意服务”称号的企业。1997年公司通过了ISO9001质量体系认证;1998年通过美国FMRC公司的质量体系认证;2003年获ISO9001:2000质量管理体系认证证书及ISO14001环境管理体系认证。公司还荣膺“全国质量效益型先进企业”“国家特级安全企业”和“国家一级计量单位”等荣誉,位列中国社科院“2003年最具竞争优势百家企业”名单以及《证券时报》“2003年三十家最具投资价值上市公司”第七名。

2004年,公司主要经济指标再创历史新高,继续居于装载机行业首位,各类工程机械整机销售达16086台,实现销售收入34.7亿元,装载机国内市场占有率第一,出口创汇1300万余美元,为地方政府税收贡献近1亿元。

2009年,在国内装载机行业下降12%的情况下,柳工装载机在国内市场实现了3%的正增长,产销27048台,市场占有率同比提升2.6%,达到22.3%的行业新高;在装载机行业出口下降33%的情况下,柳工出口业务只下降了20%,实现销售2111台;2009年柳工装载机国内用户满意度提升了2.29%,国际用户满意度提升9.65%。

2023年《财富》中国500强排行榜发布,广西柳工机械股份有限公司排在第459位,2022年的营收为39.365亿美元。

(2)柳工的LOGO(图4-12)

图4-12 柳工的LOGO

企业视频：日立建机

4）日立建机株式会社（日立建机）

（1）企业简介

日立建机株式会社隶属于日本日立制作所，总部设在东京都文京区，在与其合资子公司（日立建机集团）的努力下，凭借其丰富的经验和先进的技术开发能力生产了众多一流的建筑机械，从而成为世界上主要的挖掘机跨国制造商之一。日本最大的800t级超大型液压挖掘机（即EX8000）就来自于日立建机。

今天的日立建机株式会社成立于1970年10月1日。但是其建设机械的发展历史则可以追溯到1948年。

1948年，日本战败，国土荒废，基础设施破败，可谓百废待兴。同年7月，日本内阁新设立了建设省，从有限的预算中拨款购买美军弃置的建设机械并积极酝酿建设机械的国产化，以形成机械化施工的趋势。同年，工程机械用的装备费用也首次被列为日本的国家预算中。在此背景下，日立制作所亀有工厂利用其闲置设施，由其运输机械设计科担任设计，由矿山机械科担任制作，开始了建设省下发的2台U05型机械式挖掘机的国产化研制工作。

1949年7月，在刚成立不久的日本建设机械化协会主办的第一届日本建设机械展览会上，U05型作为挖掘机中的唯一参展机，也是开日本国产挖掘机先河的机器。

1949—1957年，日本政府先后推出电力开发、道路建设、铁路建设等一系列基础设施建设的第一个五年计划。日立制作所抓住这一发展契机，大力开发生产机械式挖掘机以及推土机，并构筑了建设机械生产体制的基础。U05型生产17台后，亀有工厂仅仅用了99d时间即推出了其改进型U06型挖掘机的1号机。

1953年3月，U106型挖掘机生产累计突破100台。

1956年6月，亀有工厂矿山机械科改名为建设机械科，第一次确立专门从事建设机械生产的组织体制；同年12月至次年2月间，又专门划出建设机械的生产车间并投入资金以增添新设备。针对当时日本国内尚无合适的可选配的发动机，1957年11月，投资7亿元的发动机车间正式竣工投产。

1960年下半年，建设机械的销售额突破每月5亿日元，1961年的7月更跃上7亿日元。产品种类除挖掘机外，推土机和柴油发动机也相继进入规模生产。这个时期，新进入建机行业的其他公司开始引人瞩目，竞争加剧。与此同时，建设机械的需求持续高涨。

1965年4月1日“日立建机株式会社”成立，统辖建设机械的销售、服务等业务。

1969年11月，创设了“日立建设机械制造株式会社”。在经历了短暂的11个月后，“日立建设机械制造株式会社”和“日立建机株式会社”合并，于1970年10月1日,诞生出新生的“日立建机株式会社”。

(2)日立建机的LOGO(图4-13)

图4-13 日立建机的LOGO

5)常林股份有限公司

(1)企业简介

常林股份有限公司前身为原林业部常州林业机械厂,始建于1961年,1996年改制为上市公司(股票代码:600710),目前由中国机械工业集团有限公司所属中国国机重工集团有限公司管理。该公司是国家大型企业、国家级高新技术企业、全国质量效益型先进企业、国家首批制造业信息化工程示范企业、江苏省工业化与信息化两化融合示范企业,通过ISO9001质量管理体系、ISO14001环境管理体系和ISO18001职业健康安全管理体系认证。近年来,公司持续保持健康、快速的发展势头,至2021年末,拥有总资产24.6亿元、净资产12.1亿元,在职员工1013人。

目前主要产品包括装载机、压路机、平地机、挖掘机、特种车辆、路面养护机械、小型多功能机械产品,已形成土方机械、道路机械、特种车辆、矿山机械、结构件五大板块上百个品种的产品链,技术含量高、作业性能优,在行业中具有较高的技术水平。

主导产品中,装载机主要有1.5~9t各种规格的斗型、爪型、侧卸型及其他延伸产品;挖掘装载机有2驱、4驱的85马力规格各种档次机型;压路机有10~26t单钢轮振动压路机、18/21t、21/25t三钢轮静碾压路机以及20t、27t、30t胶轮压路机;平地机有130~220马力等多种规格。产品分布于全国所有省、区、市,并远销世界各地100多个国家和地区,广泛运用于铁路、公路、水利、港口物流、能源、城镇等各项工程建设,尤其被高铁建设、水利基础设施建设、保障房建设、政府援外项目等众多国家重点工程和重点用户所选用。系列装载机为国内工程机械行业第一批“中国名牌产品”,系列压路机、平地机是“江苏省名牌产品”。

1961年,常州市通用机器厂和常州动力机厂两厂合并,成立林业部常州林业机械厂。

1976年,研制出我国第一台Z4JM—2.5型木材装载机。

1995年,与韩国现代合资建立常州现代工程机械有限公司。

1995年,与日本小松合资建立小松(常州)工程机械有限公司。

1996年,改制为股份制上市公司,更名为常林股份有限公司。

2002年,以常林为核心,成立常林工程机械集团。

2004年,成立第一家海外合资企业常林(马)工程机械有限公司。

2004年,再度与韩国现代合资成立现代(江苏)工程机械有限公司。

2004年,常林牌系列轮式装载机荣获“中国名牌产品”称号。

2008年,在常州高新区购置土地,规划建立一个全新的常林。

2011年,常林工业园落成,形成具有研发、销售新优势的信息化精益制造企业。

2017年,公司商标被认定为江苏省著名商标、5款产品被认定为省高新技术产品。

2018年,公司两款挖掘机入列工信部“一条龙”应用计划示范项目。

2019年,公司被认定为国家级高新技术企业。

2021年,公司4款产品通过江苏省新产品鉴定。

2023年,公司成功入选教育部职业教育“现场工程师”专项培养计划试点企业。

(2)常林的LOGO(图4-14)

图4-14　常林的LOGO

6)工程机械有限公司(山东临工)

(1)企业简介

山东临工工程机械有限公司,英文名称缩写“SDLG”,始建于1972年,是国家工程机械行业大型骨干企业,国家级高新技术企业,中国机械工业100强,世界工程机械50强。主导产品有铲运挖掘系列、路面机械系列、矿用车系列和小型工程机械系列等,其中轮式装载机被评为山东省名牌产品、中国名牌产品。

山东临工秉承“可靠承载重托”的核心理念,力求通过不断创新,提供最为可靠的产品和服务,使客户持续获得最大价值的回报。公司建立了国家级技术中心和博士后工作站,承担了国家863项目及省级以上多项科研课题,取得了50余项国家专利。公司与国内重点院校、科研院所保持了良好的合作关系,建立了开放高效的技术合作与技术创新体系。

山东临工拥有先进的生产设施和完善的管理体系,通过了ISO9001质量管理体系认证、获得了出口产品质量许可证和进出口企业资格证。“优质的产品,优质的服务”,使山东临工的产品销往全国各地,并出口几十个国家和地区。山东临工将始终坚持以工程机械为核心的多元化产品战略,持续改进,不断丰富产品线,提升产品质量和品牌美誉度,建设“国内一流、世界知名”的工程机械基地。

山东临工是世界知名的装载机、挖掘机、压路机、挖掘装载机,及相关配件的制造商和服务提供商。山东临工主要经营装载机、挖掘机、挖掘装载机、压路机、平地机、矿用自卸车等6大系列工程机械相关产品的生产、销售(国内、国际市场)、服务(维修、融资租赁等)与再制造。山东临工优质的产品和服务得到越来越多的海内外用户的认可。

1972年,山东临工建厂。

1976年,ZL40装载机试制成功。

1984年,ZL50装载机试制成功。

1987年,被山东省人民政府授予“省级先进企业”称号。

1988年,ZL40装载机被评为“山东省优质产品”。

1989年,被原机械电子工业部评为“国家二级企业”。

1991年,ZL40装载机被原机械电子工业部评为优质产品。

1993年,被评为中国500家最佳经济效益工业企业。

1994年,实行股份制改造,成立山东临沂工程机械股份有限公司。

1995年,晋升国家大型一类企业。

1996年,被山东省信用评级委员会授予“AAA级信誉企业”。

1997年,获国家商检局颁发的“出口机电产品质量许可证”。

1998年,经国家证监委批准,山东临工A股在上海证券交易所上市;通过ISO9001质量体系认证。

1999年,获原国家外经贸部颁发的进出口企业资格证。

2000年,获“山东省机械质量管理优秀企业”称号。

2001年,获山东省机械工业产品质量奖。

2002年,装载机系列产品被评为“山东省名牌产品”。

2003年,公司改制,更名为“山东临工工程机械有限公司”;被认定为国家高新技术企业;装载机机电液一体化智能监控系统研究项目被列入国家“863”计划;经国家人事部批准,建立博士后工作站。

2004年,装载机系列产品被评为“中国名牌产品”。

2005年,临工工业园落成,年产销量过万台。

2006年,山东临工与沃尔沃公司正式签署合资合作合同;山东临工经国家政府机关批准为中外合资企业。

2007年,沃尔沃品牌的第一台路面机械在临工成功下线。

2008年,山东临工实施新品牌战略,“可靠承载重托”成为山东临工品牌的核心价值;山东临工第一台中型挖掘机LG6220成功下线。

2009年,山东临工商标被评为中国驰名商标。

2010年,山东临工挖掘机产品线正式亮相;山东临工节能型产品产销过万庆典在人民大会堂举行;LG6210挖掘机顺利下线。

2011年,山东临工技术中心成立;年产2万台挖机项目奠基;荣获“全国五一劳动奖状”;发布第二代节能产品,实现综合节能20%;荣获“中国机械工业最具影响力品牌”“中国工业行业排头兵企业”;销售收入过百亿。

2012年,山东临工LG6360E等系列挖掘机相继上市;携手世界自然基金会WWF,加入碳减排先锋。

2013年,山东临工巴西工厂生产的第一台挖掘机LG6210E下线;山东临工在北美举行新产品发布会。

2014年,山东临工荣获第五届山东省“省长质量奖”。

2015年,山东临工与清华大学大数据中心、北谷电子签署战略合作协议;成功入选“国家技术创新示范企业”。

2016年,董事长王志中被中国工程机械工业协会授予“中国工程机械行业终身成就奖”;山东临工荣获第十六届“全国质量奖”;山东临工入选国家首批“制造业单项冠军示范企业”。

2017年,山东临工荣获“亚洲质量卓越奖”。

2018年,山东临工首届“红色情”精准扶贫行动在四川凉山州首府西昌隆重启动;山东临工向山东大学捐赠300万元设立“山东临工-山东大学奖教奖(助)学金”。

2019 年，公司入选联合国采购供应商（UNGM）名单，成为中国首家入选的工程机械制造商；山东临工荣获欧洲质量奖，成为首个获此殊荣的中国工程机械制造企业。

2020 年，山东临工节能型装载机产销过万台庆典在北京人民大会堂隆重举行；山东临工 E6500F“打锤王”破碎挖掘机荣获山东省第三届“省长杯”工业设计大赛金奖。

2021 年，临工集团第九次党代会隆重召开。

2022 年，山东临工与浙江大学“高端工程装备智能与安全技术联合研究中心”揭牌；山东临工全新 H 系列国四产品发布会隆重举行；临工集团建厂五十周年庆祝大会隆重举行，临工博物馆正式开馆，临工第 50 万台装载机荣耀下线。

（2）山东临工的 LOGO（图 4-15）

图 4-15　山东临工的 LOGO

## 4.4　石料开采与加工机械的知名品牌

石料的利用目的不同，其开采与加工方法及所采用的机械设备就不同。在工程施工中，有时会遇到块石或岩石的开挖，有时还会开采石料再制作成各种规格的碎石作为工程材料（此时的石料为非装饰用），此类工作如果用人工完成是不可想象的。在现代机械化施工中，工程均采用各种各样的机械与设备来完成。非装饰用石料的开采与加工机械主要包括空气压缩机、凿岩机、破碎机和筛分设备等。

空气压缩机：是一种以内燃机或电动机为动力，将自由空气压缩成高压空气的机械。它给各类风动工具提供压缩空气，是一切风动机具的动力源。

凿岩机：是用来直接开采石料的工具。它在岩石上钻凿出小直径的炮眼（或称药孔），以便装炸药爆破；还可用于新式定向爆破技术拆除旧建筑或破坏水泥混凝土基础等。

破碎机：将开采所得的天然石料按一定尺寸进行破碎加工。其破碎方法有物理破碎法（包括水电效应破碎、超声波破碎、低声波破碎、振动破碎、高压破碎和高温破碎等）和机械破碎法（挤压破碎、劈裂破碎、弯曲破碎、冲击破碎和碾碎等）两大类。

筛分设备：是将已经破碎的石料或直接取至采料场的砂砾石按颗粒大小分成不同规格以供选择使用。

石材的开采加工机械所涉及的机型较多，由于篇幅所限，此处只介绍部分非装饰用石料开采与加工机械的公司和品牌。

1）英格索兰（Ingersoll Rand）公司

（1）企业简介

英格索兰（Ingersoll Rand）早在 1871 年就创始了其业务，总部设在美国新泽西州伍德克利夫湖。近几年来，英格索兰已经转变成为一个多品牌产品的制造型企业，为全球不同领域的客户服务，并且改变了以往对资本投入要求高的重型机械制造的业务类型。

英格索兰是美国工程机械和高速公路施工设备制造商。公司的路面机械分部设在美国宾夕法尼亚州，拥有全套的生产、装配和油漆线及试验场地。其压实机械产品的30%用于出口，是北美最大的压实机械出口商。英格索兰于1990年收购了德国的ABG公司，企图改善其对欧洲压实机械市场的开发力度。但ABG公司主要生产TITAN系列摊铺机，压实机械生产占次要地位。2007年英格索兰已将旗下的压路机业务出售给沃尔沃(VOLVO)建筑设备。

英格索兰于2008年6月5日正式完成收购美国特灵公司(Trane)。特灵是全球主要的采暖、通风、空调和楼宇自动管理系统供应商之一。此次收购使英格索兰成为一个年销售收入达到170亿美元的全球多元化工业企业，位列世界500强内。

英格索兰在全球拥有近64000名员工。公司全球生产制造和装配运营分布包括：美国有29个工厂，欧洲有31个工厂，亚洲有14个工厂，南美洲有6个工厂，加拿大有1个工厂。英格索兰的其他办事处、仓库以及维修中心分布在全世界各地。

1871年，Simon Ingersoll(西蒙英格索尔)发明的蒸汽驱动钻机获得专利，并创建Ingersoll钻机公司。

1872年，Rand & Waring钻机和压缩机公司成立。

1905年，Ingersoll-Sergeant钻机公司和Rand钻机公司合并，成立了英格索兰公司。

1922年，英格索兰开始在中国上海拓展业务。

1974年，英格索兰收购西勒奇(Schlage)公司。

1987年，上海英格索兰压缩机有限公司成立，英格索兰成为改革开放后进入中国市场的第一批外资企业之一。1995年英格索兰收购Clark设备公司，包括山猫(Bobcat)、Club Car和Blaw-Knox。

1997年，英格索兰收购冷王(Thermo King)运输制冷设备公司。

2000年，英格索兰收购哈斯曼(Hussmann)固定制冷设备公司。

2007年，英格索兰出售其道路发展业务，山猫(Bobcat)、小型设备和备件业务。

2008年，英格索兰完成对特灵的收购，转型成为全球领先的多元化工业公司。

2008年，英格索兰荣膺“改革开放30年跨国公司中国贡献奖”，是60家获此殊荣的公司之一。

2009年，英格索兰投资近1.6亿美元在江苏吴江建立生产制造基地，它是迄今为止英格索兰公司在亚太地区规模最大的工厂。

2011年，英格索兰出售哈斯曼(Hussmann)60%股份。

2011年，英格索兰在重庆两江新区设立英格索兰西南分公司。

2012年3月，英格索兰安防技术在重庆两江新区设立西南分公司。

2013年，英格索兰完成对安防业务的剥离上市，专注于工业技术和温控系统两大核心业务的发展。

2023年，英格索兰集团旗下子品牌佶缔纳士在上海举办的第24届中国环博会上与亚马逊云科技达成全面合作。

(2)英格索兰的LOGO(图4-16)

图4-16　英格索兰的LOGO

2)阿特拉斯·科普柯集团

(1)企业简介

阿特拉斯·科普柯集团(Atlas Copco,简称AC)成立于1873年,是世界上第一台喷油双螺杆空压机的制造者,也是世界上主要的跨国工业集团之一,是全球工业500强企业。目前,集团在瑞典、英国及德国上市,拥有员工约26000人。公司总部设在瑞典首都斯德哥尔摩,在世界各地有工厂50余家,在80多个国家设有销售公司,在160多个国家和地区设有代理商,在中国无锡亦设有工厂。AC在中国国内主要依靠其分公司销售,AC在北京、上海、广州等重要城市均设有分公司。2008年集团销售额排名第461位。集团荣登《2022胡润世界500强》第286位。

阿特拉斯·科普柯集团由压缩机技术部、建筑矿山技术部、工业技术部构成,其中压缩机技术部销售额占集团总额的50%,建筑矿山技术部销售额占集团总额的35%,工业技术部销售额占集团总额的15%;其中喷油螺杆式空压机占有量为全球25%。总部设在比利时安特卫普的Airpower是世界上最大的压缩机生产基地,以生产各种螺杆式、离心式、活塞式空气压缩机闻名于世。

1873年,公司成立,生产蒸汽机车;1890年开始生产气动工具;1917年开始致力于柴油机;1946年开始走向全世界;1956年更名为“Atlas Copco”,发展空气压缩领域;1968年成立三大事业领域;1999年发展第四大事业领域。

四大领域分别为:压缩机技术领域、租赁服务领域、工业技术领域、矿山与工程技术领域。

(2)阿特拉斯·科普柯的LOGO(图4-17)

图4-17　阿特拉斯·科普柯的LOGO

3)凯撒(Kaeser)公司

(1)企业简介

凯撒是德国最大、最成功的空压机制造商。德国凯撒空压机公司,作为节能空压系统的领跑者而享誉全球。

德国凯撒在1919年成立时是一家机加工厂,目前在德国已拥有两座制造工厂,在世界各地的员工约为7000人。公司专注于压缩空气领域,至今有一百多年辉煌的专业经验。

产品涵盖螺杆空压机、移动式空压机、固定和移动的活塞机、真空泵、鼓风机、过滤器以及干燥机等。

德国凯撒拥有空压机行业全球最先进的研发中心,在产品和技术上不断推陈出新。在空压机控制技术的发展上,凯撒作为行业的顶级品牌,最早将先进的控制与当今 IT 信息技术完美结合,显著地提高了空压系统的能效,极大地降低了生产运行成本,并使空压系统运行实现科学统筹和人性化管理。

德国凯撒秉承德国传统的精湛工艺,不断创新的理念,非凡的动力,卓越的操控,超凡的品质标准,奠定其尊贵地位,成为世界上所有孜孜追求高品质和不断挖掘节能潜力的企业的典范。

凯撒以其一百多年专业经验,精益求精的严谨态度,为用户提供高效、节能、可靠的产品以及专业周到的售前售后服务,不懈追求用户工厂,运行效率的提高,能耗成本的降低,并不断提升其市场竞争力,因而深受用户的信赖和推崇。

凯撒空压机(上海)有限公司是凯撒在中国的总部。为中国的广大客户提供积极而高效的凯撒压缩空气系统之外,也致力于竭诚为中国顾客提供一站式服务:从专业周到的售前的技术咨询、压缩空气的供应与需求分析(ADA)、全套完整的节能规划(KESS)、站房设计、供货、安装及项目管理,以及长久的售后服务支持及备件供应。在单纯的销售之外,凯撒更希望通过更多的诚信服务来满足客户的需求, 正是由于这样的初衷,凯撒已经在各个领域里取得了丰硕的销售业绩。在中国的沿海城市,凯撒已经设立的多个办事处及代理机构。凯撒的目标就是为客户提供一如既往的德国原装技术和产品的同时,着眼更好地满足广大客户的需要而努力。

(2)凯撒的 LOGO(图 4-18)

图 4-18 凯撒的 LOGO

4)维特根(Wirtgen Group)集团

(1)企业简介

德国维特根集团(Wirtgen Group)是德国制造筑养路机械设备、矿山开采设备及矿料加工设备的跨国公司。其核心业务是筑养路机械设备的开发和制造,麾下拥有德国维特根、福格勒、悍马、克林曼四大世界顶尖知名品牌,产品以技术先进,品质优秀而享誉世界。

1961 年,年仅 18 岁的 Reinhard Wirtgen(莱因哈特维特根)建立了维特根公司,也许这个年轻人并没有想到在短短的四十几年里,公司就发展成拥有维特根、福格勒、克林曼和悍马四大著名品牌的世界上最大的筑路机械设备制造商,而其成功经营的一站式商店服务,更成为业内纷纷效仿的模式。

集团公司的产品有全世界销量最大的德国维特根冷铣刨机、水泥滑膜摊铺机、冷再生机、热再生机、福格勒(Vogele)沥青摊铺机、悍马(HAMM)压路机以及露天采矿设备、粉料撒布机等。

1982年,德国维特根集团产品进入中国市场,并以优秀的产品质量、良好的售后服务及信誉与用户建立了亲密的合作伙伴关系,充分理解用户的需求,为用户在未来的激烈竞争中取得成功,提供最佳解决方案。

德国维特根为了更好地发展亚洲尤其是中国市场,更好地为合作伙伴提供服务,在香港成立了德国维特根香港有限公司,并在西安、上海、广州成立了代表处,在重庆和南京设立了联络处,在廊坊成立了工厂;为了配合德国维特根一直注重的售后服务,在广州建立了配件仓库。

面对中国基础建设的蓬勃兴起给筑路机械行业带来的机遇,维特根当然不会放过。早在1982年,维特根就将其第一台铣刨机卖到中国,1990年在中国设立办事处,一直在努力地扩大业务。目前,维特根在廊坊已经建立了组装工厂,在各省都有自己的办事处和服务员工。在维特根的四大品牌中,除悍马因进入中国市场较晚而使其市场份额相对较小外,福格勒和维特根两个品牌在中国区的销售收入大约占整个集团销售收入份额的10%和15%。中国已成为维特根集团的最重要市场之一和其全球战略的重要组成部分。

为满足不断增长的市场需求,维特根中国新工厂已于2015年年初投入使用。新工厂占地面积达20万平方米面积,建筑面积达3.2万$m^2$,是维特根中国旧工厂面积的四倍,设有维特根、福格勒、悍马的装配生产线。该扩建项目是维特根集团历史上最大的海外投资项目,对维特根中国乃至跨国公司维特根集团来说都是一个重要的里程碑。

(2)维特根的LOGO(图4-19)

图4-19　维特根的LOGO

5)寿力(SULLAIR CORP)公司

(1)企业简介

美国寿力公司是全球最专业、最大的螺杆式空气压缩机制造厂,始终是螺杆压缩技术领域的领导者。寿力公司创始于1965年,总部在美国印第安纳州密歇根市,隶属于全球500强的美国联合技术公司(UNITED TECHNOLOGIES CORP,UTC)。美国联合技术公司是高科技产品生产的大型跨国公司,2007年在《财富》杂志美国企业100强排名第42位,全球500强第126位,也是道琼斯(DowJones)基本股的主要成员之一。其1900家分支机构遍布全球180个国家和地区,雇员近22万人。UTC以其547亿美元销售额的雄厚实力向全球航空、航天、建筑及工业领域提供高技术产品和优质服务。

UTC公司享誉全球的产品包括:奥的斯(Otis)电梯、普惠(Pratt&Whitney)飞机发动机、西科斯基(Sikorsky)直升机、开利(Carrier)空调、汉胜航空航天及宇航设备、胜达因流体泵、寿力(Sullair)空压机及真空泵等。

作为母公司军事航天技术向工业、民用产品的转移,自1965年,美国寿力公司开始生产制造工业用空气压缩机,现已发展成为全球知名的压缩机制造商之一,可为用户提供各种空气压缩机及配套设备,包括固定式螺杆空压机、离心式空压机、移动式螺杆空压机、钻机、螺杆真空泵、空气干燥机、精密过滤器等。

寿力公司致力于发展覆盖全球的销售和服务网络。除在美国外,寿力公司在欧洲、澳洲、亚洲建立了生产基地。在我国深圳有寿力组装厂——深圳寿力亚洲实业有限公司,其压缩机成为世界性统一规格制造产品。同时寿力公司与IHI公司于2005年合资在我国苏州又成立了离心机组装工厂——IHI寿力压缩技术(苏州)有限公司,专业组装从10~400$m^3$/min所有型号的离心式空压机。2008年11月,苏州寿力气体设备有限公司正式开业生产,这是美国联合技术公司与中国南山开发集团公司在我国合资创立的第三家合资企业,也是两家公司继成功创立深圳寿力和苏州IHI寿力公司之后的又一精诚合作的结晶。目前,寿力公司在上海、北京、沈阳、西安、武汉、成都、乌鲁木齐等城市设有分公司,代理销售商数十家。迄今为止,寿力公司在全球已有1000多个授权代理商,分别为全球各地区用户提供尽善尽美的工业产品和技术服务。寿力公司通过"持续改进、获取竞争优势"的管理系统提升客户满意度及扩大市场占有率,国内各知名企业纷纷使用寿力产品,如山东魏桥纺织集团、上海宝钢、海尔集团、四川长虹电器、一汽集团、广州本田汽车集团、浙江巨石集团等。寿力公司承诺继续秉承一贯重视客户需求、追求卓越质量的传统,致力于产品的技术创新和质量的精益求精,追求服务体系的尽善尽美,与所有客户共建美好明天。

2017年,寿力公司被日立集团成功收购。苏州寿力气体设备有限公司于2023年正式更名为日立压缩机(苏州)有限公司,生产的寿力产品被销售至全国、东南亚及其他地区。

(2)寿力(SULLAIR)的LOGO(图4-20)

图4-20 寿力的LOGO

6)开山集团

(1)企业简介

开山集团是国家级大型企业,列入浙江省人民政府"五个一批""958"技术赶超计划和装备制造业重点培育企业,省级文明单位,国家级重合同守信用单位。开山集团股份有限公司是隶属于开山控股集团股份有限公司全资子公司,1956年成立于浙江省衢州市,是一家拥有60余年历史的公司,历经衢县通用机械厂、衢县农机修理制造厂、衢州凿岩机厂、浙江开山压缩机有限公司、浙江开山压缩机股份有限公司,发展成为今天的开山控股集团股份有限公司。今天的开山控股已经成为中国重要的压缩机和重工产品的生产、研发、海外推广的专业公司,位列全球新能源企业500强,中国机械行业百强企业。开山控股旗下拥有数家国家级高新技术企业。

"开山"及图标在全国行业内第一家获"中国驰名商标"称号,也是压缩机行业内首批获国家免检产品称号的企业。集团2008年实现销售收入20.3亿元,实现利税1.73亿元,出口创汇1069万美元，已连续八年荣获衢州市市长特别奖。集团拥有健全的营销网络、优质的销售服务体系，主要生产凿岩机组、螺杆式空压机、开凿装载机、潜孔钻车系列等9大系列18大类800多个品种。目前，该集团是全球最大的凿岩机生产企业，也是国内最大的空压机生产企业和内资企业中最大的螺杆压缩机制造商，产品远销美国、德国、日本、韩国、俄罗斯及非洲、拉丁美洲等90多个国家和地区。企业拥有各类国内一流的精密加工机械近千台，已形成一个技术先进、装备一流、结构完整的机械制造体系。

1956年，公私合营的衢县新启铁工厂成立，这便是开山集团的前身。从公私合营到1994年的股份制改革，再到1998年彻底的民营化改制，开山走过了一段漫长曲折的路途。可以说，开山的成长和发展是我国民族工业发展壮大的一个缩影。

开山集团坚持能干、肯干、实干的用人标准和简捷、高效、自信的企业精神，以技术创新、产业创新为核心，围绕产品结构和市场结构调整，制定了“4211”的发展战略。2005年集团与西安交通大学压缩机研究所合作，对接国家863技术项目，成功地开发了高端产品——螺杆式压缩机的核心部件精密螺杆副，结束了我国螺杆主机长期依赖进口的局面，成为我国第一家在该行业内拥有自主知识产权、核心技术和核心竞争力的大型装备生产企业，并获得2006年度国家科技进步二等奖。目前开山集团已成为一个拥有核心技术和核心竞争力的多元化大型企业集团，为振兴民族工业，努力打造空气动力中国“芯”，为创造和谐社会和国家装备制造业的发展做出更大贡献。

开山牌产品经销网络遍及全国各省区市，拥有优质的销售服务。

“为民族工业造芯”“让压缩机行业拥有中国芯”的口号，今天的开山集团股份有限公司，已经成为一个多元化的工业制造、电站营运的全球性企业。通过技术创新和转型升级，开山已经实现了从“规模领先”到“技术领先”的华丽转身。科学发展观在开山的十年发展中得到了充分的体现。2009年5月，国际顶尖的螺杆压缩机专家汤炎博士加盟开山，同时，开山北美研发中心在美国西雅图成立，“北美研发，中国制造”标志着开山集团站在了世界压缩机行业的技术前沿。

开山把“为节约地球作贡献”作为企业的核心价值观，努力进取，将迅速成为国际顶尖的压缩机制造企业。斗转星移，民营化改制10年以后的开山经过了艰难的蜕变终于迎来了凤凰涅槃般的重生。开山集团已从一个普通的农机修造厂发展成为一个产业链完整、技术先进、装备一流，拥有核心技术和从事高端产品制造的大型先进装备制造骨干企业。如今的开山又规划了新的蓝图：5年打造成世界一流的压缩机制造企业，10年建设成世界顶尖的压缩机制造企业，最终把开山建成为世界压缩机制造基地之一。

（2）开山的LOGO（图4-21）

图4-21　开山的LOGO

7)黎明重工科技股份有限公司(黎明重工)

(1)企业简介

黎明重工是我国机械制造行业中的一个知名品牌,该品牌隶属于河南黎明重工科技股份有限公司。公司总部位于郑州国家高新技术产业开发区,占地约150000m²,下辖多个全资子公司,位于上街的机械装备制造生产基地占地70000m²。2010年公司销售额突破10亿元,其中出口创汇达3.7亿元,2011年销售额实现13.5亿元,取得了新的突破。自1987年成立以来,公司秉承现代企业的科学管理方法,精工制造,不断创新,迅速发展壮大成为我国机械制造行业的一颗璀璨明珠。

公司主要产品包括破碎机、制砂机、移动破碎站、磨粉机等10多种系列、数十余种规格的破碎制粉设备,广泛适用于矿业、建材、公路、桥梁、煤炭、化工、冶金、耐火材料等行业。公司视产品质量为企业的生命,产品已经通过ISO9001:2000国际质量体系认证和出口欧盟的CE认证。其砂石设备是中国砂石行业推荐产品。其主要部件及易损件均采用优质的耐磨材料和先进的加工工艺,使设备经久耐磨,饮誉国内外,远销俄罗斯、哈萨克斯坦、阿塞拜疆、土耳其、科威特、南非、埃及、越南、马来西亚、印度、澳大利亚、朝鲜、加拿大和欧盟等国家和地区。

综观世界各国国民经济发展史,破碎和磨粉是许多基础行业的重要工序,具有重要的行业地位。破碎流程常用机械有颚式破碎机、反击式破碎机、圆锥破碎机、辊式破碎机等,磨粉设备通常有雷蒙磨、球磨机、超细微粉磨等。黎明重工早在20世纪80年代就已秉承现代化企业的科学管理方式,率先生产出具有国内先进水平的粉碎机,在民族机械制造行业中迈出了跨越性的一步。经过近30年的长足发展,目前黎明重工已发展成为一家以生产大、中型系列破碎机、制砂机、磨粉机为主,集研发、生产、销售为一体的股份制企业,为全球两万多用户提供了性能稳定、质量可靠的破碎、磨粉、制砂专业设备,受到了矿山、化工、冶金、建筑等各行业用户的广泛肯定与好评。

(2)黎明重工的LOGO(图4-22)

图4-22 黎明重工的LOGO

8)山特维克集团

(1)企业简介

山特维克集团成立于19世纪,总部在瑞典的山特维肯市,是一家高科技工程集团,拥有先进的产品,处于世界同行业领导地位。山特维克的业务范围遍及全球,在130多个国家和地区设有代表处。2011年,集团员工总人数达50000名员工,年销售额近940亿瑞典克朗。山特维克在材料技术领域独具优势,在客户流程方面亦有丰富经验。

山特维克是全球领先的采矿设备和工具、服务和技术解决方案供应商。产品范围包括凿岩、岩石切割、岩石破碎、地表岩石开采、隧道挖掘、掘进、爆破、道路修建、土木工程、装载和拖运以及物料搬运等行业。产品包括岩石工具、钻孔机、破碎机、散料搬运以及破碎筛分设备。

(2)山特维克的LOGO(图4-23)

图4-23　山特维克的LOGO

9)特雷克斯公司

(1)企业简介

美国特雷克斯公司是国际跨国公司,总部位于美国康奈狄格西港市,是全球三大重型设备制造厂商之一,生产的设备门类广泛,应用于包括建筑、基础设施、采矿、废物利用、表层采矿、海运、运输、精炼、公用事业和养护在内的各个行业。该公司经营五大业务,经营范围遍及全世界。目前旗下有50多个品牌,如特雷克斯矿用货车、O&K正铲挖掘机、德马克起重车、CMI筑路设备、尤尼克瑞电动轮卡车、升降车等,下设5个集团分部。

特雷克斯公司旗下的筑路机械集团分部位于美国俄克拉荷马城。它是基于原美国CMI、Cedarapids、Bid-Well、Johnson-Ross等公司的基础上成立的,这些品牌均有50~70年的历史,产品质量可靠、稳定,加入特雷克斯公司后焕发了新的活力,在技术更新和改进方面做了大量的改革,使其始终处于世界最领先的地位。

经过90多年的发展,尤其是近40年来在传统与新兴市场的成功开拓,特雷克斯已经成为一家全球性多元化的设备制造商和供应商,致力于提供代表生产力水平的高质量设备及提高客户的投资和成本回报率的机械产品。在世界上主要国家,特雷克斯目前拥有超过2000家分销商服务于其产品。另外,工厂分布于北美、欧洲、亚洲等地。

长期以来,特雷克斯一直坚信中国的发展是世界的机遇。同时,特雷克斯也十分积极地在中国投资,拓展市场,为中国的基础建设和持续发展提供最优质的产品与服务。

自1988年特雷克斯在中国建立第一家合资工厂开始,特雷克斯已在内蒙古、河北、天津、江苏、四川等地设立了4家合资工厂和3家独资工厂。其中特雷克斯在包头的合资企业北方重型汽车股份有限公司已经发展成为全球唯一能在同一工厂、同一生产线上生产机械式传动矿用车、电传动矿用车和铰接式自卸车三大系列全线产品的制造商。

在中国各大重点工程包括举世瞩目的三峡大坝、黄河小浪底、首都机场三号航站楼的施工现场,都能见到各类特雷克斯的产品。2008年4月,特雷克斯与中国核工业建设集团公司签署CC8800—1双臂履带式起重机订购协议,这标志着特雷克斯生产的世界上最大的3200t起重机正式进入中国、服务中国能源建设。

特雷克斯还积极参与了北京2008奥运会的场馆建设,为国家体育场“鸟巢”、国家游泳中心“水立方”等提供了世界上最先进的高空作业平台等施工设备,为奥运场馆优质施工、及时交付使用以及整个奥运会的成功举办做出了贡献。

(2)特雷克斯的LOGO(图4-24)

图4-24 特雷克斯的LOGO

10)沃尔沃集团

(1)企业简介

沃尔沃集团创建于1927年,是全球领先的商业运输及建筑设备制造商,主要提供货车、客车、建筑设备、船舶和工业应用驱动系统以及航空发动机元器件,同时集团还提供金融和售后服务的全套解决方案。

沃尔沃集团总部设在瑞典哥德堡,在瑞典斯德哥尔摩北欧证券交易市场上市。作为瑞典最大的工业企业集团,沃尔沃在全球20多个国家和地区设有生产基地,并在190多个市场从事经营活动,客户集中分布于欧洲、亚洲和美洲。全球雇员约11万5千人。2011年沃尔沃集团净销售额为3100亿瑞典克朗,同比增长17%,营业收入达269亿瑞典克朗。

(2)沃尔沃的LOGO(图4-25)

VOLVO

图4-25 沃尔沃的LOGO

## 4.5 压实机械的知名品牌

压实机械是一种利用机械自重、振动或冲击的方法,对被压实材料重复加载,排除其内部的空气和水分,克服其材料之间的黏聚力和内摩擦力,迫使材料颗粒之间产生位移,相互楔紧,增加密实度,以达到必需的强度、稳固性和平整度的作业机械。在公路建设施工中,必须利用压实机械对路基路面进行压实,以提高它们的强度、不透水性和密实度,防止公路因受雨水、风雪侵蚀以及运输车辆荷载作用而产生沉陷破坏,从而保证运输车辆的正常运行。另外,压实机械还可以对堤坝、建筑物基础等进行压实。选用压实机械时,除了要考虑被压实材料的性质、含水率、铺层厚度、环境温度和施工条件外,还应考虑配套设备的生产能力,以提高其经济效益和社会效益。

压实机械种类虽多,但按其压实原理可分为:静作用碾压机械、振动碾压机械和夯实机械三种类型。

静作用碾压机械是利用依靠机械自重的静压力作用,利用滚压轮在铺层表面往复滚动,使被压层产生一定程度的永久变形而达到压实的目的。这类压实机械包括各种品牌和型号的光轮压路机、轮胎压路机、羊脚碾、槽碾及拖式压路机等。光轮压路机压实的表面平整光滑,使用最广,适用于各种路面、垫层、飞机场跑道、停机坪和广场等工程的压实。槽碾、羊脚碾单位压力较大,压实层厚,适用于路基、堤坝的压实。轮胎式压路机轮胎气压可调节,可增减配重,单位压力可变,压实过程有揉搓作用,使压实层均匀密实,且不伤路面,适用于道路、广场等结构层的压实,而且更有益于压实沥青混凝土路面。

振动碾压机械是利用专门的振动机构，以一定的频率和振幅振动，并通过滚压轮往复滚动传递给压实层，使压实层材料的颗粒在振动力和静压力联合作用下发生振动位移而重新组合，使之提高密实度和稳定性，达到压实的目的。其特点是振动频率高，对黏结性低的松散土石，如砂土、碎石等压实效果较好。这类机械包括各种品牌和型号的拖式和自行式振动压路机，主要用在公路、铁路、机场、港口、建筑等工程中，用来压实各种土壤（多为非黏性）、碎石料、各种沥青混凝土等。在公路施工中，振动压实机械多用在路基、路面的压实，是筑路施工中不可缺少的压实设备。

夯实机械又分为冲击夯实和振动夯实两类。冲击夯实是利用机械在运动过程中离开地面一定高度，然后自由落下所产生的冲击力将材料层压实，而且这种作用是周期性的。这类机械包括各种品牌和型号的内燃式和电动式夯土机等。振动夯实除了具有冲击夯实力外，还有激振力同时作用于被压实层。这类机械包括各种品牌和型号的振动平板夯和快速冲击夯等。夯实的特点是对材料所产生的应力变化速度很大；夯实力作用深度较大，适用于狭小面积及基坑的夯实，特别对黏性土有较好的压实效果。

目前压实机械制造业比较发达的国家有德国、美国、瑞典、日本、中国、法国、英国和俄罗斯等。其中美国是压实机械的生产大国，也是世界上最大的压实机械市场，几乎占有西方大中型压路机市场的50%。20世纪末期，全世界压路机的年产量约为6万台，夯实机械的年产量在40万台以上。据专家估计，近两年进入国际市场的压实机械（不含夯实机）年销售额超过16亿美元，德国宝马格、瑞典戴纳派克、美国英格索兰和卡特彼勒四家公司占领了60%以上的国际市场，其中宝马格公司为世界最大压实机械制造商。

国产的压路机品牌主要有徐工、洛建、徐州万邦、常林、山推、厦工三重、龙工、三一等。

下面介绍部分压实机械主要品牌。

1）宝马格（BOMAG）

（1）企业简介

宝马格（BOMAG）是一家世界领先、规模最大的压路机专业制造商之一，提供用于土壤、沥青和垃圾填埋场的压实设备以及稳定土路拌机和沥青路面现场冷再生机。宝马格于1957年成立于德国。

宝马格历史：1957年在莱茵河畔的德国博帕德（Boppard）市成立了博帕德机器制造公司，推出了世界上第一台双驱的双钢轮振动压路机BW60，变革了传统的压实技术。1970年位于美国威斯康星州密尔沃基市的KOEHRING公司收购了宝马格公司，此举为宝马格公司产品进军美国市场打开了大门；同年在俄亥俄州成立了宝马格（美国）公司；1972年将产品种类扩大至轻型双钢轮压路机、自行式单钢轮压路机、振动平板夯和冲击夯。2001年位于美国北卡罗来纳州夏洛特市的极为成功的多元化经营集团SPX Corporation收购了宝马格公司。2002年位于中国上海南部的奉贤成立了宝马格（中国）机械工程有限公司。2005年法国私营和国有建筑领域中最大的独立集团法亚集团（FAYAT GROUP）收购了宝马格公司。

宝马格至今已拥有超过2500名遍布世界各地的员工，19个产品大类，6个位于德国的分公司，11个海外分公司，超过400个遍布约150个国家的销售代理商。到2009年，宝马格的销售额共达到3.24亿欧元。宝马格的压实机械可用于从场地、交通路面到水库的建设。为配合压路机的作业,宝马格公司开发研制了世界领先的许多智能化测量及管理系统,以控制压实的作业过程和作业结果,为各种道路提供有效的保护。

宝马格的主要产品有:振动冲击夯、单向振动平板夯、双向振动平板夯、手扶式单钢轮振动压路机、手扶式双钢轮振动压路机、多用途压实机、组合式压路机、自行式双钢轮压路机、自行式单钢轮压路机、拖式振动压路机、胶轮压路机、卫生填埋垃圾压实机。

其产品主要用于土及石头压实:砂砾、碎石、砂、淤泥、黏土及非黏性土、混合土、压实松散的基层及冻土保护层。

宝马格压实质量检测以及记录和管理系统有:显示以兆帕为单位的路面动态变形模量-Evib 表(BEM),TERRA 表(BTM-E),压实质量记录和管理系统(BCM),附加全球定位系统的压实质量记录和管理系统(BCM Positioning),以及沥青压实专家系统(ASPHALT MANAGER)。

(2)宝马格的 LOGO(图 4-26)

图 4-26　宝马格的 LOGO

2)一拖(洛阳)建筑机械有限公司(洛建)

(1)企业简介

一拖(洛阳)建筑机械有限公司(原洛阳建筑机械厂)于 1904 年始建于上海,1954 年为支援国家重点项目建设内迁洛阳。公司前身为洛阳建筑机械厂,已有百年历史,是中国第一台压路机的诞生地,也是我国生产压实机械和路面机械的大型专业化生产出口基地,在压实机械行业创造了多项“全国第一”,被誉为中国压实机械的“摇篮”。

该公司占地面积超过 10 万 $m^2$,有员工 1400 余人,各类专业技术人员 200 余人,具备“洛阳”牌(“洛建机械”)系列压实机械、路面机械、土方机械、环卫机械等工程机械的研发和生产能力,年生产各种产品 2500 台。

该公司具有雄厚的技术开发能力和生产制造能力,多次率先研制出一代又一代新产品并推向市场。20 世纪 80 年代末,该公司引进了德国宝马公司的 BW141AD、BW217D、BW213D 等振动压路机制造技术,经过消化、吸收和创新,对压路机产品进行换代,推出了 LSD 系列全液压单钢轮振动压路机、LSS 系列单钢轮振动压路机、LDD 系列全液压双钢轮振动压路机、LGU 系列三轮静碾压路机、LRS 系列轮胎压路机。2000 年以来,该公司又相继推出了 PY 系列平地机、LCC 系列垃圾压实机、冷再生机、滑移装载机等高技术产品。

洛建已建立健全良好的质量管理体系,于 1997 年通过了中国质量协会质量保证中心的 ISO9001-1994 质量体系认证,又于 2003 年通过了 ISO9001-2000 版认证。该公司坚持“以人为本”的宗旨,大力推行技术改造和设备更新,不断加大对环境和职业健康安全方面的投资,使公司安全管理和环境现状大幅提高。2005 年,公司按照国家标准建立了环境和职业健康安全管理体系并通过审核认证。目前,一拖(洛阳)建筑机械有限公司被整合为国机重工(洛阳)建筑机械有限公司,是中国机械工业集团有限公司旗下中国国机重工集团有限公司的成员企业。

(2)洛建的LOGO(图4-27)

图4-27 洛建的LOGO

3)龙工中国龙工控股有限公司(龙工)

(1)企业简介

中国龙工控股有限公司是由李新炎于1993年在福建龙岩创立的一家大型工程机械企业,2005年在中国工程机械行业中率先在香港主板上市(股票代码03339)。自2006年至今,龙工稳居全球工程机械50强,成为国际工程机械领域的知名企业。

公司秉承"靠人才,抓管理;上质量,创名牌;取信天下,跃居群雄"的治企方针,自主开发和制造了具有核心竞争力的装载机、挖掘机、叉车和压路机和滑移装载机等品类1000多种型号的整机产品,以及传动元件、液压油缸、齿轮泵阀、水箱管路等核心零部件,并配套建设了大型现代化的精密铸锻件保障基地,全面推行纵向一体化的运营模式。其主导产品"龙工"牌装载机是"中国名牌产品","龙工"商标是"中国驰名商标"。

公司在福建、上海、江西、河南四大基地拥有19家全资子公司,占地4000多亩的生产厂房和员工11000多名。

面对未来,龙工以积极进取、勇攀高峰的精神,在新能源、智能化、综合解决方案等领域持续阔步向前,从大国匠心的智造理念,到制造强国的伟大梦想,龙工不断创新客户价值,持续引领工程机械行业新发展龙工,效率推动未来。

企业发展历程:

1993年,李新炎在福建龙岩始创龙工。

1996年,龙工集团荣登国家"质量管理达标企业"大榜。

1999年,挺进上海,建立龙工(上海)工业园。

2003年,组建江西龙工生产基地。

2004年,装载机销量突破10000台,"龙工牌"装载机荣获"中国名牌产品"称号。

2005年,在香港联交所主板上市。

2006年,龙工与美国麻省理工学院及上海交通大学确立合作意向;龙工产品批量进入中东市场。

2007年,龙工(上海)融资租赁有限公司正式运营。

2007年,中国龙工股票正式进入香港恒生两大指数系列。

2010年,龙工顺利通过"国军标"认证,龙工位列"2009年全球工程机械50强"第25位。

2011年,龙工和潍柴再度携手,共商新一轮大发展;龙工(福建)挖掘机项目竣工投产。

2012年,龙工路面机械三大系列新产品("6系列"压路机、"D系列"小型装载机、"A系列"小型装载机)震撼上市。

2013年,龙工滑移装载机创造新的吉尼斯世界纪录。

2014年,龙工产品首次亮相拉斯维加斯展;叉车年度累计销量首次突破2万台。

2015 年,龙工精心策划参展第六届海峡两岸机械产业博览会。

2016 年,龙工(福建)液压有限公司成立"开放式创新创业平台"。

2018 年,中国龙工、潍柴动力签署《战略合作协议》。

2020 年,龙工纯电动新能源装载机批量交付。

2021 年,龙工 22t 级单钢轮振动压路机全新上市。

2022 年,山东重工、潍柴集团与中国龙工签署全面深化战略合作协议。

2023 年,李新炎慈善基金会荣膺首届"福建慈善奖"。

2024 年,中国龙工与宁德时代签署战略合作协议。

(2)龙工的 LOGO(图 4-28)

图 4-28 龙工的 LOGO

企业视频:戴纳派克

4)戴纳派克公司

(1)企业简介

戴纳派克是全球性的全系列筑路机械供应商,筑路领域专家,属于阿特拉斯·科普柯集团第四业务建筑技术事业部,总部设在瑞典的斯德哥尔摩,在欧洲、美国、南美洲和亚洲拥有生产制造工厂。其产品销往全球超过 115 个国家和地区。

1934 年,在购买了混凝土振动专利后,在瑞典斯德哥尔摩成立了 AB Vibro-Betong。

1941 年,瑞典涌碧工厂开始生产。

1946 年,美国工厂成立。

1947 年,第一台振动平板夯下线。

1948 年,研究实验室成立。

1953 年,第一台振动压路机下线。

1958 年,巴西工厂成立。

1960 年,瑞典卡斯克罗那工厂成立。

1973 年,更名为戴纳派克。

1981 年,收购日本压路机制造商 Watanabe。

1984 年,收购德国摊铺机制造商 Hoes。

1988 年,戴纳派克国际压实中心在卡斯克罗那成立。

1993 年,戴纳派克-日立合资工厂成立。

1995 年,收购德国摊铺机制造商 Demag Schrader。

2001 年,中国工厂成立。

2006 年,美国工厂成立。

2007 年,成为阿特拉斯·科普柯 Atlas Copco 集团下属一员。

2017 年,戴纳派克正式加入法国法亚集团,成为集团旗下八大事业部中业务占比最为重要的道路事业部的组成部分。

阿特拉斯·科普柯是世界领先的工业生产解决方案提供商。其产品和服务范围涵盖压缩空气与气体设备、发电机、建筑和矿业设备、工业工具和装配系统以及相关的售后市场和租赁服务。阿特拉斯·科普柯凭借着130多年的深厚积累，与客户及商业伙伴紧密合作、不断创新，在同行业中生产率遥遥领先，覆盖了全球160多个市场。戴纳派克在瑞典、德国、法国、巴西和中国等均设有生产工厂，在100多个国家设立了销售服务中心、代理商及分销商，深度了解不同用户的需求，向全球提供统一品质、集高效、强动力、大工作量以及卓越的操控性舒适性于一身的全系列顶级压实摊铺设备、轻型压实及建筑混凝土设备。

戴纳派克（瑞典）公司从1934年开创振动理论，1944年制造了第一台振动压路机，1995年将高频振动理论利用在双钢轮振动压路机上，带动了行业内多次技术革新。

企业建立的基础研究机构——戴纳派克国际压实与摊铺技术中心（IHCC），致力于压实摊铺设备使用工艺的研究。经过多年实验数据与实践经验的最佳结合，IHCC开发了专业压实摊铺施工软件，为施工单位提供最经济实用的施工设备配置、施工工艺设计、生产能力计算并解决涉及土方、沥青和混凝土施工中的疑难问题，已为众多客户实现了真正意义上的现代高效道路建设，在欧洲公路建设行业拥有很高的声誉。戴纳派克压路机、摊铺机在我国也普遍得到了广大用户的认可，2007年压路机销售量达到210台，市场占有率38%；摊铺机销售量达到67台，市场占有率达到47%。戴纳派克（德国）公司是欧洲最大的摊铺机、路面铣刨机和沥青混合料转运机的生产基地，年产戴纳派克和斯维达拉-德玛格摊铺机500台，配备了中国市场独有的CAN-BUS控制器网络数据传输系统和PLC逻辑数据控制系统。

戴纳派克（法国）公司是法国著名的建筑水泥混凝土施工设备企业，生产混凝土振捣棒、整平梁、真空吸水毯、抹光机、水泥路面切割机和潜水泵等全系列混凝土地面施工设备。

2000年，戴纳派克投资1200万美元在中国天津建立了独资工厂——戴纳派克（中国）压实摊铺设备有限公司，迄今已生产各类压路机1000多台。2002年，该公司开始生产沥青摊铺机，实现了世界顶级产品的中国制造；2004年开始生产轻型设备，包括单向平板夯、冲击夯、手扶压路机、路面切割机等；2007年4月公司扩大生产规模，同时设施完备的大修理车间也投入使用。戴纳派克（中国）压实摊铺设备有限公司已通过ISO9001质量体系认证和ISO14001环境系统认证，目前有近1500台压路机、500多台摊铺机和数千台轻型压实设备在为中国的道路建设服务。

（2）戴纳派克的LOGO（图4-29）

图4-29　戴纳派克的LOGO

5）科泰重工机械有限公司（科泰重工）

（1）企业简介

青岛科泰重工机械有限公司成立于2003年8月，位于青岛市黄岛经济技术开发区，是一家集筑路施工机械与结构件产品研发、制造、销售为一体的现代化企业。公司拥有业界一流的产品研发中心、两个试验中心和两个生产基地。

科泰重工以“科技与品质领先者”为使命，致力于筑路施工机械前沿科技的研究，并对高端结构件焊接进行技术研究以及生产制造，注重产品品质的升级，关注终端用户需求。公司主导产品压路机以欧美发达国家主流产品——液压驱动式全液压产品为切入点，致力于引领国内压路机产品技术发展方向。目前，该公司已形成全液压单钢轮、全液压双钢轮、全液压胶轮、垃圾压实机四大系列60多个品种，吨位覆盖4～30t；结构件产品覆盖工程机械领域、物流机械领域、机电设备机械领域。产品远销澳大利亚、俄罗斯、沙特阿拉伯、阿尔及利亚、埃及、巴西、智利、埃塞俄比亚、印度、伊拉克等30多个国家和地区，结构件产品远销日本、韩国、瑞典等国家和地区。

该公司坚持"以人为本、持续创新、追求完美"的经营理念，在保持现有产品竞争力的同时，已开始全面进入筑路、养路施工机械、环保设备领域，正在进行沥青拌和站、铣刨机、摊铺机、平地机等高端工程机械产品前期技术储备，其他路面保养设备已经完成技术和市场调研。

企业发展历程：

2003年，青岛科泰重工机械有限公司注册成立。

2004年，科泰重工被认定为青岛市高新技术企业。

2005年，科泰重工生产规模扩大到年产300台的生产能力；首批25台全液压单钢轮及双钢轮压路机出口伊拉克，打破了青岛市工程机械产品出口零的纪录。

2007年，KD120型串联式振动压路机及KS190型自行式振动压路机分别荣获青岛市科学技术奖三等奖；科泰重工取得自营进出口权。

2008年，科泰重工被认定为青岛市高新技术企业；KP262新型双控位全液压驱动重型轮胎式压路机列入国家火炬计划项目。

2009年，科泰重工荣获青岛市"科技进步一等奖"。

2010年，科泰重工出口北非的120台压路机于青岛港装船，成为当年中国最大一单出口压路机业务。

2011年，科泰重工压路机获年度"技术创新奖"；被评为山东名牌产品；"KP305型全液压轮胎压路机"进入2010中国工程机械年度产品TOP50。

2012年，科泰重工KC260垃圾压实机落户湖北随州。

2013年，科泰重工"KS255S型全液压振动压路机"进入2012中国工程机械年度产品TOP50。

2014年，科泰重工KS202DS单钢轮全液压压路机获2014TOP50产品奖。

2015年，科泰重工荣获"青岛市专精特新示范企业"荣誉称号；科泰重工压路机入选"2014压实机械用户品牌关注度十强"。

2016年，科泰压路机荣获第十八届中国国际高新技术成果交易会"优秀产品奖"。

2017年，科泰重工新产品推介会在成都举行；科泰重工积极参与国家"一带一路"倡议。

2018年，科泰重工KS266H-2全液压单钢轮振动压路机荣获中国工程机械年度产品TOP50"技术创新金奖"。

2019年，科泰重工KS266H-3型单钢轮振动压路机荣膺中国工程机械年度产品TOP50"应用贡献金奖"。

2020年，以"不忘初心　质赢未来"为主题的科泰重工2020年商务会在青岛隆重召开。

（2）科泰重工的LOGO（图4-30）

图4-30 科泰重工的LOGO

企业音频：三一故事

6）三一重工股份有限公司（三一重工）

（1）企业简介

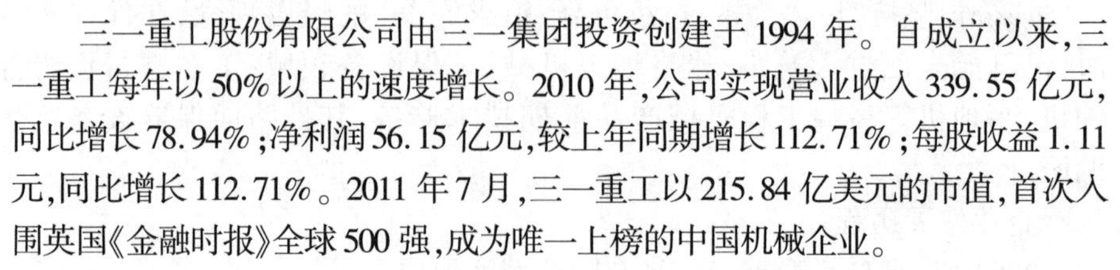

三一重工股份有限公司由三一集团投资创建于1994年。自成立以来，三一重工每年以50%以上的速度增长。2010年，公司实现营业收入339.55亿元，同比增长78.94%；净利润56.15亿元，较上年同期增长112.71%；每股收益1.11元，同比增长112.71%。2011年7月，三一重工以215.84亿美元的市值，首次入围英国《金融时报》全球500强，成为唯一上榜的中国机械企业。

三一重工主要从事工程机械的研发、制造、销售，是中国最大、全球第六的工程机械制造商。三一重工产品包括混凝土机械、挖掘机、汽车式起重机、履带式起重机、桩工机械、筑路机械，主导产品有混凝土输送泵、混凝土输送泵车、混凝土搅拌站、沥青搅拌站、履带式起重机、汽车式起重机、旋挖钻机、压路机、摊铺机、平地机等。目前，三一混凝土机械、挖掘机、履带式起重机、旋挖钻机已成为国内第一品牌，混凝土输送泵车、混凝土输送泵和全液压压路机市场占有率居国内首位，泵车产量居世界首位。

2003年7月3日，三一重工在上海上市；2005年6月10日，三一重工成为首家股权分置改革成功并实现全流通的企业。

1989年，梁稳根带领的创业团队筹资创立湖南省涟源市焊接材料厂，也就是三一集团前身。

1994年，转战长沙挺进装备制造业。

1995年，三一生产第一代拖泵。

1998年，三一自行研制37m泵车。

2002年，第一台平地机销往摩洛哥。

2003年，三一重工上市。

2005年，梁稳根董事长获选CCTV年度经济人物。

2006年，首个海外工厂三一印度投建。

2007年，三一66m臂架泵车下线、创造首个世界最长臂架泵车纪录。

2008年，世界最大200t级挖掘机在三一下线。

2010年，国内首台千吨级全地面地重机在三一下线。

2011年，3600t履带式起重机下线，被业界誉为“全球第一吊”。

2012年，并购德国普茨迈斯特。

2013年，三一集团旗下三一重机荣获“全国质量奖”；荣获2012年度国家科学技术发明奖二等奖。

2015年,入选国家智能制造首批试点示范项目;荣获2014年度国家科学技术发明奖二等奖。

2018年,国内首款互联网商用车三一重卡面市。

2019年,三一智联重卡暨道依茨发动机项目开工,将成为三一首个规模过千亿的智慧园区。

2020年,三一集团装备板块2020年终端销售额突破1300亿元。

2021年,最大起重量4500t的世界最大吨位履带式起重机——三一SCC98000TM履带起重机下线,刷新全球最大吨位起重机记录。

2022年,三一重装事业部销售额首次突破100亿元大关,超额完成了年度目标,成为继泵路、重机、重起、重能后,三一集团又一家年销售额破百亿的事业部。

2023年,三一集团"三化"战略升级为"全球化、数智化、低碳化";总体投资235亿元的三一科技城项目全面动工。

(2)三一重工的LOGO(图4-31)

图4-31 三一重工的LOGO

三一重工LOGO寓意:"好东西只有一个"。

7)山推工程机械股份有限公司(山推)

(1)企业简介

山推工程机械股份有限公司创建于1980年,是中国生产、销售铲土运输机械、压实机械、路面机械、建筑机械、工程起重机械等主机及工程机械关键零部件的国家大型一类骨干企业,全球建设机械制造商50强、中国企业500强。总部在山东省济宁市,总占地面积2700多亩。产品覆盖推土机系列、道路机械系列、混凝土机械系列、装载机系列、挖掘机系列等十多类主机产品和底盘件、传动部件、结构件等工程机械配套件。现年生产能力达到1万台推土机、6000台道路机械、500台混凝土搅拌站、15万条履带总成、100万件工程机械"四轮"、8万台套液力变矩器、2万台套变速箱。

山推工程机械股份有限公司的前身是成立于1952年的烟台机器厂,1966年烟台机器厂迁址济宁市改名济宁机器厂;1980年,济宁机器厂、济宁通用机械厂和济宁动力机械厂三家企业合并组建山东推土机总厂。1993年成立山推工程机械股份有限公司,并于1997年1月在深交所挂牌上市(简称"山推股份",代码000680),属于国有股份制上市公司,是山东重工集团权属子公司。

山推拥有健全的销售体系,完善的营销服务网络,产品远销海外160多个国家和地区。在全国建有27个营销片区,80余家专营店,设立360余个营销服务网点。在海外发展代理及经销商100余家,先后在南非、阿联酋、巴西、美国等地设立了十余个海外分支机构。在服务模式上,山推股份以"打造最关注客户个性化需求、最关注服务的企业"为目标,为客户提供一体化施工解决方案,人性化、智能化的优质服务赢得了客户口碑,提升了企业的品牌价值。

近年来，山推坚持用科技创新推动可持续发展，致力于远程遥控、智能网联、新能源、大马力产品等领域的研究，引领行业前行。2019年，全球首台5G远程遥控大马力推土机实现商业化，5G技术应用和智能制造水平进一步提升；SD90推土机顺利交付客户，填补了国内大马力推土机的技术空白，为大马力推土机国产化奠定了基础。同时数字化转型取得阶段性成果，通过5G网络打造的智能工厂日渐成熟，自主设计的智能生产线和装配检测设备投产应用。

1980年，由济宁机器厂、济宁通用机械厂、济宁动力机械厂合并成立山东推土机总厂，隶属机械工业部。

1996年，山东省省政府以"鲁政字〔1996〕76号文"印发《山工集团改制实施意见》，决定取消山推总厂法人资格，整建并入山东工程机械集团有限公司。

1996年，山东工程机械集团有限公司正式挂牌运作。

1997年，"山推股份"在深交所挂牌上市。

2000年，山东山推工程机械股份有限公司更名为山推工程机械股份有限公司，并发布公告。

2002年，由履带厂市场技术开发科研发的YZ18液压振动压路机、YZ18J机械振动压路机下线问世。

2004年，山推国际事业园道路机械公司装配生产线正式启用，首台SR2OM压路机顺利下线。

2005年，中国首台最大吨位垃圾压实机SR33YR和中国首台最大功率推土机SD42-3分别在山推国际事业园道路机械分公司和公司本部装配分厂顺利下线。

2006年，公司入围全球建设机械制造商50强。

2007年，召开第一次全球代理商年会，拓展了全球销售网络。

2008年，山推重工科技园开工建设，公司全面进入产品相关多元化；2008年：压路机单机型产量累计突破1000台大关。

2009年，山推研发中心被国家人力资源和社会保障部批准设立博士后科研工作站，同年召开首届科技创新大会。

2011年，山推信息化建设有三件大事：ERP（企业资源计划）、PDM（产品数据管理）、呼叫中心，其中ERP为核心，PDM是基础，呼叫中心为方式之一。

2012年，山推荣获山东"省长质量奖"。

2013年，山推亮相央视纪录片《大国重器》；山推推土机SD90-5荣获中国工程机械年度产品TOP50"技术创新金奖"。

2014年，山推研发的世界上第一台燃气型履带式推土机——SD20-5（LNG）下线。

2015年，山推SD16PLUS推土机荣获"中国工程机械年度产品TOP50金手指奖"。

2017年，山推DE17R遥控推土机荣膺"中国工业首台重大技术装备示范项目"称号。

2018年，山推首台AGV智能小车揭彩首发。

2019年，山推SD52-5E大马力推土机斩获TOP50技术创新金奖。

2021年，山推成功研发全球首台纯电动推土机SD17E X。

2022年，山推DH46-C3全液压履带式推土机荣获中国工程机械年度产品TOP50"技术创新金奖"。

2023 年,山推入榜“全球工程机械制造商 50 强”第 33 位,山推履带入榜“2023 年中国工程机械零部件 Prime Suppliers 500 榜单”,2 人入选“2023 中国工程机械技术创新 50 人”。

(2)山推的 LOGO(图 4-32)

SHANTUI

图 4-32　山推的 LOGO

8)厦工(三明)重型机器有限公司(厦工三重)

(1)企业简介

厦工(三明)重型机器有限公司始建于 1958 年,前身为福建三明重型机器厂,1998 年加盟原厦工集团有限公司,现为厦门海翼集团成员企业,厦门厦工重工有限公司全资子公司。公司 2008 年搬迁至沙县金沙工业园,现有占地面积约 39 万平方米,建筑面积约 12 万平方米。公司是中国主要的道路机械制造企业、福建省机械行业龙头企业、福建省单项冠军企业,具有丰富的路面机械研发、制造经验,产品包括:压路机、平地机、推土机等,连续多年获得中国路面机械用户品牌关注度 10 强。

厦工三重作为一家成立 60 余年的机械制造企业,公司始终坚持技术领先、质量第一,不断追求技术创新与突破。公司被评为“国家高新技术企业”“福建省科技小巨人企业”,技术中心被评为“福建省省级技术中心”“路面机械研发中心”。拥有各项专利数十项,主持、参与编制了多项国家标准。和清华大学、厦门大学、中航 618 所等院校及科研单位合作承担国家重点项目,主要研发项目包括:国家 863 计划项目、国家重点技术创新项目、福建省重大科技计划项目等。先后获得国家重点新产品奖、福建省科技进步奖、三明市科技进步奖等科技奖项。

公司坚持以人为本,打造高素质职工团队。现有职工 400 余人,包括中高级职称以上人员 30 余人,公司被评为首批海西产业人才高地。拥有一支稳定的产业技术工人队伍,其中技师以上高技能人才 70 余人,设有 3 个福建省技能大师工作室。

(2)厦工三重的 LOGO(图 4-33)

图 4-33　厦工三重的 LOGO

厦工三重的 LOGO 由代表“厦工”两字的首字母“X”和“G”组成,而“XGMA”则是“XiamenXiagongMachineryCo. Ltd”的缩写。

## 4.6　路面机械的知名品牌

路面机械指黑色路面机械、稳定层施工机械和水泥混凝土路面机械等,主要涉及的机型有稳定土拌和机、稳定土厂拌设备、沥青洒布机、沥青混凝土拌和设备、沥青混凝土转运车、沥青混凝土摊铺机、水泥混凝土拌和设备、水泥混凝土搅拌输送车、水泥混凝土输送设备和水泥混凝土摊铺机等。

稳定土拌和机是一种直接在施工现场将稳定剂与土或砂石均匀拌和的专用自行式机械。在高等级公路施工中，其用于修筑路面底基层；在中、低等级公路施工中，用于修筑基层或面层。稳定土拌和机还可用于处理软化路基。在市政道路、广场、港口码头、停车场、机场等建筑工程的基础工程中，稳定土拌和机也得到了广泛的应用。稳定土拌和机安装上铣刨转子后还可以用来铣刨旧沥青混凝土路面，完成就地破碎再生作业。它的应用不仅可以节约施工费用、加快工程进度，更重要的是可以保证施工技术要求和质量。

稳定土厂拌设备是专门用于拌制各种以水硬性材料为结合剂的稳定混合料的搅拌机组。由于混合料的拌制是在固定场地集中进行的，使厂拌设备能够方便地具有材料级配准确、拌和均匀、节省材料、便于计算机自动控制、统计打印各种数据等优点，因而广泛用于公路和城市道路的基层、底基层施工，也适用于其他货场、停车场、机场等工程建设中所需要的稳定材料的拌制任务。

沥青洒布机是公路、城市道路、机场、港口码头和水利工程施工建设中必不可少的设备之一。当采用贯入法或沥青表面处治法修筑、修补沥青路面，或在基层表面上喷洒沥青黏层时，可用沥青洒布机来完成液态沥青（包括热沥青、乳化沥青）的储存、转运和洒布工作。尤其是大容量的沥青洒布机，还可以作为热沥青和乳化沥青的运载工具。

沥青混凝土拌和设备是用来将不同粒径的碎石、天然砂或破碎砂等按适当的配比配制成符合规定级配范围的混合料，加热后与适当比例的热沥青及矿粉在规定的温度下拌和均匀，制成热拌沥青混凝土混合料。

沥青混凝土摊铺机是用来将搅制好的沥青混合料（沥青混凝土或黑色粒料）按照路基或路面的设计要求以一定的厚度和横截面形状迅速均匀地摊铺在已修筑好的路面底基层或基层上，并给以初步整平和捣实的专用设备。

沥青混合料路面在传统施工工艺下摊铺作业时存在集料离析、温度离析等施工质量问题。在沥青混合料路面机械化施工中，配套使用沥青混合料转运车（转运机）来联合摊铺作业，则有效地解决了集料离析和温度离析等影响施工质量的难题。它的使用不仅变革了传统的沥青混合料路面施工工艺，而且在保证连续摊铺作业的情况下大大提高了沥青混合料路面的使用寿命。因此，沥青混合料转运车是修筑高质量高等级公路的重要设备之一。作业时，自卸车到达作业面后可立即将沥青混合料卸入沥青混合料转运车内，再由沥青混合料转运车将沥青混合料输送到沥青混凝土摊铺机的受料斗内，使沥青混凝土摊铺机具有高度的机动性。由于沥青混凝土摊铺机不需要再与自卸车接触，大大提高了沥青混凝土摊铺机的作业稳定性，因此手动即可进行摊铺作业。除了经济性之外，更重要的是使用沥青混合料转运车可以减小集料离析和温度离析，从而确保铺设出高质量的沥青混合料路面。

水泥混凝土搅拌机是将水泥、砂石、石料和水等按一定的配合比例、进行均匀拌和的机械。

水泥混凝土搅拌站（也有称搅拌楼的）是用来集中搅拌水泥混凝土的联合装置，亦称混凝土工厂。

混凝土搅拌输送车是运送水泥混凝土的专用设备。它的特点是在运量大、运距远的情况下，能保证混凝土的质量均匀，一般是在混凝土制备点与浇灌点距离较远时使用，特别适用于道路、机场、水利等大面积的工程施工及特殊工程的机械化施工中运送商品混凝土。

混凝土输送泵是输送水泥混凝土的专用机械，它配有特殊的管道，可以将混凝土沿管道连续输送到浇筑现场。采用混凝土输送泵可将混凝土的水平输送和垂直输送结合起来，并能保证混凝土的均匀性和增加密实性。它的输送距离，沿水平方向能达到205～300m，沿垂直方向可达40m；如果输送距离很长，可串联装设两个或多个混凝土泵。

混凝土泵适用于大型混凝土基础工程、水下混凝土浇筑、隧道内混凝土浇筑、地下混凝土工程以及其他大型混凝土建筑工程等。特别是对于施工现场场地狭窄、浇筑工作面较小或配筋稠密的建筑物浇注，混凝土泵是一种有效而经济的输送机械。然而，由于其输送距离和浇注面积有局限性，混凝土最大集料粒径不得超过100mm，混凝土坍落度也不宜小于50mm。这些条件限制了其使用范围的扩大，因而目前国内尚未普遍使用。

混凝土泵车是将混凝土输送泵装在汽车底盘或专用车辆上，使之具有很强机动性能的混凝土输送机械。它有布料杆式和配管式两种类型。其中布料杆式泵车比配管式泵车具有更大的使用灵活性，其液压折叠架具有变幅、曲折和回转三个动作，输送管道沿臂架铺设，在臂架活动范围内，可任意改变混凝土浇筑位置，特别适合于房屋建筑及混凝土需求量大、质量要求高的工程。

水泥混凝土摊铺机是把搅拌好的混凝土先均匀地摊铺在路基上，然后经过振实、整平和抹光等作业程序，完成混凝土的铺筑成型的施工机械。

路面机械所涉及的机型比较多，生产厂家也比较多，此处仅介绍市场上保有量比较大的几种路面机械品牌。

1）高马科（GOMACO）公司

（1）企业简介

高马科公司成立于1965年，总部设在美国爱荷华州。公司成立之初只有3名雇员，产品仅在美国本土推销，1969年拓展到加拿大，后来逐渐扩展到其他国家。近年来，高马科2014年成功开发第一台下一代Commander Ⅱ四履带摊铺机；2017年成功开发第一台带IDBI的四轨GP-2400；2021年成功开发推出世界上第一台电池供电的滑模混凝土路缘石机；2023年成功开发推出GP460铺料机/撒料机滑模摊铺机。

高马科是全球水泥混凝土摊铺技术的领导者，在滑模摊铺的专业领域内，拥有逾50多年的研究与实践经验，是众多承建商在铁道与隧道工程方面的首选合作伙伴。产品包括多功能路缘石及边沟摊铺设备、滑模摊铺机、路面整平机、布料机、滚筒摊铺、混凝土输送机、养生拉模机和其他相关辅助设备。产品可用于公路、防撞墙、护栏、机场、河道、路缘石及边沟摊铺；路缘石、小路和渠道、导轨式公交车道等混凝土应用项目的滑模施工；并可为铁路隧道、无碴轨道、混凝土整体道床，以及防脱轨护栏等铁道工程专用项目提供滑模摊铺解决方案。在中国同类进口设备中，高马科销量第一，深受各地用户的喜爱和欢迎。

（2）高马科的LOGO（图4-34）

图4-34　高马科的LOGO

2）路太克（Roadtec）公司

（1）企业简介

路太克公司是爱斯太克国际公司旗下的子公司。爱斯太克国际公司是一个有着设计、制造和销售一整套完善体系的设备公司，主要制造沥青热混合设备和土壤再生设备。自从1972年创办以来，爱斯太克公司已经由一家热混合沥青设备的客户主导型公司，成长为一个引领主流设备的公司。迄今为止，爱斯太克公司已经获得了约97项美国专利和38项其他国家的专利技术。爱斯太克公司在美国的查塔诺加、田纳西州等地区，拥有现代化的制造工厂和办公机构。

公司秉承一贯的高科技和高端产品路线，始终致力于提供卓越的服务品质。公司在全球范围内派遣服务人员在现场进行设备安装、调试，并且提供操作人员的培训服务；还有数名高级技术人员在电话热线的服务部门，提供热混合设备的技术支持并协助发现维修设备使用中的故障。另外，公司还提供了一个庞大的替换零件库，为爱斯太克公司以及其他品牌的设备提供快速并高效的零件订制。

合5人之力共同建立的爱斯太克公司（Astec）成立于1972年，最开始的目标仅仅是希望为公司所在地区的沥青混合料生产商提供拌和设备。但随着对市场的深入开发，爱斯太克不断适应着用户真正的需求，并为他们提供与众不同的解决方案和个性化服务。其间歇式和连续式沥青拌和设备等产品订单很快从一个地区向外扩展并逐渐覆盖到了整个美国。到20世纪90年代初，爱斯太克已经成为世界上最大的间歇式和连续式沥青拌和设备制造商。

（2）路太克的LOGO（图4-35）

图4-35　路太克的LOGO

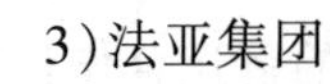

企业视频：法亚

3）法亚集团

（1）企业简介

法亚集团于1957年在法国的利布恩（Libourne）成立，其前身是1957年在法国利布恩成立的一个公用工程公司。2004年，法国法亚（FAYAT）集团宣布，该集团与SPX有限公司（美国《财富》500强之一，从事工业制造和销售的公司，成立于1911年，业务分布全球21个国家）签署了一份正式的合约，从SPX有限公司收购宝马格（BOMAG）压实设备公司，合约涉及金额约为4.46亿美元（约合37亿元人民币）。

作为一个独立的跨国企业集团，其业务主要活跃于以下六个领域：土木工程与工民建、钢结构、电子电气与信息技术、道路建设与养护、物流与吊装设备以及压力容器制造。

法亚集团现有196个子公司，全部通过ISO9000质量体系认证，在全球拥有90余个商业品牌，在法国位列民用工程和建筑前四名，钢结构第一，是法国十大电力集团之一，是欧洲第一大、世界第三大沥青设备生产商，欧洲第一大道路维护设备生产商。

法亚集团自成立以来，在发展其核心业务（民用工程）的同时，还涉及服务领域和葡萄园产业。法亚集团2018年的营业额达到44亿欧元，拥有2万多名雇员。为了适应市场发展的需要，法亚正致力于其服务行业的发展。集团的战略归纳为以下三个方面：

①租赁：特别是地下停车场的管理；

②不动产：新建筑的建造以及古建筑的翻新；

③环境：废料分类和处理技术的改革。同时，作为波尔多地区多个葡萄种植园的所有者，法亚集团酿造并销售大量的精制葡萄酒。

法亚集团自1957年创建以来，通过兼并和收购，已经逐步成为一家国际化的集团公司。

1957年，法国的利布恩（Libourne）创建了一家公用工程公司。

1969年，收购了第一家压力容器生产企业。

1977年，收购了第一家钢铁厂。

1985年，收购了第一家仓储企业。

1987年，收购了第一家筑路设备生产企业。

1988年，收购了意大利的著名筑路机械生产厂——玛连尼（Marini）。

1994年，收购了曾属于GENEST集团的6家公用工程企业和4家电子企业。此后，法亚集团的营业收入和员工数均翻了一番。

1995年，完成六个主要领域的发展。

2003年，员工约8000人，85家企业，在法国和全球拥有90多个世界知名品牌，涉及六大领域。

2004年，成功收购宝马格，进入全球道路建设顶级设备供应商之列。

2017年，法亚巩固了其在筑路机械市场的战略地位，业务遍及全球170个国家（地区）。提供的产品系列涵盖道路的整个生命周期：从摊铺材料制造和地基准备开始，到铺设和压实，再到路面的完全回收。

2022年，创始人Clément Fayat（克莱门特 法亚）逝世；法亚集团销售额达53亿欧元。

（2）法亚的LOGO（图4-36）

FAYAT

图4-36 法亚的LOGO

4）安迈（Ammann）集团

（1）企业简介

安迈集团创建于1869年，总部位于瑞士兰根塔，主要致力于道路工程机械的制造、开发、贸易和服务，是世界工程机械行业的著名厂商，是全球沥青拌和设备制造行业的领导者和主要供应商。安迈集团是欧洲道路机械设备的主要生产厂家之一。作为欧洲沥青拌和设备的领导者，其在世界各地拥有10个生产基地，在道路建设设备市场拥有通过全资子公司建立的全球销售网络,全球共有20多家分公司,雇员3000多名,年产值10亿美元。3500多台安迈沥青拌和设备铺就了欧洲1/3的道路交通网。安迈的产品涉及沥青、水泥混凝土拌和设备,压实设备,砂集料加工设备及小型挖掘设备等。

安迈公司旗下的意大利西姆公司是一家从事沥青搅拌站及相关设备设计和制造的专业公司。其沥青搅拌设备包括通用层叠式覆盖型CB强制间歇式沥青混凝土搅拌站、EASYBATCH超级全移动式沥青搅拌站、MEC连续式沥青搅拌站等多种产品。

(2)安迈的LOGO(图4-37)

AMMANN

图4-37 安迈的LOGO

5)中交西安筑路机械有限公司(西筑)

(1)企业简介

中交西安筑路机械有限公司是我国最早和目前最大的专业筑养路机械研发制造企业之一。始建于1959年,其前身“西安筑路机械厂”是交通部的直属骨干企业。公司于1999年改制,2000年整体随路建在沪上市;2007年8月,中交股份对西筑增资扩股,西筑成为中交股份的二级企业,并整体随中交股份在香港上市;2008年4月开始在西安经济技术开发区泾渭工业园动工建设新的生产基地,2009年底主体落成,2010年4月完成整体搬迁。目前,公司总资产12亿元,员工1200余人,其中各类专业技术人员350余人。

西筑从“七五”开始就承担了多项国家重大筑养路机械引进项目,在我国筑养路机械发展史上创造了多项第一,为我国公路建设做出了重要的贡献。我国第一套强制间歇式沥青混合料搅拌设备、第一台沥青混合料摊铺机、第一台稳定土拌和机等均在西筑诞生。近年来,公司依靠四大系列产品——沥青搅拌设备系列、摊铺设备系列、养护和再生设备系列、高铁专用设备系列的稳健发展,确立了在筑机行业的龙头地位。多项产品创“中国企业新纪录”,其中大型沥青搅拌设备更是国产高端产品的代表,始终处于市场领先地位;养护和再生设备近年也有长足的发展,其中稀浆封层机已成为我国路面养护设备的名牌产品。该公司与世界上最大的连续式沥青混合料搅拌设备生产企业——美国阿斯泰克公司进行技术合作,在我国首次引进双滚筒连续式搅拌设备制造技术;与全球知名的铣刨机和冷再生设备制造商路德克(RoadTec)公司合作,引进其先进技术,为国内用户提供更多优质产品和服务。西筑的产品畅销国内各省市自治区以及几十个国家和地区,参与了许多国家重点工程建设,如国家“五纵七横”的高速主干线公路工程、润扬长江大桥工程、杭州湾跨海大桥工程、首都新机场和广州白云机场建设工程等;2006年,公司7套搅拌设备一次出口安哥拉,创国内筑机企业外销之最,目前安哥拉有该公司大型设备23台套,市场占有率达90%以上;国内大型企业例如中铁工、中铁建、中水集团、中土集团、中地集团等在国外均选用了西筑的产品。西筑在行业率先通过了中国交通产品认证,取得了“桥式、门式起重机械A级安装修理资质”;1998年即通过了ISO9001质量认证和国际UKAS认证;2010年搅拌设备、行走机械产品取得了欧盟CE认证证书。西筑从2003年起,被陕西省评为“高新技术企业”,科研机构是陕西省第一批“省级企业技术中心”。截至2010年年底,公司累计获国家知识产权局授权专利27项。西筑在业内首倡“产品全生命周期跟踪服务”理念,打造西筑模式的品牌服务,产品质量和售后服务在市场中享有良好的声誉。2007—2010年该公司连续荣获"全国用户满意的筑养路机械企业"称号;沥青搅拌设备荣获"用户满意度第一名""中国名优精品"等称号;2009、2010年连续被评为全国售后服务"行业十佳单位"称号;在新中国成立60周年工程机械成就评选中,荣获"中国工程机械行业十大专业品牌"称号。2013年至今,西筑以"做精品"为核心发展理念,加大科研投入,形成创新驱动新引擎。2018年,中交西筑与长安大学共建"绿色智能道路建养装备研究院"并发布SGTOP产品。西筑产品连续多年入围"中国机械500强"和"中国交通企业100强","J系列沥青搅拌设备项目"获"西安市科技进步一等奖""中交股份科技进步一等奖""中国机械工业科技进步三等奖"和"中交股份品牌产品"称号。通过60余年的努力,西筑已逐步发展成为具有较强综合竞争能力的专业筑养路机械研发制造企业,"西筑"品牌已成为行业著名的首选品牌。

西筑的广告语是:西筑机械,同步世界。

(2)西筑的LOGO(图4-38)

XRMC
西筑

XRMC
中交西筑

图4-38 西筑的LOGO

企业视频:中联重科

6)中联重科集团

(1)企业简介

中联重科的前身是建设部长沙建设机械研究院,拥有60余年的技术积淀,是中国工程机械技术发源地。中联重科股份有限公司创立于1992年,主要从事建筑工程、能源工程、环境工程、交通工程等基础设施建设所需重大高新技术装备的研发制造,是一家持续创新的全球化企业。中联重科成立30多年来,年均复合增长率超过65%,为全球增长最为迅速的工程机械企业。公司生产具有完全自主知识产权的18大类别、105个产品系列,近800多个品种的主导产品,为全球产品链最齐备的工程机械企业。该公司的两大业务板块混凝土机械和起重机械均位居全球前两位。

中联重科的生产制造基地分布于全球各地,在国内形成了中联科技园、中联麓谷工业园、中联华泰工业园、中联渭南工业园、中联华阴(华山)工业园、中联上海(松江)工业园、中联沅江工业园、麓谷第二工业园、中联灌溪工业园、中联望城工业园、中联德山工业园、中联泉塘工业园、中联汉寿工业园等十三大园区,在海外拥有意大利CIFA工业园。公司在全球40多个国家建有子公司以及营销、科研机构,为全球6大洲80多个国家的客户创造价值,拥有覆盖全球的完备销售网络和强大的服务体系。

中联重科是中国工程机械首家A+H股上市公司,注册资本86.78亿元,总资产1367亿元。未来,公司将以资本为纽带,强化海外资源整合和市场投入,在欧洲、南亚、西亚建立更为完善的备件中心,在欧洲、西亚、南亚、东南亚及北美洲建立更为先进的制造中心，在欧洲、南美洲、南亚、东亚建设更加贴近客户的研发中心。

作为科研院所转制企业，中联重科不断推进改革，形成了科研支持产业、产业反哺科研的良性体制机制，成为国有科研院所改制的典范；作为建立了现代企业制度的上市公司，中联重科通过重组并购，参与到传统国企的改革、改组、改造之中，在老企业植入新机制、新技术，取得了经济和社会的双重效益。

中联重科开创了中国工程机械行业整合海外资源的先河；利用资本杠杆，在全球范围内整合优质资产，实现快速扩张，并构建全球化制造、销售、服务网络。截至目前，中联重科实施了9次国内外并购，均取得卓越成效。其中，2008年并购世界第三大混凝土机械制造商意大利CIFA公司，使公司成为中国工程机械国际化的先行者和领导者。该宗并购整合也作为经典案例进入哈佛大学课堂。

中联重科坚持"高端导入、重点突破、全面赶超"的科技创新战略，通过高端技术创新体系不断攻克工程机械行业世界性科研难题，推出许多世界级产品，持续推动行业技术进步，被科技部、工信部、财政部等国家部委认定为全国首批"国家创新型企业""国家技术创新示范企业"，获得我国混凝土机械行业第一个国家科技进步奖。

中联重科公司在拥有国家认定企业技术中心、国家级博士后工作站的基础上，建有行业唯一的建设机械关键技术国家重点实验室、国家混凝土机械工程技术研究中心、国家级城市公共装备技术研究院，现有研发人员近7000人，在国内长沙、上海、北京、西安、成都、沈阳和国外意大利、英国等地建有研发分支机构。

中联重科公司是多项工程机械行业国家标准的制订者，先后主导、参与制修订460多项国家和行业标准、27项国际标准，公司是国际标准化组织起重机技术委员会（ISO/TC96）秘书处承担单位，代表国家在国际标准化组织ISO中履行流动式起重机、塔式起重机的国际表决和国内归口职责，是混凝土机械等两个国家标准化分技术委员会秘书处单位，建筑施工机械等三个技术委员会主任委员单位；累计申请专利15795件，其中发明专利6753件，有效发明专利数量位居机械设备行业第一；承担了国家"工程机械电气系统电磁兼容关键技术研究""起重车安全监控及预警应用系统研制""大型移动式起重机研究与产业化开发"等"973""863"、科技支撑国家重点科技计划30余项。公司先后2次荣获国家科技进步奖，4次荣获国家专利金奖；起重机技术创新团队荣获国家卓越工程师团队荣誉。

中联重科公司研发投入占年营业收入的8%以上，年均产生约300项新技术、新产品，对公司营业收入的年贡献率超过50%。仅在2011年，中联重科就推出了全球最长碳纤维臂架泵车、全球最大履带式起重机、全球最大塔式起重机及全球最大吨位单钢轮振动压路机等世界领先产品。

中联重科上市以来，在上海、深圳上市公司综合绩效排名前列，2012年，中联重科凭借优异的公司治理，第五次捧得"金圆桌"最佳董事会奖，成为中国工程机械行业上市公司唯一上榜企业及沪深股市获该奖项次数最多的上市公司；进入"中国企业500强""中国机械工业50强"；连续多年被评为中国"最具成长性企业""最具影响力企业""全国用户满意企业"；被评为"中国机械工业现代化管理进步示范企业"；获得"全国五一劳动奖状""中国自主创新能力十强""中国最具影响力品牌""中国最具国际竞争力品牌""中华慈善事业突出贡献奖""全国抗震救灾英雄集体”等奖项和荣誉。2011年,中联重科荣膺“中国2011年度最佳雇主”称号和“2011年度最具社会责任雇主”称号。2016年,中联重科荣登中国机械工业百强前十榜单。2017年,中联重科入选国家智能制造试点示范项目。2018年,中联重科上榜中国工程机械年度产品TOP50。

(2)中联重科的LOGO(图4-39)

图4-39 中联重科的LOGO

中联的英文标志“ZOOMLION”在2000年正式启用,这一标志与“中联”的汉语发音类似,同时单词中也包含“中联”二字的首字母“Z、L”,而这一单词按字面直译的话则是“呼啸的狮子”的意思。

7)达刚公司

(1)企业简介

达刚公司前身为达刚机电,由自然人孙建西、李太杰、李飞宇共同出资组建,于2002年5月16日成立。2007年11月15日,经股东会决议批准,达刚机电整体变更为西安达刚路面机械股份有限公司。西安达刚路面机械股份有限公司是一家专业从事公路筑、养路机械设备开发设计、生产、销售、技术服务和海内外工程总包为一体的高新技术企业。公司注册地在西安高新区科技三路60号,现有员工300余人,于2010年8月在深圳证券交易所创业板上市。证券简称:达刚路机,股票代码:300103。

该公司的创业团队由对沥青及路面机械超过20年的科研、生产、施工现场经验和市场经验的各方面人才组成。创业过程中,公司获得了“中国最具投资价值新锐高成长企业”“中国筑养路机械六十年行业技术创新奖”“中国筑养路机械六十年行业发展贡献奖”“全国用户满意的筑养路机械企业”“陕西省装备制造业30强”“西部大开发突出贡献奖”“陕西省装备制造业最具竞争力企业”“西安市地方税收百名突出贡献纳税人”“西安市重点税源优秀单位”“知识产权优势企业”“创新方法应用推广先进单位”“优秀民营企业”“‘十一五’优秀市级企业技术中心”“AAA级和谐劳动关系明星企业”“兰州军区物资采购供应商准入资格证书”“国家鼓励类产业工业企业资格”和陕西省“省级企业技术中心”等荣誉称号及奖项,并特邀成为“世界经济论坛国际成长型企业协会”的发起人。

该公司是陕西省第一批认定的高新技术企业,并于2011年顺利通过复审;是智能型沥青洒布车行业标准和沥青碎石同步封层车国家标准的起草者和制订者。截至目前,达刚公司已拥有72项国家授权专利,近百项技术储备,定位于路面机械的高端市场,产品的个性化强,技术含量高,不断向着智能化、集成化方向发展。

该公司拥有从沥青加热、存储、运输设备,沥青深加工设备,到沥青路面施工专用车辆及筑养路机械的完整产品体系和技术方案。公司产品智能型沥青洒布车采用的特殊结构洒布装置、霍尔测速系统和智能控制系统,同步封层车采用的组合料斗、动力系统分配技术和克服沥青喷洒无重叠装置,稀浆封层车采用的配料标定控制系统、无辅助发动机技术均为不同时期世界或国内首创技术,满足了国内外客户的不同需求。该公司产品荣获国家重点新产品、中国标准创新贡献奖、中国专利优秀奖、第十五届全国发明展览会银奖、“中国-东盟”展览会优秀参展项目奖、中国工程机械年度产品TOP50(2006年至2008年连续三年)、中国工程机械年度产品TOP50应用贡献金奖、全国用户满意的筑养路机械(第一名和第二名)、陕西省火炬计划、陕西省科学技术奖、陕西省专利奖一等奖、陕西省名牌产品、西安名牌产品、西安市科学技术奖等多项荣誉及奖项。产品出口到包括俄罗斯、印度、巴西、葡萄牙、瑞士、澳大利亚、尼日利亚、阿尔及利亚、斯里兰卡在内的40余个国家,受到海内外客户的广泛赞誉和青睐。

达刚拥有一支以公路筑养路设备、材料、工艺及实验专家为主体的科研开发队伍,具有强大的产品开发能力,开发的产品有效解决了沥青在加热使用过程中的高污染、高能耗问题,并在筑、养路机械、公路新材料,特别是沥青设备开发研制领域,形成了从沥青的加热、存储运输、深加工到沥青路面的封层洒布、沥青路面养护等11大系列50余种机型的筑养路机械产品系列集群。这一产品集群符合世界95%的沥青路面施工需要。

该公司以设备、材料、工艺及实验的产品技术集成,为用户解决公路修筑过程中诸多问题,提供高效率、低投入、高质量的道路施工工艺和解决方案。多年来,达刚的系统技术支持在中外沥青道路建设中树立了快捷的施工速度和完美的质量形象。

(2)达刚的LOGO(图4-40)

图4-40　达刚的LOGO

企业视频:玛连尼

8)玛连尼公司

(1)企业简介

玛连尼公司是一个已有近百年历史的工业企业,是世界久负盛名的专业生产沥青拌和站和筑路设备的生产厂家,其沥青拌和站最早参与了我国高速道路的建设并得到国内众多道路施工单位的广泛认可。今天,以玛连尼品牌为主的法亚集团搅拌站事业部,拥有全球七家制造工厂,分别位于意大利、法国、巴西、土耳其、印度、中国,生产各种固定式、移动式及最新城市环保式的间歇作业及连续作业的沥青拌合站设备,具有热拌、温拌、冷拌等成熟的沥青搅拌应用技术。

其生产的沥青混合料搅拌设备和摊铺机械既保持了先进性和现代感,又有很强的适应力和实用性,在世界沥青公路建设近50年中占有引领潮流的特殊位置。玛连尼中国为法亚集团的全资子公司,下属有位于上海的法亚(中国)机械商贸有限公司和位于河北廊坊的廊坊玛连尼-法亚机械有限公司。早在1986年,玛连尼就进入了中国市场,经过30多年的发展,玛连尼在中国拥有600多套沥青搅拌站。

玛连尼一直因其干燥滚筒的专利设计而闻名世界,迄今在全世界已经销售了4000多台(套)搅拌站。一百多年来,玛连尼一直在不断提升干燥滚筒的设计制造水平,从而使得玛连尼干燥滚筒技术始终处于世界领先水平。其MAC系列搅拌站烘干加热滚筒采用特殊热处理的合金材料,无缝焊接及完全自动化生产过程在保证热量高效传递的同时,也保证了长效的使用寿命;干燥滚筒完全由设备及程序自动制作完成,自动卷边、氩弧焊自动焊接。干燥滚筒尺寸、内部叶片特殊形状设计、筒内合理分区等保证了滚筒高效的加热效率;四组电机减速机直连的摩擦驱动方式使得运转噪音低、传动效率高,结构紧凑,且调整方便。

(2)玛连尼的LOGO(图4-41)

图4-41 玛连尼的LOGO

9)陕西建设机械股份有限公司(陕建机)

企业视频:陕建机

(1)企业简介

陕西建设机械股份有限公司创建于1954年,是我国"一五"期间156项重点工程的配套企业之一,我国工程机械创业时期8个主要制造厂家之一,也是全国五大金属结构厂之一,2004年在上交所上市(股票代码:600984)。公司总资产约7.8亿元,净资产约2.7亿元,主要从事道路工程机械产品和大型钢结构产品的研制、开发、制造与销售。主要产品有沥青混凝土摊铺机、全液压稳定土拌和机、稳定土厂拌设备、路面铣刨机、翻斗车、沥青碎石同步封层机设备及桥梁机械和非标钢结构产品。公司业务涉足工业建筑、民用建筑、水利、电力设施、公路、铁路桥梁、架桥设备、铁路抢修器材、国防战备器材等多个领域。

历经70多年的建设与发展,公司培育出了多个知名品牌:引进德国ABG公司制造技术而生产的TITAN系列沥青混凝土摊铺机以其先进的技术性能和可靠的质量保证,市场占有率和用户满意度连续多年在行业内处于领先地位,在国家重点工程中发挥了主力军作用,成为国内第一品牌。公司起草了国家标准《沥青混凝土摊铺机》,2008年已在国内实施。桥梁机械和非标钢结构产品以其高、大、精、难而称雄国内,产品曾承担了江苏润扬大桥、杭州湾跨海大桥等国内重大工程的造桥任务,在国内造桥史上创造出多项第一,特别是在国家高速铁路建设中显示出公司钢结构制造的优势和实力。

“建设”牌翻斗车在国内同类产品中荣获国家唯一银质奖，并荣获“全国用户满意产品”“全国建设机械十大著名商标”“陕西省名牌产品”等多项殊荣，是国家指定的同行业唯一出口援外产品。

公司自主研发的“三捷”牌稳定土拌和机，荣获“全国用户满意产品”“陕西省名牌产品”等荣誉称号，其产品质量和国内市场占有率均为全国第一。

公司具有较强的产品研发能力，其自主创新产品有滑模式混凝土摊铺机、轮式摊铺机、改性沥青设备、渠道衬砌机、路面再生设备、系列铣刨机、沥青碎石同步封层机设备等。

经过多年持续的技术改造，目前公司拥有国内外先进的数控切割机、冲剪机、大型加工中心、液压中心、焊接机器人、热处理、涂装和检测设备等，综合实力和核心竞争力有了显著提高。

公司被认定为陕西省企业技术中心；通过了质量、环境、职业健康安全管理三体系认证；荣获“全国用户满意企业”“用户满意产品”“售后服务满意单位”“全国质量管理先进企业”“全国质量效益型企业”“全国先进基层党组织”“中国企业管理杰出贡献奖”“全国职工教育先进企业”“全国设备管理优秀单位”等十多项国家级奖项。

2001年末陕建机集团进行了主辅业改制，陕建机集团作为主发起人，以全部的生产经营性资产、人员和知识产权，联合中国华融资产管理公司、中国信达资产管理公司、北京新建设机械设备有限责任公司及王永、王志强两位自然人，共同发起设立了“陕西建设机械股份有限公司”，并于2004年7月在上海证券交易所挂牌上市，股票名称“建设机械”，股票代码为600984。

陕建机集团是企业股份制改造后的存续公司。近几年来，陕建机集团在公司的组织建设、部门管理、功能组合等方面进行了脱胎换骨的变革和整治；同时，整合人力资源，加强内部节支降耗，大力减轻运行成本，尽心尽力做好生产后勤服务，做好了稳定企业大局的重要基础工作，为股份公司股票上市和正常生产运行做出了积极的奉献。

2019年，公司所属全资子公司庞源租赁以年收入2.56亿欧元位列第43名，是进入全球租赁50强企业的唯一中国公司。2020年，公司被评为“中国塔式起重机制造商10强”，庞源租赁被评为“中国塔机租赁商10强”“中国工程机械行业10大租赁商”。2021年，塔机吨米数达到198万，蝉联全球第一，租赁服务业务的综合实力和行业影响力持续扩大。

多年来，陕建机集团在抓好生产、生活服务主业的同时，狠抓了厂区和社区的环境卫生和公共设施建设。陕建机社区已被评为“西安市建设示范社区”“园林式居住区”和“省级交通安全社区”，跃入了区级先进社区行列；曾开展建设机械租赁，开发建设商业房，盘活闲置土地资产，开创了多种经营、多元开发的局面。目前，公司正与陕西煤炭建设公司合作，投资建设由公司控股的“陕西建设钢构有限公司钢结构生产基地”。集团公司已经走上确保稳定、求存发展的正常管理经营轨道。

（2）陕建的LOGO（图4-42）

图4-42　陕建的LOGO

10）中交郴州筑路机械有限公司（郴筑）

（1）企业简介

中交郴州筑路机械有限公司，原为交通部郴州筑路机械厂、路桥集团郴州筑路机械厂、中交郴州筑路机械厂，于1969年按国家三线工业基地建设规划，由原地处广州的“交通部中南公路工程处”内迁至郴州组建“交通部郴州筑路机械厂”是交通部骨干企业。现为“世界500强”企业中国交建的全资子公司。

公司主要从事地铁装备制造、大型钢结构的制作与安装、高速公路护栏的生产及交通工程设施的施工、园林绿化工程、贝雷片的生产及安装、物资供应物资贸易、海外业务、筑养路机械装备制造及设备租赁、公路施工及工程总承包、新型有轨电车的研发及PPP投资业务。

中国第一辆沥青洒布车、第一座装配式公路钢桥在这里诞生，近年来企业实施转型升级战略，立足国内面向世界，通过自主研发与产、学、研结合并与日、美、德等企业合作，重型钢结构、桥梁钢结构、智能立体车库、地铁屏蔽门、自动扶梯、建筑玻璃幕墙等产品的制造与安装技术处于行业领先位置；沥青洒布车、同步碎石封层车、稀浆封层车、道路养护车、沥青混凝土搅拌站、路面冷再生机等新型高等级公路大型施工和养护的关键设备在国内处于领先水平，多次获得国家、交通运输部的奖励；贝雷片、装配式公路钢桥、地铁钢支撑、高速公路护栏等工程施工专用材料性价比优于同行。

公司具有建设部颁发的钢结构工程专业承包壹级资质、钢结构工程专项设计甲级资质、钢结构制造壹级资质[资质就位于合资公司中交郴筑中通（北京）钢结构工程有限公司股东——山东中通钢构建筑股份有限公司]；具有公路安全设施施工一级资质、公路工程总承包一级资质、公路路面工程一级资质、施工劳务企业资质；具有改装车全系资质及相应产品的强制性产品（CCC）认证证书，高速公路护栏工厂检验合格证等；具有战备钢桥许可资质。

公司下属公司有中交郴筑科技公司、中交郴筑远大（北京）地铁装备科技有限公司、中交郴筑（北京）公路工程有限公司、中交郴筑中通（北京）钢结构工程有限公司、中交郴筑（长沙）机械施工公司、中交郴筑贝雷片有限公司、中交郴筑装备制造分公司、郴州中桥建筑劳务有限公司、郴州汇丰筑路物资有限责任公司、中交郴筑投资事业部等。在郴州、长沙、沈阳、聊城、杭州、昆明、成都等地有生产基地。公司是一家集制造与安装、交安工程、公路工程总承包与投资为一体的综合型企业，在交通建设行业享有盛名。

公司依托中国交建完善的产业链优势，凭借50多年持续不断的创新发展，以“固基修道，履方致远”为企业使命；奉行“自强奋进，永争第一”的企业精神；凭借顶尖的技术及管理团队、丰富的经营管理经验、先进的设备和生产工艺、科学的管理体系和优质的服务体系，积极参与中国的交通建设以及“一带一路”建设，在日益激烈的市场竞争中逐步发展壮大，努力开创企业辉煌的未来！

（2）郴筑的LOGO（图4-43）

图4-43　中交郴筑的LOGO

11）福建南方路面机械有限公司（南方路机）

（1）企业简介

福建南方路面机械有限公司是一家历史悠久、长期专注于工程搅拌机械设备领域，集水泥混凝土、沥青混凝土、干粉砂浆搅拌机械设备于一体的研发、制造型国际化专业公司。

公司自创建以来一直秉承“术业有专攻，技术贵在精”的专业理念，坚持“十年磨一剑”的技术积累。全公司数千员工，数十年如一日，专攻于“搅拌”，不断追求做“专”、做“精”、做“好”、做“久”。

经过十数年的艰辛拼搏，南方路机在水泥搅拌设备上领军国内同行，在我国市场上完全树立了国产品牌的绝对优势，并基本占领了所有高端市场；又很快将竞争推进到中东、俄罗斯等国际高端市场，开始在全球水泥搅拌机械高端市场上，占有极重要的一席之地。而在综合技术含量更高的沥青搅拌机械研发、制造上，南方路机以近30年之积累，放弃了常规引进、仿造的老路，而是高屋建瓴，一步就在沥青设备的全球技术中心——西欧，开设了南方路机“沥青研发中心”，依托欧洲技术设计公司，吸纳当地沥青行业的顶尖人才，以最小的代价、最节省的时间，将中国、将南方路机的沥青研发、制造技术，快速地“拉高”到接近世界顶级水平。2005年，在“欧洲研究中心”的推荐下，南方路机成功地将中国首台沥青搅拌设备出口意大利。其高水平的制作质量、可靠优异的性能，引起欧洲同行的极大震动。2012年，成功研发第四代沥青厂拌热再生设备。截至2022年11月，公司拥有软件著作权22项，专利744项，其中发明专利62项、实用新型专利647项、外观专利35项。参与制定并颁布了十余项国家及行业标准，为整个行业体系的健全和行业的稳健发展贡献智谋和力量。

对于综合水泥搅拌技术与沥青搅拌技术而开发的干粉搅拌技术，南方路机是国内此项技术的拓荒者。在国内干粉砂浆应用市场尚未启动的数年前，公司即预测性投入了极大的人力、物力，预先消化，引进了欧洲成套技术、工艺，填补了该行业在我国的空白，并积极参与筹备制定我国该行业的有关技术标准。在国内干粉砂浆的搅拌设备制造技术上，南方路机是唯一掌握成套工艺、技术的制造厂家，并已在国内高端市场承建了北京、天津、福建、浙江、四川等多条自动生产线。

企业视频：南方路机

南方路机紧紧围绕着搅拌核心技术的三大产品已布满全国，走向全球，构建起全球29个销售服务中心，11个零配件供应中心，让世界各地的用户获得公司良好、快捷的培训、安装、售后服务。

（2）南方路机的LOGO（图4-44）

图4-44　南方路机的LOGO

12)廊坊德基机械科技有限公司(德基机械)

(1)企业简介

廊坊德基机械科技有限公司(以下简称“德基机械”或“公司”)成立于1999年,位于廊坊市永清县工业园区,为香港主板上市公司德基科技(股票代码:01301. HK)的全资附属公司,是一家先进装备制造业企业,专业从事沥青混合料搅拌设备制造,并专注于提供高端节能环保型全系列沥青混合料搅拌成套设备和废旧沥青混合料再生利用搅拌设备的制造及服务。公司生产基地位于河北省廊坊市,并于北京设有研发中心,现拥有超过150000$m^2$的厂区,年产超过50台套的效益产能。

德基机械自身定位为“科技创新型”企业,以技术创新和研发设计为企业核心基础,始终坚持技术领先一步的创新理念。德基机械为中国国内最早自行研发生产4000型大型高档沥青混合料搅拌设备的厂家,引领和推动了沥青混合料搅拌设备的技术进步和科技创新,打破了国内高端设备主要依靠进口的局面,成功演绎了以高端民族品牌德基机械替代进口品牌的民族制造业之路。其产品质量始终居国内高档产品市场的前列。至今德基机械已销售的高档沥青混合料搅拌设备中约70%是大型间歇式3000型(240t/h)、4000型(320t/h)和5000型(400t/h)沥青混合料搅拌设备,被广泛应用在高速公路和高等级道路的建设项目之中。5000型设备更为同档次同型号产品中占市场销售量首位。德基机械目前已成为国内外客户公认的沥青混合料搅拌设备专业制造主导厂家之一。

德基机械生产的沥青混合料搅拌设备,在国内近30个省、区、市的高速公路、高等级公路和城市道路建设中发挥巨大的作用,为我国道路建设做出了重要的贡献。德基机械于2004年开始开发海外市场,实行背靠祖国,面向国际的发展策略,致力开发国际市场,并取得了骄人的成绩。德基机械已在俄罗斯、印度、澳大利亚、沙特阿拉伯、阿富汗、阿尔及利亚、肯尼亚、安哥拉、埃塞俄比亚、土库曼斯坦、哈萨克斯坦等国家销售了超过50台套沥青混合料搅拌设备,迅速打开了国际市场并展示了美好的市场前景。

(2)德基机械的LOGO(图4-45)

图4-45 德基机械的LOGO

# 4.7 桥隧机械的知名品牌

桥隧机械是桥梁施工机械与隧道施工机械的总称。

桥梁施工机械主要有桩工机械、排水机械、钢筋加工机械、水泥混凝土机械、起重机械与架桥设备等。

隧道施工机械主要有凿岩机械、喷锚机械、衬砌模板台车、隧道掘进机、盾构机械等。

桩工机械是用于各种桩基础、地基改良加固、地下挡土连续墙、地下防渗连续墙施工及其他特殊地基基础等工程施工的机械设备,其作用是将各式桩埋入土中,以提高基础的承载能力。

现代建桥用的基础桩有两种基本类型：预制桩和灌注桩。前者用各种打桩机将其沉入土中，后者用钻孔机钻出深孔以灌注混凝土。根据预制桩和灌注桩的施工，桩工机械分为预制桩施工机械和灌注桩施工机械两大类。

预制桩施工机械主要有打桩机、振动沉拔桩机、静力压拔桩机、桩架；灌注桩施工机械主要有全套管钻机、旋转钻机、回转斗钻机、冲击钻机、长螺旋钻机和短螺旋钻机等。

排水机械主要是水泵。水泵可分为叶轮式和容积式两大类。容积式水泵是利用活塞或皮膜的往复运动使工作容积周期性变化来吸水和压水的，又称往复式水泵。叶轮式水泵是利用叶轮和水相互作用来输送液体的，以离心式和轴流式两种应用较多。

钢筋加工机械主要有钢筋除锈机、钢筋调直机、钢筋切断机、钢筋弯曲机、钢筋冷拉机等。

水泥混凝土机械主要有混凝土输送泵、混凝土泵车、水泥混凝土搅拌输送车、水泥混凝土振捣器等。

在建桥工程中所用的起重机械，根据其构造和性能的不同，一般可分为轻小型起重设备、桥架类型起重机械和臂架类型起重机械三大类。轻小型起重设备如千斤顶、起重葫芦、卷扬机等。桥架类型起重机械如梁式起重机、门式起重机等。臂架类型起重机械如固定式回转起重机、塔式起重机、汽车起重机、轮胎、履带式起重机等。

架桥设备是一种将预制钢筋混凝土（或预应力混凝土）梁片（或梁段），吊装在桥梁支座上的专用施工机械。我国目前的公路架桥设备虽说形式各异，但概括起来可以分为导梁式架桥设备、缆索式架桥设备和专用架桥机三大类。

下面就介绍国内外部分桥梁隧道施工机械品牌。

1）科尼（Konecranes）集团

（1）企业简介

科尼集团是世界领先的起重机专业制造商（Lifting Businesses™），致力于为制造行业、造船厂和港口提高生产率而提供先进的起重解决方案和服务。这些设施包括小型工作台、流程工业、核电行业、重负荷工业搬运、港口业、联运码头、船坞和码头散料。

科尼集团的主要产品有桥式起重机、工作站起重产品、负载机械手、起重葫芦、核电起重设备、港口起重机、重型叉车等。

科尼集团的历史可以追溯到1910年，其前身是KONE电动马达维护厂。科尼起重机集团自成立以来不断发展壮大，并在并购方面取得有目共睹的成绩。

1933年，科尼开始制造大型电动桥式起重机，初期的客户主要是造纸业和电力行业。

1936年，科尼公司开始生产电动钢丝绳葫芦。

1947年，科尼公司开始制造港口起重机。

1962年，KCI科尼起重机公司首次与客户签订了预防性维修保养合同。

1973年，科尼公司开始向国际扩张并在挪威（Wisbech-Refsum）进行了第一次并购。

1983年，科尼公司在美国俄亥俄州的斯普菲尔德收购了第一家美国公司（R&M的物料搬运）。

1986年，科尼公司收购了另一家总部设于Vernouillet（韦尔努耶）的法国（Verlinde）公司。

1988年，起重机业务重组为科尼集团的起重机公司。

1991年，科尼公司收购了在英国和澳大利亚都有业务的Lloyds British Testing公司，并成立了科尼公司英国办事处。

1994年,KCI科尼起重机正式成立,当时总部位于芬兰的科尼集团在赫尔辛基股票交易所上市。为了上市,公司剥离了电梯业务,出售了起重机部门的业务。

1996年,KCI科尼起重机公司在赫尔辛基股票交易所上市,其股东遍布全球。

1997年,KCI科尼起重机公司在德国首次并购了MAN SWF Krantechnik公司。KCI科尼起重机在德国发展迅速并在2000年并购了其他几家企业。

2002年,KCI科尼起重机公司进驻中国,成为中国首家外资起重机公司,并在中国申请到一系列包括进出口业务的营业执照许可证。同年,公司在日本成功建造了桥塔业务,并与Meidensha公司签订了成立合资公司的协议。

2005年,KCI科尼起重机公司收购了德国的R. STAHL AG物料搬运公司。STAHL公司汇集了起重机行业若干最优秀的品牌和创新技术,是专业起重设备领域的佼佼者。

2006年,KCI科尼起重机公司推出新的全球品牌战略,并决定将KCI从品牌名称中删除。同时,打出了新的口号——“提升您的业务”(Lifting Businesses TM),致力于为客户提供能提高生产率的起重解决方案和服务。

2007年,科尼集团收购了德国跨运起重机制造商Consens Transport Systeme GmbH公司,并开始生产跨运式运输。

2008年,科尼集团的机床服务业务因其在斯堪的纳维亚半岛和英国的并购事业而进一步发展壮大。

2009年,科尼集团通过两起关于负载解决方案的收购:铝合金轨道系统和机械手,进入新的业务领域。

2009年,科尼集团收购中国领先的葫芦和起重机制造商江苏三马起重机械制造有限公司65%的股份。

2010年,科尼集团公布了在丹麦、英国和美国有关机床服务(MTS)的6项收购。

2010年,科尼集团在重型叉车和正面吊上使用的基于NearGuard系统的新型射频识别技术在英国伯明翰国际物流与运输展览会上获奖。

2012年,科尼集团引进新一代CLX环链葫芦。

2012年,科尼起重机在中国靖江开设新的可靠性测试中心。

2012年,科尼集团智能操作舱荣获2012芬兰优秀设计奖,被广泛应用于EOT桥式起重机、RTG轮胎式门式起重机、RMG轨道式起重机、跨运机等。

(2)科尼的LOGO(图4-46)

KONECRANES®

图4-46 科尼的LOGO

2)马尼托瓦克(Manitowoc)公司

(1)企业简介

马尼托瓦克公司创建于1902年,当时称为马尼托瓦克干船坞公司,是一家小型船舶建造和修理公司。公司创始人Elias Gunnell、Charles West和Lynford Geer在美国威斯康星州马尼托瓦克市湖畔迈出了创业第一步。在随后的一百多年里,马尼托瓦克发展成为一家全球性跨行业公司。1925年,马尼托瓦克Speedcrane起重机问世,奠定了目前马尼托瓦克起重机部门的基础。该部门已是高质量起重机和起重机支持系统的全球领先供应商。第二次世界大战之后建立的马尼托瓦克设备工厂,现在已成为马尼托瓦克食品服务部门,其加热和冷藏食品服务设备及食品零售设备以质量和性能享誉全球。目前,马尼托瓦克公司的两大业务部门为马尼托瓦克起重机部门和马尼托瓦克食品服务部门。

马尼托瓦克在1925年制造了第一台桁架吊臂起式起重机,从此开始几十年的发展变革,最终使马尼托瓦克起重机部门成为吊运解决方案的全球厂商。马尼托瓦克起重集团为了能持续提升产品的专业水平,及时地调整了自身结构,以便能更好地适应不同区域的需求。集团在世界五大洲的多个地方为四个品牌的起重机提供了一系列的制造、销售、售后及融资服务。这四个品牌为:马尼托瓦克Manitowoc桁架式(格子式结构)臂架的履带式起重机、波坦Potain塔式起重机、格鲁夫Grove液压移动式起重机以及万国National随车式起重机。

公司的“为不同地区建造不同起重机”的思想早在20世纪80年代就已延伸到亚太区。2006年公司在我国张家港市投产了一家新工厂(新工厂取代了已有10年历史的老工厂)。为了使经销商及终端客户的起重机投资业务增值,集团在2003年成立了起重机融资部。

(2)马尼托瓦克的LOGO(图4-47)

图4-47　马尼托瓦克的LOGO

3)利勃海尔(LIEBHERR)家族企业

(1)企业简介

利勃海尔家族企业由汉斯利勃海尔在1949年建立。公司的第一台移动式、易装配、价格适中的塔式起重机获得巨大的成功,成为公司蓬勃发展的基础。目前,利勃海尔不仅是世界建筑机械的领先制造商之一,它还是被众多领域客户认可的技术创新产品及服务供应商。多年来,家族企业已经发展成为目前的集团公司,拥有超过35000名员工,在各大洲成立了130余家公司。

利勃海尔集团公司分布面广,但结构清晰,由自主经营的企业单元构成,通过这种方式可以确保直接亲近客户,因而有能力在全球竞争中对市场信号做出灵活而迅速的反应。各产品的生产和销售公司一般都归属于按产品大类设立的企业集团领导。目前,集团公司的产品包括10大类。整个集团公司的母公司是位于瑞士Bulle(布勒)市的利勃海尔国际有限公司,其拥有者全部是利勃海尔家族的成员。

利勃海尔技术建立在建筑业与土木工程的基础之上。公司建筑机械产品包括完整的塔式起重机、车载式起重机、液压挖掘机、自卸翻斗车、液压吊管机、轮式装载机、履带式拖拉机与装载机、管路铺设机、伸缩臂式装载车、混凝土搅拌站与搅拌车系列。另外,利勃海尔还提供其他许多领域的多种产品。在货物装卸领域,产品包括船用、浮式、海洋平台、集装箱及码头区起重机和一些专为有效装卸货物设计的其他机械;在工厂与设备制造领域,利勃海尔供应机床、联锁机器系统、航空设备与运输技术;在家用电器领域,利勃海尔供应完整的冰箱及冰柜系列。

为保持产品的高品质标准,利勃海尔极度重视关键技术的工厂内部控制。为避免核心元件的外购，主要组件均在工厂内部开发和制造，包括建筑机械的整个传动链及控制技术，例如电气、电子、变速、液压及柴油发动机产品组等。

(2)利勃海尔的LOGO(图4-48)

LIEBHERR

图4-48　利勃海尔的LOGO

4)海瑞克(Herrenknecht AG)集团

(1)企业简介

海瑞克集团是一家从事机械隧道掘进行业超过30年的德国公司。公司1975年由马丁·海瑞克创立，海瑞克集团总部——海瑞克股份公司(Herrenknecht AG)设在德国西南部Schwanau(施瓦瑙)。作为总公司，海瑞克股份公司拥有65家子公司和12家联营公司。目前，海瑞克拥有超过3800名员工以及200多名培训生。

海瑞克主要面向机械隧道掘进技术，研发、组装和供应直径0.1～19m的隧道掘进设备。业务种类主要包括交通隧道、公用事业隧道、地热勘探领域。目前，大约有100台海瑞克制造的大直径隧道掘进设备在全球各地繁忙作业，致力于建设更新、更强大的交通基础设施。海瑞克的公用事业隧道掘进设备、水平定向钻机以及最新的下沉式竖井掘进机是在符合了安全、经济可行以及环保的高标准前提下生产制造的，现在1000多台海瑞克公用事业隧道掘进设备正在服务全球。在地热勘探领域，海瑞克公司主要研究开发了技术创新的垂直钻井设备以适应需要。

1975年，马丁·海瑞克(Martin Herrenknecht)博士创立了海瑞克工程公司。

1975—1976年，公司研发了应用于软土掘进的MH1～MH3系列的顶管机。

1977年，马丁·海瑞克博士创立了海瑞克股份有限公司。

1980年，公司研发了应用于硬岩掘进的SM1和SM2系列顶管机。

1983—1984年，公司研发了应用于操作人员无法进入的小型隧道的掘进设备。

1984—1985年，公司研发了应用于地下水位以下的大直径混合式盾构机。

1988年，进一步研发直径大于10m的混合式盾构机系统原理。

1989—1990年，研发大直径硬岩掘进机的盾构系统。

1991年，马丁·海瑞克博士作为合伙人获得Maschinen-und Stahlbau GmbH公司的股份。

1992年，在美国成立了第一个子公司。

1992—1995年，研发不同的组件以拓展混合式盾构机的应用范围，包括破碎机、支撑板、旋转中心刀盘和零压力下刀具更换。

1996年，研发敞开式硬岩掘进机。

1996—1997年，设计制造了当时世界最大的混合式盾构机(直径14.20m)用于德国汉堡易北河(Elbe River)四号隧道。

1997年，研发了地震检测超前探测系统，用于大直径掘进设备；研发了AVT微型掘进设备，用于铺设最小直径的排水管道；研发了可应用于所有隧道掘进设备的导航系统。

1997年，Maschinen-und Stahlbau Dresden股份有限公司与海瑞克股份有限公司合并。

1997—1998年，改进混合式盾构设备(操作模式可转变：土压平衡或泥水平衡)。

1998年，海瑞克股份有限公司转型为海瑞克股份公司(Herrenknecht AG)，开始建立海瑞克全球网络,在荷兰、西班牙和美国建立子公司。

2000 年,海瑞克公司以 1.983 亿欧元的项目订单总金额刷新了公司记录。自此,海瑞克公司成为机械隧道掘进领域中的市场领导者。

2001 年,海瑞克股份公司接到了新的任务——为新的瑞士哥达基线隧道(Gotthard base tunnel)组装两台撑靴式硬岩掘进机。

2002 年,海瑞克公司又签下新订单,将进一步为哥达基线隧道(Gotthard base tunnel)提供掘进设备。

2003 年,海瑞克公司在亚洲签下超过 1 亿欧元的订单,亚洲成为公司继欧洲之后机械隧道掘进设备销售最重要的市场。4 台海瑞克制造的撑靴式硬岩掘进机开始在圣哥达(St. Gotthard)山脉建造世界上最长的交通运输隧道,2 条隧道分别长 57km。

2004 年,海瑞克公司在新加坡成立了亚太区总部,分管亚太区市场。在中国,共有 17 台海瑞克制造的土压平衡盾构机作业于广东省广州市的地铁网络。

2005 年,海瑞克公司再次刷新纪录创造了 5 亿欧元的营业额。海瑞克为一条高速公路隧道建造了当时世界上最大的隧道掘进设备(直径 15.2m)。海瑞克公司在中国第一个隧道设备工厂(位于广州)正式投入使用,用于组装交通隧道掘进设备。

2006 年,海瑞克公司对外展示了公司研发生产的第一台开发地热能的深井钻机。两台直径 15.43m 的隧道掘进机刷新了隧道掘进机直径大小的记录,在上海整装待发,开始掘进。在中国广州南沙,海瑞克公司建成另外一个隧道设备组装工厂。

2007 年,公司成立了海瑞克模具公司(Herrenknecht Formwork)和子公司(Bohrtec Vertical)。春季在中国四川省成都市新建成了一个隧道设备组装工厂。在 2007 财政年度,公司订单额首次超过 10 亿欧元。

2008 年,签订销往中国的第 100 台隧道掘进机合同。

(2)海瑞克的 LOGO(图 4-49)

图 4-49　海瑞克的 LOGO

5)罗宾斯(Robbins)公司

(1)企业简介

罗宾斯公司是由 James Robbins(詹姆斯罗宾斯)先生在 1952 年建立,建立不久之后在美国南达科塔州府皮耶尔市奥瓦希坝(Oahe Dam)项目里,设计并制造了世界上第一台硬岩隧道掘进机。现在罗宾斯是世界知名的隧道掘进设备技术的开发者和制造商。

罗宾斯公司总部设在美国俄亥俄州梭伦市,在美国的西雅图和西弗吉尼亚设有设计中心、刀具中心和输送系统分部,有 3 个工厂,在 9 个国家及地区有 10 个分支机构以及 20 多个国家设有独立代表处。

罗宾斯创造出世界上直径 3 ~ 12m 的隧道掘进设备中 90% 以上的世界纪录。许多罗宾斯的机器已经使用超过10年、20年,甚至更长,完成超过35km的隧道。而小型隧道掘进机更是被客户盛赞为经久耐用。

罗宾斯公司拥有或曾经拥有过很多产品的专利发明权:如第一台主梁式隧道掘进机的发明、第一个将滚刀应用到硬岩掘进项目、第一台双护盾硬岩掘进机的发明、第一个成功将硬岩掘进刀盘应用到螺旋钻机等。罗宾斯为85个项目提供了超过50台双护盾掘进机,完成超过550km隧道。

1956年,在此以前,隧道掘进设备没有被应用于开挖硬岩。但是在加拿大的汉伯河项目里,结晶石灰石的硬度超过大家的预料,刮刀完全没办法完成开挖。因此,施工商邀请了罗宾斯进行研究分析,通过认真了解项目的进展和具体地质状况,罗宾斯发明了旋转式的滚刀,帮助施工商成功完成了世界上第一条用隧道掘进机完成的硬岩隧道。

1972年,意大利奥利凯拉项目的施工方需要一个能保护在松软地层作业的工人,同时完成快速掘进并拼装管片的隧道掘进机全新方案。为了满足客户的需求,罗宾斯公司发明了双护盾硬岩隧道掘进机。

1978—1998年,芝加哥隧道和水库计划(简称TARP项目)是二十世纪最大的净水环境规划工程之一。历经20年建造,芝加哥迎来了当时世界上最大直径的隧道。罗宾斯前后为此项目提供了共20台直径为10m的隧道掘进机。

1987—1991年,作为英伦海峡海底隧道项目的主要隧道掘进设备和技术供应商,经过反复的研究,罗宾斯融入了新的设计理念,为应对隧道最恶劣的地段,设计制造了专用的隧道掘进机。

1988年,为了对抗极其恶劣的地质条件,应挪威施工方的要求,罗宾斯为斯瓦蒂森山(Svartisen)水力发电项目制造了3台高性能掘进机。高性能掘进机的核心是比其他同类型的硬岩隧道掘进机(直径3~5m)具备更高载荷的主轴承、更大的刀盘马力和刀盘推力。同时,为了适应高性能掘进机的特性,罗宾斯还创新的发明了19in滚刀和锲锁式刀具安装法。

1996年,美国宾夕法尼亚州Turnpike项目,为了开挖一条直径为36in的硬岩隧道,项目的施工方曾尝试运用装有碳化刀具刀盘的螺旋钻机进行开挖。然而,这样的刀盘并不适用于此地层。罗宾斯被邀请参与此项目并提供崭新的小型隧道掘进机解决方案。利用这个新方法,施工方只用了仅仅一周时间就完成了隧道的贯通。

2006年,尼亚加拉水力发电项目隧道的施工由奥地利Strabag AG公司负责。Strabag AG公司曾使用罗宾斯提供的高性能隧道掘进机完成了新西兰最大的水力发电项目(Manapouri Tailrace)。这一次,Strabag AG公司再次与罗宾斯公司合作,使用了直径为14.4m的主梁式硬岩隧道掘进机。这是迄今为止世界上直径最大的硬岩隧道掘进机,同时在这个项目里也首次应用了背装式20in滚刀。

(2)罗宾斯的LOGO(图4-50)

图4-50 罗宾斯的LOGO

6)恩纳斯(NRS)公司

(1)企业简介

挪威恩纳斯公司是世界上著名的混凝土桥梁设备专业供应商。多年来在挪威海岸线的恶劣条件下积累了丰富的经验。恩纳斯公司1983年成立,在混凝土桥梁施工设备的设计、制造方面已有40多年的历史。恩纳斯公司的挂篮、MSS造桥机、LG预制拼装系统以其高效、经济闻名于世,现已为全世界超过25个国家的300多座大型桥梁提供了施工设备。

从1999年起,恩纳斯开始向中国市场提供造桥机,受到中铁、中铁建、中交等国家大型路桥建设公司的一致好评。向国内重点工程提供设备的项目有:苏通长江大桥、南京长江二桥、杭州湾大桥、上海东海大桥、上海崇明岛大桥、武汉天心洲大桥、京沪高速铁路、温福高速铁路、武广高速铁路、郑西高速铁路等。

2010年,挪威恩纳斯在江苏设立了规模宏大、设备齐全的现代化制造工厂——江苏恩纳斯重工机械有限公司(NRS JS)。

江苏恩纳斯重工机械有限公司作为NRS公司的全球唯一加工基地,配合NRS公司向世界各地(希腊、波兰、斯洛伐克、西班牙、葡萄牙、挪威、尼日利亚、埃塞俄比亚、墨西哥、美国、埃及、以色列、巴林、新加坡、伊朗、韩国、马来西亚、泰国、越南、印度……)提供过先进的造、架桥施工设备。

江苏恩纳斯重工机械有限公司位于江苏省太仓市浮桥镇民营工业园内,距离上海仅有30min的车程,占地45亩,注册资本1500万元,总投资超8000万元。

江苏恩纳斯重工机械有限公司是江苏省高新技术企业和民营科技企业,获得了苏州市移动模架造桥机设备工程技术研究中心称号,通过了挪威船级社(DNV)审核的质量管理体系ISO90001—2008的认证,拥有2项发明专利和11项实用新型专利。公司拥有丰富实践经验的生产、技术、质量等各类人员200多名,工厂建筑面积18000m$^2$,配有下料、机加工、焊接、涂装、检测及起重、运输、动力等完善的生产设备。年生产能力为:提供50套以上的造、架桥施工机械设备及10000t以上的桥梁钢结构或其他的非标钢结构产品。

江苏恩纳斯重工机械有限公司主要从事高速铁路、公路、城市轻轨等各种桥梁工程的施工机械设备、各种钢结构、港口机械、大型综合场馆钢结构、制造安装及技术服务工作。

(2)恩纳斯的LOGO(图4-51)

NRS

图4-51　恩纳斯的LOGO

7)北方重工集团有限公司(北方重工)

(1)企业简介

北方重工集团有限公司是辽宁方大集团实业有限公司(简称“方大集团”)旗下一家大型跨国重型机械制造公司。北方重工历史悠久,人才众多,在国际、国内重型机械制造行业有着重要地位,素有“中国重机工业摇篮”的美誉,产品辐射全球市场,并通过并购世界知名的法国隧道掘进设备设计制造公司以及与丹麦史密斯公司(FLSmidth A/S)成立合资公司等形式实现了企业跨国经营。

按照党中央关于推进东北振兴和深化国企改革的有关精神,在辽宁省委、省政府和沈阳市委、市政府的正确领导和大力推动下,2019 年 4 月 30 日,北方重工顺利完成司法重整和混合所有制改革,方大集团正式成为北方重工第一大股东,标志着北方重工进入了一个崭新的历史发展时期。

北方重工主导产品包括隧道工程装备、矿山装备、冶金装备、散料输送与装卸装备、煤炭机械、电力装备、建材装备、石油压裂装备、环保装备、现代建筑装备、锻造装备、传动机械、汽车电器及工程总包项目装备。

北方重工拥有完整的设计、试验、检测和计量手段,拥有 119 项专利和专有技术、200 余台(套)新产品填补国家空白,100 余项产品和技术获国家各级科技奖励。北方重工是国家技术创新示范企业,拥有国家认定企业技术中心,全断面掘进机国家重点实验室,博士后工作站。

(2)北方重工的 LOGO(图 4-52)

图 4-52　北方重工的 LOGO

8)天业通联公司

(1)企业简介

天业通联始创于 2000 年,起步于公路、桥梁施工设备,是集研发设计、制造安装、销售服务为一体的重大装备制造骨干企业,建立了国家级示范院士专家工作站、河北省重点工程技术中心。现有员工 1000 余名,是目前国内最大的铁路桥梁施工起重运输设备供应商。公司 900t 系列的运架提设备在 2007 年国内市场占有率达到 26%,全国排名第一。公司 2019 年获得河北省专精特新中小企业称号,2021 年荣获国家工信部专精特新小巨人企业,又被认定为国家级专精特新重点小巨人。2020 年获得中国产学研合作创新成果二等奖。2010、2021 年两度获得国家科技进步二等奖。

天业通联当前主要产品为 900t 系列的架桥机、运梁车和提梁机,主要应用于我国铁路桥梁施工工程。2007 年,公司 TLJ900 型铁路架桥机、TLC900 型运梁车、SDLB 双导梁架桥机产品被河北省科学技术厅认定为高新技术产品;2008 年,公司"TLJ900 型架桥机及 TLC900 型运梁车研制与应用研究"荣获 2007 年度中国施工企业管理协会科学技术奖技术创新成果一等奖、中国铁道建筑总公司科学技术特等奖。

天业通联产品覆盖装备制造业、氟化工、工程服务、采矿业四大板块,涉及交通工程、能源工程、采矿工程、物流工程等国家重点工程领域,以铁路、公路桥梁架运设备、非公路运输设备、起重设备、无砟轨道铺装设备、隧道掘进设备等为主导产品。公司自主研发制造的 900t 高速铁路架桥机、900t 轮胎运梁车、900t 轮胎式轮轨式提梁机等系列产品,广泛应用于哈大、京沪、京津城际、京石、温福、石太、郑西、武广等客运专线;900t 桥式起重机、2650t 造桥机应用于长江苏通大桥、北京四丰桥、南通联合重工启东 LPG 液罐工程项目、广州珠江大桥、杭州湾跨海大桥等国家重点建设工程;公司研制的架桥机、门式起重机、平板动力车等产品相继出口到韩国、沙特阿拉伯、阿尔及利亚、波兰等国家和地区。

公司主营产品有：900t系列的架桥机、运梁车和提梁机，SDLB系列双导梁架桥机、三角桁架系列门式起重机、盾构机、矿用自卸车等。

公司通过与北京科技大学、石家庄铁道大学、铁道第五勘察设计院等多家高等科研机构紧密合作，吸纳先进的设计理念，进行产品研发，完成众多产品领域的重大技术课题。其中隧道掘进装备盾构机在短短的两年时间里研制成功并实现批量制造，国内首台地铁最大直径的10.22m土压平衡盾构于2011年7月成功下线；自主研发制造的TT0M100/TTM50矿用自卸车陆续下线并销售海外。

天业通联目前拥有授权专利101项：其中发明专利31项；软件著作权10项。牵头或参与制定3项国家标准，参与制定2项行业标准，制定5项企业标准。

2000年，北戴河通联路桥机械有限公司成立，起步于公路、桥梁施工设备领域。

2001年，双导梁160t/50m城市轻轨架桥机研制成功并实现架桥。

2002年，双导梁架桥机、龙门式架桥机出口沙特阿拉伯。

2003年，双导梁架桥机、龙门式架桥机出口新加坡、尼日利亚、斯里兰卡等国；公司研制用于南昌生米大桥的MSS50m-1500t造桥机、用于广东湛江海湾桥CDMSS50m-1500t造桥机连续打破多项亚洲纪录。

2004年，公司研制的LG-900t上承式节块拼装架桥机于2004年7月用于北京四丰桥建设，创造了3项亚洲纪录，标志着中国节块拼装架桥机技术达到世界一流水平。

2005年，TLC900运梁车下线、TLC100A特种车下线；公司自行研制的MSS62.5上行式移动模架造桥机，为世界第一大造桥机。

2006年，TLJ900铁路架桥机架梁成功；900t轮胎式提梁机提梁成功，标志着公司全面进军高铁施工装备领域；北京华隧通掘进装备有限公司成立。

2007年，两台TP75节段拼装架桥机应用于世界最大跨斜拉桥——苏通大桥；公司正式进入矿山装备行业，并进行了系列矿车的研发。

2008年，模块车、抱罐车、框架车陆续研制成功并下线；7月18日公司正式更名为“秦皇岛天业通联重工股份有限公司”；TTM50成功下线。

2009年，中国首台100t非公路自卸车TTM100下线；“吉祥号”盾构机下线；900t高铁运架提项目享受国家重大装备制造业扶持津贴；900t运梁车、架桥机分获中国铁道建筑总公司“科技进步特等奖”、铁道部“科技进步一等奖”。

2010年，8月10日公司在深交所挂牌上市，股票代码为：002459；12月天业通联（天津）有限公司成立，标志着公司正式挺进租赁市场；矿用洒水车研制成功并批量生产、销售；高铁施工设备市场占有率达到40%，位居国内行业领军地位；产品广泛应用到哈大、京沪、京津城际、京石、温福、石太、郑西、武广等客运专线。

2011年，矿用车批量出口到印度尼西亚、蒙古等国家；收购意大利爱登公司；成功收购敖汉银亿矿业有限公司；国内最大的10m土压式盾构机成功下线；煤斗车TTM100A-C研制成功并交付使用；TTA51铰接车第二轮样车试制成功，并投入批量生产；TTM60、TTM70已完成设计，年底完成样车试制。

2012年，世界首台超低位运梁车研制成功；国内首台隧道内外新型运架设备研制成功。

2014年，国内首台管廊模具研制成功；荣获桥梁创新力企业2014年度10强企业。

2016 年,国内首台混凝土风电塔筒模具研制成功;国内首台两孔连做 2700T 节段拼装架桥机研制成功。

2017 年,首台现浇节段拼装造桥机研制成功;国内大吨位 1100t 门式架梁起重机研制成功;国内首套单孔管廊模具、首台类矩形模具研制成功。

2018 年,国内首台 2400t 轮胎式提梁机研制成功。

2019 年,重载 AGV 研制成功。

2020 年,预制装配一体式架桥机研制成功。

2021 年,获评国家级专精特新"小巨人"企业;再次获得国家科技进步二等奖。

2022 年,超大型装配式隧道预制构件管片式模具研制成功。

(2)天业通联的 LOGO(图 4-53)

图 4-53 天业通联的 LOGO

9)中铁科工集团

(1)中铁科工集团简介

企业视频:中铁科工

中铁科工集团有限公司位于武汉市,是由世界 500 强企业中国中铁股份有限公司独家发起、三家成员公司重组设立的,集科研设计、工业制造、工程施工与安装、大件物流于一体的产科研服务一体化新型工业集团。该公司业务主要涉及铁路、公路、桥梁、隧道、地铁、建筑、港口的工程机械及钢结构的研发、制造、施工与检测。

公司注册资本 6.178 亿元,目前旗下有"中铁工程机械研究设计院有限公司""中铁科工集团装备工程有限公司""中铁科工集团轨道交通装备有限公司""中铁锚固装备制造有限公司"等 6 家子公司。该公司总资产逾 35 亿元,实力雄厚,集科研设计、工业制造与安装、工程服务、科技检测与监控四位一体的竞争优势;已形成包括工程装备、轨道交通、工程服务三大业务板块。公司拥有享受国务院政府特殊津贴专家 8 人,荣获铁道部及总公司有突出贡献中青年专家称号 7 人、拔尖人才称号 10 人,获茅以升/詹天佑各类奖项 14 人,正高级技术职称 15 人,高级职称 92 人,中级职称 200 人,技师、高级技师 37 人。

该公司不仅是"铁道部施工机械标准化技术归口单位",而且设有中国中铁股份有限公司唯一的工程机械研究设计院,具有多项制造、施工、安装一级资质和特级资质,主导产品有多型号架桥机、运梁车、提梁机、铺轨机、轨行机械、桩工机械、轨道板安装吊机等,多项产品荣获国家科技进步奖和国家技术发明奖、省部级科技进步奖,并持有多项国家发明专利。该公司近两年参建的贵州坝陵河特大桥、武汉天兴洲大桥、南京大胜关大桥、上海崇明岛跨江通道、广州东江特大桥、马来西亚柔佛洲大桥等一批国内外知名项目(其中,两项鲁班奖，一项詹天佑大奖）。

(2)中铁科工的LOGO(图4-54)

图4-54 中铁科工的LOGO

10)上海工程机械厂有限公司(上工)

(1)企业简介

上海工程机械厂有限公司由原上海金泰股份公司转制而成。该公司前身为上海工程机械厂，成立于1921年。公司主要从事设计、制造、销售柴油打桩锤，液压打桩锤，振动沉拔桩机(振动桩锤)，全液压履带式、步履式、导轨式打桩架，以及压路机等产品，主要为高速公路、高架公路、高层建筑、桥梁、地铁、机场、码头、电站等大型、特大型工程的基础施工提供机械设备和服务。

企业视频：中铁宝桥

公司先进的科学技术在国内同行业中一直保持领先地位。中国第一台(引进德国DELMAC技术)生产的风冷式筒式柴油打桩锤、中国第一台最大吨位D128筒式柴油打桩锤、中国第一台多功能步履式打桩架和中国第一台机械式三轮静压压路机，均诞生于上海工程机械厂有限公司。目前，该公司主营产品为桩工机械。

(2)上工的LOGO(图4-55)

图4-55 上工的LOGO

11)中铁宝桥股份有限公司(中铁宝桥)

(1)企业简介

中铁宝桥股份有限公司是由中国铁路工程总公司为主发起人，以辖属企业原宝鸡桥梁厂将非经营性资产及人员全部剥离后的经营性净资产为出资，联合中铁二局集团有限公司、深圳物润(集团)有限公司、宝鸡北方照明电器(集团)股份有限公司、铁道部第一勘测设计院、铁道部专业设计院共同发起设立，经国家经贸委批准成立的股份有限公司。公司地处我国西部工业重镇宝鸡市，位于宝成、陇海铁路交汇处，又北靠西宝高速公路，东临川陕公路，具有良好交通运输条件。公司占地面积70多万$m^2$，现有员工3300多名，30%以上人员具有大专以上文化程度。

2001年5月经国家经贸委批准，挂牌成立股份有限公司。2009年3月，改制成立集团有限公司，总部位于陕西宝鸡，占地900余亩，公司两次荣获“全国先进基层党组织”，六次蝉联“全国文明单位”，并先后获得“全国五一劳动奖状”“全国守合同重信用企业”“全国质量工作先进单位”和“全国模范劳动关系和谐企业”等称号。2023年5月11日，由中国品牌建设促进会评估，中铁宝桥品牌价值46.8亿元。

中铁宝桥现有在册职工3400余人，科技人才队伍逐步壮大，现有高级职称297人，享受国务院政府特殊津贴3人，中国中铁专家1人，中国中铁技能大师工作室1个，铁道部科技拔尖人才1人，中国中铁青年科技拔尖人才2人，茅以升铁道工程师奖2人，茅以升建造师奖2人，茅以升桥梁青年奖1人，中国中铁讲理想比贡献先进个人2人，宝鸡市有突出贡献拔尖人才4人，宝鸡市十佳技术能手1人，陕西省青年科技新星1人，中铁工业首席专家1人，中铁工业专家6人，中国钢结构协会钢结构大师1人，专业包括机械、桥梁、焊接、材料、铸造、热处理、道岔、电气等公司产品涉及的全部领域。

中铁宝桥股份有限公司经过30多年的发展，在钢梁钢结构、道岔等制造行业中，已成为国内的一支劲旅。

近年来，该企业在行业中的地位在逐步提升。公司作为国内专业制造钢桥梁、钢结构、铁路道岔、高锰钢辙叉、城市轨道交通设备、门式起重机等产品的大型企业，有着雄厚的技术力量和先进的生产装备，以及丰富的制造经验。公司通过了ISO9000质量管理体系认证，ISO14000环境管理体系认证和OHSASI8001职业安全卫生管理体系认证及美国钢结构AZSC认证。实验室按照行业标准通过了计量认证，并取得CMA资质。

中铁宝桥股份有限公司是铁道部确立的“铁道器材研究发展基地”，陕西省科委认定的“高新技术企业”，国家工商总局授予的全国首批“重合同守信用”企业，“全国质量管理先进企业”，陕西省质量技术监督局、三秦质量万里行组委会“争创质量无投诉（售后服务）先进单位”，共获得百余项国家和省、部级荣誉称号，是中央文明委授予的全国精神文明建设工作先进单位。公司有连续20多年盈利的良好经营业绩，在同行业中有较强的履约能力和良好的产品信誉。

公司自完成企业改制以来，新的经营机制为公司的生产经营、科研开发、拓展市场带来了巨大的推动力，并取得了丰硕成果，为企业在激烈的市场竞争中获得竞争优势及未来发展夯实了基础。根据企业现状和面临的市场形势，公司已在长江、沿海的汕头、安庆、舟山建成了钢结构制造基地，充分发挥其享有的地域优势。

公司在新产品开发、技术装备、制造能力等方面取得了可喜的成绩，与美方公司达成联合开发美国干线铁路道岔协议，先后从日本、德国、瑞典、韩国等国家引进钢梁数控钻床加工中心、大型弧焊中心、$CO_2$自动焊机、数控火焰精密切割机、数控相贯线切割机、板材预处理线和道岔、辙叉数控加工中心和高锰钢辙叉VRH法造型生产线及闪光对焊机、高能射线探伤仪等为代表的国际一流大型设备和技术，从而使公司的钢梁钢结构、道岔、高锰钢辙叉和门（桥）式起重机的年生产能力分别达到了10万t、6000组、15000个和50台。

目前，公司成功中标广东佛山平胜大桥、舟山西堠门大桥，美国旧金山东海湾大桥已进入投标前期的准备工作。

公司产品质量和制造技术处于国内领先水平。由于设备齐全，工艺先进，管理科学，为满足用户需要、生产高质量的产品提供了保证。公司先后获得科技进步奖80余项,其中生产的钢桥梁曾获得"国家优质工程金质奖""科技进步一等奖""建筑工程鲁班奖"等,并填补了我国桥梁史上多项空白,创造了多项第一。如承建的京九铁路孙口黄河大桥,是目前我国最长的双线铁路桥;承建的胜利黄河公路斜拉桥,为国内最早的钢斜拉桥;特别是承建的"国内第一、世界第三"的大跨度斜拉桥南京长江第二大桥和被誉为中国建桥史上"第四座里程碑"的芜湖长江公、铁两用斜拉桥,以其优异的产品质量受到国内外专家的广泛关注和赞誉。对于道岔产品,公司先后研制出多种型号提速道岔系列产品和30号、38号等大号码道岔,产品遍布全国各铁路局。道岔、辙岔产品获得"国家级重点新产品"称号和铁道部科技进步二等奖。公司曾承担多项国家铁路和其他基础设施的重点工程建设和国家援外项目,在国内市场、国际市场上均取得良好业绩,产品远销美国、欧洲、巴基斯坦、尼泊尔、缅甸等许多国家和地区。目前,公司又在原有的基础上进一步开拓市场,已跨入城市轨道交通和建筑钢结构制造行列,产品备受用户的好评和青睐。

公司于2003年荣获国家工商行政管理总局授予的"全国守合同重信用企业"称号。

公司于2003年被陕西省财政局、陕西省国家税务局、陕西省地方税务局联合授予"诚信纳税先进企业"称号。

2004年,公司被陕西省人民政府授予首批"省级绿色文明示范企业"称号。

2004年,公司下发了《关于深入开展"创建学习型组织,争做知识型员工"活动的实施意见》,提出了"倡导一个理念、实施一个工程、建立一个机制、营造一个氛围、构筑一个平台、培养四支队伍"的活动总体目标。

2004年,公司开展了"十佳党员"和"十佳劳模"评选活动。

2009年,公司被授予全国文明单位。

2014年,公司被授予全国五一劳动奖状。

2018年,公司被授予企业文化建设先进单位;生产的中铁宝桥牌铁路道岔产品被授予陕西省名牌产品。

2021年,中铁宝桥港珠澳大桥项目部荣获全国"工人先锋号"称号。

(2)宝桥的LOGO(图4-56)

图4-56 宝桥的LOGO

12)四川长江工程起重机有限责任公司(长江)

(1)企业简介

"长江"是中国知名起重机品牌。四川长江工程起重机有限责任公司(长起公司)是中国著名汽车起重机企业,国内制造起重机系列最全的现代化大型工程机械企业之一。

四川长江工程起重机有限责任公司位于中国历史文化名城四川省泸州市,地处成渝经济带的中间区域,物质资源丰富,地理条件优越。

公司具有40多年的汽车起重机和其他工程机械产品的生产制造历史,是中国著名的汽车起重机企业。公司始终坚持科技领先的战略,通过技术引进、技术创新和不断的技术改造,其技术开发实力、生产制造能力、产品品种结构和质量控制能力均处于同行业领先地位。目前,公司资产总值5亿多元,生产占地超过23万 $m^2$,设备1300多台,员工1900多人,是四川省科技先导型企业和中国机械工业500强之一,现已通过国家一级计量单位认证、产品3C认证和ISO9001:2000质量体系认证,产品起吊能力为8~160t级,年产起重机规模达2000台。

"长江"牌全液压系列汽车起重机融汇了美欧产品的先进性和日本产品的适用性,以其先进的技术、可靠的质量经受了市场的检验,并成长为中国汽车起重机行业的知名品牌。

2012年,中国机械工业集团有限公司(国机集团)旗下的国机重工以增资方式控股长起,使长起公司完成了一次质的蜕变和飞跃。

并购后的长起公司,整体搬迁到泸州机械工业集中发展区,在机械发展区购置土地,建设新厂房,添置新设备,形成新的液压汽车起重机生产能力。

(2)长江的LOGO(图4-57)

图4-57 长江的LOGO

13)郑州市华中建机有限公司(华中建机)

(1)企业简介

郑州市华中建机有限公司成立于1992年11月,原名郑州市华中建筑机械厂,1999年经郑州市体改委批准、郑州市工商局核准,改制为郑州市华中建筑机械有限公司,2006年3月更名为郑州市华中建机有限公司,是中国建设机械总公司联营生产企业。公司南临陇海铁路,北靠连云港到霍尔果斯高速公路,交通便利,地理位置非常优越。

华中建机是专业生产大中型建筑机械和起重机械的厂家,主要产品有JZM系列、JS系列、JF系列混凝土搅拌机、PLD系列、PLB系列混凝土配料机、HZS系列混凝土搅拌楼、WCD系列稳定土厂拌设备、SF系列石灰制粉机、MG系列门式起重机、HZQ系列架桥机,产品已经发展到十几个系列几十个品种,广泛应用于高层建筑、水利、水电、高速公路、桥梁架设工程,是大中型建筑工程之优质理想产品。

1992年,曾任荥阳市拖拉机配件厂厂长的宋发才,发起成立郑州市华中建筑机械厂,注册资金100万元,公司占地10.6亩,到1993年6月完成车间建设。

1993年,开始确立生产混凝土搅拌机,招收生产员工20余人,公司从发展角度开始生产JZM750,当年实现产值50万元。

1996年,采用债务换土地的方法,增加土地12.25亩,新增车间一座。

1999年,曾参加葛洲坝永久船闸设计的黄次勋高级工程师加入公司,开始负责设计公路架桥机,创造性地设计出等腰三角形蜂窝状主纵梁,在我国钢结构领域产生了除桁架梁、箱形梁之外新的结构形式。

1999年,经郑州市体改委批准,郑州市工商局核准更名为郑州市华中建筑机械有限公司。

2000年，首台架桥机在三门峡函谷关鸿农涧大桥施工，该桥全长1.2km，桥的跨度50m，梁重160t。

2001年，用于焦晋高速的第二台架桥机完成，该桥桥墩高度达到98m，弯度较大；同时研制出第一台20t门式起重机；10月取得由摩迪公司颁发的ISO9001国际质量体系认证。

2002年，获得河南省质量技术监督局颁发的起重机械安全生产许可证。

2004年，开始和中铁十八局联合评审900t架桥机，新增土地60亩用于高速铁路架桥机的型式试验。

2006年，900t架桥机出厂。

2007年，900t提梁机、450t提梁机、900t移动模架相继生产，与大连理工大学联合设计生产了120t造船门式起重机。

2008年，国内最大吨位的1200t提梁机在青岛投入使用。

2009年，和燕山大学联合研制的900t运梁车顺利下线。

2010年，与中铁十一局集团签约，合作生产的过隧道架桥出厂。

2011年，公司为中铁大桥局设计制作的1600t阶段拼装架桥机投入使用，并取得生产许可证。

2012年，公司自主研发的混凝土湿喷机组在中铁隧道局烟台项目部投入使用。

2012年，公司的架桥机产品获得河南名牌荣誉证书和政府资金奖励。

2013年，公司研发的矿山使用的扒渣机（挖装机）下线。

2014年，公司为中交四航局改造的900t轮胎式过隧道架桥机在昆明投入使用。

2016年，华中建机获“高新技术企业”。

（2）华中建机的LOGO（图4-58）

图4-58　华中建机的LOGO

14）郑州新大方重工科技有限公司（新大方）

企业视频：新大方

（1）企业简介

郑州新大方重工科技有限公司（原郑州大方桥梁机械有限公司）是集研发设计、制造销售、安装服务、设备租赁为一体的特种施工装备国家级高新技术企业。

作为我国桥梁施工装备行业著名品牌，新大方相继完成涉及高速公路、高速铁路、城市轨道交通、船舶工程、磁悬浮列车、水利引水、冶金、风电安装等领域的产品研制，形成了系列化架桥机、提梁机、运梁机、移动模架、平板运输车、框架运输车、门式起重机和风电起重机等8大类80余种主导产品，为我国500多个重点、重大工程提供了价值40亿元的特种施工装备。产品除满足国内需求外，还出口到巴西、韩国、马来西亚、俄罗斯、新加坡等40多个国家。

郑州新大方的主要产品有：铁路施工设备（提梁设备、运梁设备、架梁设备、造桥设备、铺轨设备、运架一体机）、公路施工设备（架桥机、造桥机、起重机）、船厂运输起重设备、风电吊装设备、水利渡槽施工设备、钢厂运输设备、模块车设备、隧道专用运输车、矿山设备、起重机械安全监控系统等。

1984年，成立大方公司。

1995年，研制成功我国第一台斜缆式架桥机，用于当时亚洲第一、世界第三的江阴长江大桥。

1997年，研制成功我国第一台1000t移动模架造桥机，用于厦门海沧大桥。

1999年，研制成功我国第一台450t轮胎式运梁车和第一台450t铁路架桥机，用于秦（皇岛）沈（阳）客运专线。

2000年，研制成功我国第一台450t节段拼装式架桥机，用于上海浏河大桥。

2000年，研制成功我国第一台500t水利渡槽造槽机，用于东（江）深（圳）供水工程。

2001年，研制成功我国第一台200t轮胎式提梁机，用于上海磁悬浮工程。

2001年，研制成功我国第一台100t独立转向动力平板运输车，用于浙江造船厂。

2004年，研制成功我国第一台900t轮胎式运梁车和架桥机，用于铁路客运专线。

2005年，研制成功我国第一台900t轮胎式提梁机，用于铁路客运专线工程。

2006年，研制成功我国第一台DPG500型高速铁路自动化铺轨机组，用于铁路客运专线。

2006年，研制成功我国第一台2500t轮胎式液压动力平板运输车，用于特大型构件运输。

2007年，研制成功我国第一台冶金用125t自动升降型框架车，用于沙钢集团。

2010年，新大方一次性通过三项鉴定。QLY100型轮胎动臂风电起重机、DP700型城轨架桥机的总体技术达到国际先进水平，ME150+110/25-83A5型门式起重机的总体技术达到国内领先水平。

2012年，新大方900t运架一体机产品推介会举行。

2012年，新大方年产160台高铁、高速公路桥梁建设大型施工装备项目顺利通过河南省工业经济结构调整和高新技术产业化项目竣工验收。

2013年，新大方DF900架桥机荣获“2012年河南省名牌产品”称号。

2018年，新大方获得“最具社会责任感企业奖”。

2021年，新大方成功自主研发全球最大吨位高铁成套施工装备——1100t跨线提跨线提梁机。

2022年，新大方自主研发的DCMZ48模块车（SPMT）助力南京惠民大道高架桥梁拆除工程。

2023年，新大方与河南工业大学联合研发“大载荷智能牵引平台关键技术及产业化”项目。

(2)新大方的LOGO(图4-59)

图4-59　新大方的LOGO

15)北京万桥兴业机械有限公司(北京万桥兴业)

(1)企业简介

北京万桥兴业机械有限公司是一家引领技术应用的非标准重型起重运输设备供应商,是一个国际化的高科技技术企业。2010年初,公司已在美国纳斯达克Globe市场成功挂牌上市。公司长期以来与欧洲相关公司进行合作,专门从事工程起重运输施工设备技术领域的国际合作、设计研发、生产制造和技术服务。

公司主要技术和产品为:预制梁架设施工机械、大型跨式搬运机和特殊吊运机械、特种运输机械和车辆等。

北京万桥公司创立于1996年,曾为意大利尼古拉公司中国独家代理的合作生产者。多年来,公司在成功引进世界一流的大型预制梁施工机械技术的基础上,结合近代施工和吊运理论,致力于架设技术和吊运设备等相关技术的研究、生产和技术服务,推动了国内大型预制梁运架技术的发展,是中国大型预制梁施工设备与技术应用的第一提倡者。

自2005年,公司步入一个新的里程。公司所研发的技术和设备制造技术,采用一步到位的方式,在消化吸收欧洲架桥施工和搬运技术基础上,直接组织中国和意大利的工程师和技术人员,在中国和意大利两地,共同开展研发设计和生产制造。针对近代施工及吊运理念,该公司致力发展适应中国国情并符合具体现场施工实际需求的技术设备。目前与万桥兴业合作的意大利爱登公司,是原尼古拉公司技术部的大部分人员重新组成的公司,其同样具有架桥施工领域丰富的技术经验。双方长期合作,为架桥机、搬运机、运梁车等设备的全球供应,在设计计算、研发创新、质量安全技术、生产监造服务和现场安装调试服务方面提供了充分保证。

公司具有很强的创新设计能力,已拥有多项大型设备专利技术,创造多项“世界第一台套”和“中国第一台套”,研发和生产了中国首台900t架桥机、中国首台大型浮筒搬运机、中国首台1600t预制节段梁架桥机、世界首台900t轮胎式吊运梁机和世界首台900t运架一体式架桥机及其他行业领先的专利产品。

公司所提供的设备与技术在先进性、成熟性、经济性、安全可靠性和国际化方面具有独树一帜的优势,已广泛应用于重大工程项目,如杭州湾大桥、上海磁悬浮等交通施工项目。公司的产品现已走向国际市场,相继出口到阿拉伯和欧洲地区。公司曾为美国PCL公司提供2台特制节段梁架桥车,成为中国第一家向美国出口预制梁架设备的公司。

公司平均年销售额已超过数亿元。在北京通州区都市工业园建有生产制造基地,在北京市区设有技术研发中心。公司于2011年在江苏镇江投资建立镇江万桥重机有限公司,一期工程占地面积近80亩,成为公司大型设备的生产基地。镇江万桥交通技术研究中心于2011年进驻设立于镇江的北京交通大学长三角研究院,围绕镇江万桥重机公司业务展开研发工作。

2011年,公司成立万桥兴运工程技术公司展开设备租赁和工程技术服务业务。

1996年,北京市万桥机电设备公司成立。

1997年,成为意大利NICOLA公司中国独家代理,推广大型混凝土箱梁运架技术;成为德国KGT公司和MKG公司代理商,向瑞士WOERTZ提供市场服务。

1999年,为秦沈客运专线提供整孔运架设备方案,成功开发了550t运架一体式架桥机,开启了中国大型运架设备市场。

2000年,成功开发了550t运梁车,被应用在中国首条客运高速铁路秦沈线中。

2001年,生产第一台载人船艇搬运机,为世界首台。

2002年,为上海磁悬浮项目提供3台大吨位搬运机。

2003年,为上海沪闵高架桥提供1台1600t节段拼装式架桥机,该设备为中国首台该类型设备。

2004年,北京市万桥机电设备公司投资成立北京万桥兴业机械有限公司,中标杭州湾大桥项目8台设备。

2005年,与意大利爱登公司成为合作伙伴,开始自主设计与制造桥梁施工设备。

2006年,北京万桥兴业机械有限公司通州分公司成立,生产世界第一台900t穿隧道运架一体架桥机。

2007年,获得中国检验认证集团ISO9001:2000质量管理体系认证,获得英国卡狄亚标准认证有限公司ISO9001:2000质量管理体系认证,获得"桥式起重机、门式起重机"特种设备安装改造维修许可证A级资质。

2008年,获得"架桥机900t"特种设备制造许可证,获得"通用门式起重机900t"特种设备制造许可证,向欧洲出口运吊设备。

2009年,技术研发中心成立,获得"通用门式起重机450t"特种设备制造许可证。

2010年,在美国纳斯达克上市;与意大利EDEN公司签订并购框架协议;公司运架一体式架桥机列入2010—2012年国家重点新产品计划和2010年北京市科学技术委员会火炬计划;穿隧道运架一体机获得北京市自主创新产品证书和国家重点新产品证书;向韩国出口4台900t穿隧道运架一体架桥机;向美国出口2台架桥车。

2011年,自主研发设计并生产了中国第一台游艇搬运机;自主研发设计并生产了一台100t风电塔筒搬运机;作为"产、学、研、用"联合体的重要单位,与中铁工程设计咨询集团有限公司、中国铁道科学研究院、北京交通大学、北京铁路局共五家单位联合研制的高速铁路桥梁检查维修设备,在铁道部科技研究开发计划课题项目中成功中标。

2012年,向马来西亚出口2套可移动桁架系统;向秘鲁出口1台50t搬运机。

(2)北京万桥兴业的LOGO(图4-60)

图4-60 北京万桥兴业的LOGO

16）武汉桥梁机械制造厂（武桥）

（1）企业简介

武汉桥梁机械制造厂原名为大桥局桥梁机械制造厂（TQJ），是生产桩工机械、起重机械、铁路专用设备、大中型非标机械设备、大中型建筑和桥梁用钢结构的专业工厂，集设计、制造、机械化施工、运输和商贸为一体，隶属于铁道部大桥工程局。四十多年来，工厂经过不断拓展，设铸造、锻造、机加工、机械组装、钢结构制造、运输六个车间（分厂）；具有超凡的生产能力，先后为武汉长江大桥、南京长江大桥、葛洲坝水利工程等提供了大批专用机械设备和钢结构产品；部分产品远销到赞比亚、越南、缅甸、孟加拉国、阿根廷和美国等地，深受用户欢迎。其中，蒸汽复打锤荣获过莱比锡国际博览会金奖；BRM-1型工程钻机获1985年国家科技进步三等奖；天津海门开启桥（TQJ设计制造提升设备）获1988年国家科技进步二等奖和国家质量银奖；QTJ160/50型铁路救援起重机获1992年国家科技进步二等奖；KPG3000型全液压工程钻机获1997年铁道部科技成果一等奖；另有七项产品列入国家重大新产品。工厂已通过中国进出口商品质量认证中心ISO9001质量体系认证。

（2）武桥的LOGO（图4-61）

图4-61　武桥的LOGO

17）中国铁建重工集团股份有限公司（铁建重工）

（1）企业简介

中国铁建重工集团股份有限公司成立于2007年，隶属于世界500强企业中国铁建股份有限公司，是集隧道施工智能装备、高端轨道设备装备的研究、设计、制造、服务于一体的专业化大型企业。集团总部位于湖南长沙，是国家认定的重点高新技术企业、国家级两化深度融合示范企业。

铁建重工始终瞄准“世界一流、国内领先”的目标，坚持“科技创新时空”的理念，充分利用中国铁建长期积累的施工技术与经验，通过“原始创新、集成创新、协同创新、持续创新”的自主创新模式，构筑了以施工技术为先导，基础研究、产品研发、工艺开发、应用研究、工程实验相配套的特色研发体系。

铁建重工始终专注于非标、特种、个性化、定制化的高端装备制造与服务，从零起步打造了轨道系统、掘进机、隧道施工装备等三大成熟产业板块，积极布局新型交通装备、高端农机、绿色建材装备、煤矿装备、新兴工程材料等多个新兴产业板块。集团坚持只开发能够填补国内外空白的产品，且产品市场占有率和科技水平必须处于国内行业前三名的原则。集团TBM和大直径盾构机被广泛应用于国内30多个省市的地铁、铁路、煤矿和水利等重点工程；轨道系统位列国际先进水平，产品远销30多个国家和地区；自主研制的全电脑凿岩台车、混凝土喷射台车助推中国隧道智能建造。

铁建重工始终坚持在“机制改革、科技创新、党建引领”下足功夫，以机制改革激发创新活力，以科技创新推动企业发展，以“党建+”构建核心驱动力。先后获评“国家重大技术装备首台(套)示范单位”“国家863计划成果产业化基地”“制造业向服务型制造业成功转型的典型企业”,连续摘获“中国专利奖”。荣登“中国轨道交通创新力TOP50企业”“中国工程机械制造商5强企业”“全球工程机械制造商50强企业”榜单。先后荣获“全国企业文化建设先进单位”“中央企业思想政治工作先进单位”等称号。

面向未来,铁建重工全力推进“两型三化九力”发展战略,大力构建“创新型、服务型”企业,坚持走“差异化、智能化、全球化”发展道路,积极培育企业核心竞争的“九种能力”,围绕客户价值链和产品生命链,实现“研发设计数字化、产品智能化、制造智能化、服务智能化、管理智慧化”。在全球化时代,铁建重工致力于解决世界级地质工程施工难题,打造国之重器,为世界地下施工行业、轨道交通行业贡献中国力量,成为全球领先的地下工程装备和轨道交通装备大规模定制化企业。

2006年,中铁轨道系统有限公司成立大会,厂区工程开工。

2007年,中铁十七局集团株洲战备物资有限公司划归中铁轨道系统集团管理,后改制重组为株洲中铁电气物资有限公司。

2008年,中铁轨道系统集团隧道施工重型装备制造项目在长沙经开区开工奠基。

2010年,中铁轨道系统集团成功自主研制国内首台HPS30型混凝土喷射台车;中铁轨道系统集团隧道装备公司成立。

2011年,“中铁轨道系统集团有限公司”正式更名为“中国铁建重工集团有限公司”,并在长沙总部隆重举行揭牌仪式。从此,世界地下空间迎来了中国盾构时代。

2012年,铁建重工首度入围“中国工程机械制造商50强”(第22位)。

2013年,铁建重工在中国全断面隧道掘进机企业生产资质评审中,荣获“壹级生产资质”。

2014年,铁建重工成功研制ZJM4200护盾式连续掘锚机,这是全球首台真正实现掘进、锚网支护同步施工作业的成套设备。

2015年,铁建重工首次入围“中国机械工业百强”;铁建重工成功研制国产首台双护盾TBM。

2016年,铁建重工研制的国产首台大直径TBM作为中国工程机械行业唯一产品,在北京参加“国家十二五科技创新重大成就展”,并受到党和国家领导人检阅。

2017年,由铁建重工和中铁十四局联合研制,具有完全自主知识产权的国产首台常压换刀式超大直径泥水平衡盾构机“沅安号”顺利验收成功下线,实现了国产自主盾构研制技术的又一次大跨越,填补了我国在盾构机常压换刀技术领域的空白;由铁建重工自主研制的全球首台煤矿护盾式快速掘锚装备成功交付。

2018年,铁建重工自主研制的全智能型混凝土喷射机通过验收,标志着全球首台全智能型混凝土喷射机在集团成功下线;铁建重工获中国施工企业管理协会科技进步一等奖。

2019年,铁建重工“ZYS113全智能三臂凿岩台车”和“六行智能采棉机”2个项目摘获2019中国创新好设计金奖。

2020年,铁建重工连续4年入围全球工程机械制造商50强。

(2)铁建重工的LOGO(图4-62)

图4-62　铁建重工的LOGO

18)中交天和机械设备制造有限公司(中交天和)

(1)企业简介

中交天和机械设备制造有限公司是世界500强企业——中国交通建设股份有限公司下属子公司。主要从事盾构机和海洋船舶的设计与制造,以及提供交通基础设施建设和管理领域的一体化服务,业务涉及公路工程、市政工程、轨道交通工程等领域。

公司设计制造的盾构机直径规格从0.8m至18m不等,形式涵盖TBM(隧道掘进机)、泥水、土压、复合式、敞开式、救援式、竖向掘进式等,产品遍布北京、上海、天津、南京、合肥、南昌、福州、杭州、珠海、佛山等国内众多城市以及亚洲、欧洲等国家地区,广泛应用于城市市政管网建设、地铁、城际轨道、核电站等多个领域。公司研制的“天和号”$\phi$15.03m超大直径泥水平衡复合式盾构机填补了国内制造大型复合地层盾构机的空白,打破了国际垄断。

公司通过了ISO9001质量管理体系、ISO14001环境管理体系、GB/T 28001职业健康安全管理体系认证。公司拥有盾构机发明专利16项,实用新型专利43项,软件著作权2项;拥有“高新技术企业”“江苏省盾构机关键技术工程技术研究中心”“江苏省隧道掘进装备智能化工程中心”“全断面隧道掘进企业一级生产资质”“安全生产标准化二级单位”等各类荣誉、资质数十项。

2011年,中交天和机械设备制造有限公司出厂中国首台拥有自主知识产权、直径达14.93m的超大型泥水气压平衡复合式隧道掘进机。

2012年,中交天和机械设备制造有限公司荣获“2012年中国制造业10大创新企业”称号,获批2012年高新技术企业。

2013年,中交天和机械设备制造有限公司的大型隧道盾构机电控系统故障定位方法、盾构掘进机本地及远程监控方法分别获得第七届国际发明展览会金奖和银奖。

2014年,中交天和机械设备制造有限公司“NSQYPHFH 1493型泥水气压平衡复合式隧道掘进机”项目,获评中国机械工业科学技术奖一等奖;获“隧道产业创新力企业TOP50”称号。

2015年,中交天和机械设备制造有限公司“天和号”获国家工信部科技成果鉴定。

2016年,中交天和荣获中国工程机械工业协会AAA信用等级;由中交天和研制的国内首艘自主研发深层搅拌船在天津港顺利下水。

2017年,中交天和获第十三届世界轨道交通发展研究会“技术创新奖”;“复杂地层超高水压盾构隧道建设成套技术”项目通过中国公路学会科技成果鉴定。

2018年,由中国交建集团推荐,中交天和联合中交隧道局、大连理工大学主持完成的江苏省成果转化项目、江苏省西部交通厅项目共同研发的“复杂地质超大断面长距离穿江隧道掘进机关键技术研究及应用”荣获中国施工企业管路协会科学技术奖一等奖。

2019年,首台采用自主技术和多项国产核心零部件设计制造的复合地层超大直径泥水盾构机“振兴号”在中交天和机械设备制造有限公司常熟基地顺利下线。

2020年,中交天和新型海上风电嵌岩钻机问世填补了海上风电大直径单桩嵌岩装备的空白,并对世界海上风电领域大直径单桩嵌岩基础工程的发展产生了里程碑的意义;中交天和青年“五小”创新创效项目斩获金奖和铜奖。

2021年,中交天和研制首台隧道施工现场组装盾构机用150T/30T多用途小车门式起重机在常熟基地顺利组装。

(2)中交天和的LOGO(图4-63)

图4-63 中交天和的LOGO

# 4.8 工程机械发动机和驱动桥的知名品牌

## 4.8.1 工程机械发动机的知名品牌

国内外著名的发动机品牌有潍柴、斯太尔、东风康明斯等。

1)潍柴控股集团有限公司(潍柴)

(1)企业简介

潍柴控股集团有限公司创建于1946年,是中国领先、在全球具有重要影响力的工业装备跨国集团。拥有潍柴动力、陕汽重卡、潍柴雷沃智慧农业、法士特变速器、汉德车桥、火炬火花塞以及意大利法拉帝、德国凯傲、德国林德液压、美国德马泰克、美国PSI、法国博杜安、加拿大巴拉德等国内外知名品牌,海内外上市公司8家、股票11支。全球员工10万人,年营业收入超过3000亿元。

潍柴主营业务涵盖动力系统、商用车、农业装备、工程机械、智慧物流、海洋交通装备等六大业务板块,分子公司遍及欧洲、北美、亚洲等地区,产品远销150多个国家和地区。重型发动机、重型变速器销量全球第一,工业叉车、豪华游艇全球领先,农业装备销量中国第一,重型卡车中国领先。拥有内燃机与动力系统全国重点实验室、国家燃料电池技术创新中心、国家商用汽车动力系统总成工程技术研究中心、国家级工业设计中心、国家内燃机产品质量检验检测中心、国家内燃机产业计量测试中心、国家认定企业技术中心等国家创新平台,在全球多地设立十大前沿创新中心,建立了全球协同研发体系。先后荣获国家级科技奖励9项,其中国家科技进步奖一等奖1项(2018年度)。

潍柴集团控股子公司——潍柴动力股份有限公司(HK2338,SZ000338)是一家A+H上市公司,也是中国唯一拥有动力系统(发动机、变速箱、车桥)、重型汽车、汽车电子及零部件黄金产业链的企业集团;另一控股子公司—潍柴重机股份有限公司(SZ000880),业务覆盖大、中、小全系列船舶动力和发电设备产品平台,并于2007年4月在深圳证券交易所上市。其中,潍柴动力通过换股吸收合并湘火炬在深交所挂牌上市,成为中国第一家通过换股吸收合并方式由H股回归A股的蓝筹股,开创了资本市场上的"潍柴模式"。2012年1月10日,潍柴集团重组世界最大的豪华游艇制造企业——意大利法拉帝公司,企业开始进入全球顶级游艇制造领域,产业链条进一步延伸,标志着企业产业结构调整和国际化发展迈出了坚实一步。2012年9月3日,集团旗下子公司潍柴动力与世界首屈一指的工业用叉车制造商之一和液压技术的全球领先者——德国凯傲集团签署战略合作协议,标志着企业核心技术直接步入全球领先水平,彻底改变了我国高端液压产品长期依赖进口的局面。

潍柴集团模范履行企业社会责任,积极践行绿色低碳高质量发展,引领装备制造产业链迈向高端、共赢发展。荣获全国文明单位、全国先进基层党组织、自主创新典型企业、国家创新型企业、中国质量奖、中国专利金奖、中国商标金奖·商标创新奖、中国工业大奖、全国企业文化示范基地等荣誉称号。

(2)潍柴的LOGO(图4-64)

WEICHAI
潍 柴

图4-64 潍柴的LOGO

2)康明斯公司

(1)企业简介

康明斯公司成立于1919年美国,全球发电系统及其相关零部件产品和服务的领先供应商,是一家较早在中国进行发动机本地化生产的西方柴油机公司。

康明斯公司是全球较大的独立发动机制造商,产品线包括柴油和代用燃料发动机、发动机关键零部件(燃油系统、控制系统、进气处理、滤清系统和尾气处理系统)以及发电系统。康明斯公司成立于1919年2月,总部设在美国印第安纳州哥伦布市,康明斯全球范围内有10600多家认证经销网点和500多家分销服务网点,面向190多个国家和地区的客户提供产品和服务支持。2023年公司实现销售额341亿美元,康明斯中国含合资公司在内实现销售收入69亿美元。

康明斯与中国的商业联系始于1975年,时任康明斯董事长埃尔文·米勒(Irwin Miller)先生首次访问北京寻求商业合作。1979年中美建交,中国对外开放伊始,首家康明斯驻华办事处在北京成立。康明斯从此开始在中国进行发动机本地化生产,1981年,重庆发动机厂开始许可证生产康明斯发动机,并在1995年与康明斯联合成立中国合资发动机工厂。到目前为止,康明斯在中国总计设有37家机构,包括26家制造企业,员工13000多名,生产发动机、发电机组、交流发电机、滤清系统、涡轮增压系统、排放处理系统、燃油系统、氢能制造、存储及燃料电池等产品;18家省级客户支持中心,以及3000多家康明斯及合资体系授权经销商。

(2)康明斯的LOGO(图4-65)

图4-65 康明斯的LOGO

3)广西玉柴机器集团有限公司(玉柴)

(1)企业简介

广西玉柴机器集团有限公司始建于1951年,是一家以动力系统为圆心、实施同心多元化发展的国有大型企业集团。公司旗下拥有20多家全资、控股、参股二级子公司,涉及发动机制造及其产业链、物流及供应链服务,新能源产业及相关服务等三大产业板块,在广西、广东、江苏、安徽、湖北、重庆、辽宁等地均有产业基地布局。

玉柴集团年营业收入近500亿元,连续多年入选全球汽车零部件企业百强、中国机械工业百强第9位、中国500最具价值品牌第101位。公司主营产品包括柴油机、气体机、混合动力、纯电动力,以及工程机械、环卫设备、特种装备、发动机零部件等,为全球180多个国家和地区的客户提供产品和服务支持。

其中,在发动机研发领域,玉柴拥有国家级企业技术中心、内燃机国家工程研究中心、国家认可实验室、博士后科研工作站、院士专家企业工作站等创新研发平台,领先推出了全球首款功率分流型插电式混合动力、中国首台国六柴油发动机、中国首台商用车燃氢发动机等具有首创意义的产品。迄今,公司累计产销发动机超1000万台,科研成果六次荣获国家科学技术奖,两次荣获中国质量奖提名奖,国家企业技术中心评价排名全国第一。

玉柴集团坚持以持续技术创新为客户不断创造价值,在南宁、玉林建立了两个研发基地,拥有国家级企业技术中心、国家认可实验室、博士后科研工作站、院士专家企业工作站、内燃机国家工程实验室等,与40多家国内外科研机构合作建立联合开发中心,打造了国际前沿的科研基地。在发动机研究领域,公司始终占据着制高点,领先同行推出满足国4、国5、欧6排放法规的发动机,引领了发动机行业的绿色革命。公司拥有授权专利2000多件,多项技术填补国内多项空白,先后承担10多项国家“863”研究课题和国家科研项目,主持并参与50多项国家标准制修订。“节能环保型柴油机关键技术及产业化”等项目三次荣获国家科技进步奖二等奖。

(2)玉柴的LOGO(图4-66)

图4-66 玉柴的LOGO

企业视频：全柴

4）安徽全柴集团有限公司（全柴）

（1）企业简介

安徽全柴集团有限公司始建于1949年，是一家集研发、生产、经营、外贸、投资为一体的大型集团企业。

安徽全柴动力股份有限公司是国内专业的发动机研发与制造企业，1998年在上海证券交易所成功上市（股票代码：600218），拥有天和机械、欧波科技、锦天机械、元隽氢能等多家全资或控股子公司。具有年产60万台发动机、10万t铸件和5万t塑料管材的能力。公司是国家火炬计划重点高新技术企业、国家技术创新示范企业、国家知识产权示范企业、中国内燃机行业排头兵企业、全国机械工业先进集体、工信部制造业与互联网融合试点示范企业、中国机械工业百强、中国汽车零部件百强企业等，并于2021年获得“安徽省人民政府质量奖”。

公司拥有国家级企业技术中心、国家博士后科研工作站、安徽省院士工作站、安徽省重点实验室、安徽省工业设计中心等，与国内外多家内燃机科研机构及院所建立了良好的合作关系，确保了公司产品技术始终紧跟全球先进水平。依靠前瞻性的产品研发与创新能力，公司系列发动机、氢燃料电池在经济性、可靠性、环保性等方面均达到国内先进水平。发动机产品广泛应用于商用汽车、农业装备、工程机械、发电机组等，产品通过了欧盟CE和美国EPA4认证。凭借良好的产品质量和完善的售后服务，产品销售和服务网络覆盖国内、东南亚、欧洲等多个国家和地区，多缸发动机累计销量超过700万台。

为提升制造能力，公司积极加快自动化、数字化、智能化的应用，水平静压造型、消失模铸造、立卧转换加工中心、在线检测、智能机器人、AGV（自动导向车）与RGV（有轨制导车）运输小车等一批国际先进的智能化设备与新一代信息系统全面融合，为全柴高品质的产品智造打下了基础。

1949年，公司成立，从试制榨油机、轧花机等小型农业机械到相继成功研制并生产抽水机、煤气机、球磨机和空压机等系列产品。

1958年，更名为地方国营全椒动力机械厂。开始试制喷雾器、翻土板、12马力单缸煤气机等。

1971年，公司凭借S195柴油机正式进入柴油机行业。

1974年，更名为地方国营全椒县柴油机厂。

1976年，建成机体、曲轴、装配、造型等6条生产线和1条气缸盖自动加工线。

1984年，开始研制R175A系列柴油机。

1988年，联合县内29家农机具厂家组建“国光农业机械集团”；更名为全椒柴油机总厂，在全椒县城东乡新建厂区。

1990年，成功研制N285Q、R190C、S1100、N385Q、N485Q型柴油机，全省号召学习全柴精神。

1991年,R175A型柴油机荣获“中国优质产品”的称号。

1992年,引进实型铸造生产线并开展工艺技术研究。

1993年,大马力S系列、小马力R系列单缸柴油机产品全面参与国际市场竞争。

1995年,生产柴油机45万台,实现销售收入5.2亿元,利润5669万元,上缴税金2218万元。产品产量、产值、销售收入、出口创汇和经济效益等5项经济指标均居全国小缸径单缸柴油机行业前端。

1997年,全椒柴油机总厂改制为国有独资企业——安徽全柴集团有限公司,成为安徽省十五家重点企业集团之一。当年生产柴油机46万台,单缸机年产销量创历史纪录。

1998年,安徽全柴动力股份有限公司在上海证券交易所成功上市。

1999年,安徽全柴动力股份有限公司欧波管业厂成立。

2001年,全柴动力与北汽福田形成战略联盟关系,多缸柴油机销量实现快速增长。

2013年,多缸柴油机销售47万台,成为国内中小功率多缸柴油机生产基地;全柴技术中心被认定为国家企业技术中心。

2015年6月,全柴“大中型农业装备用柴油机智能化工厂”入选工信部2015年智能制造专项项目。

2017年,安徽元隽氢能源研究所有限公司成立,开始涉足氢能动力领域。

2018年,公司获批设立国家博士后科研工作站。

2020年,安徽中能元隽氢能科技股份有限公司,加速新能源动力产业化步伐。

2021年,安徽全柴动力股份有限公司获得了第五届安徽省政府质量奖。

(2)全柴的LOGO(图4-67)

图4-67 全柴的LOGO

5)常柴股份有限公司(常柴)

(1)企业简介

企业视频:常柴

常柴股份有限公司是具有一百多年历史的民族工业企业,是中国最早的内燃机专业制造商之一,也是全国农机行业及常州市第一家上市公司,目前同时拥有A股和B股,具有年产70万台柴油机、6万余t铸件、20万台汽油机生产能力。常柴至今已累计生产柴油机3000多万台，并曾先后出口到80多个国家和地区。

常柴主要生产中小功率柴油机，功率范围1.62～128kW，共有1000多个品种，产品广泛应用于皮卡、轻卡、低速载货汽车、拖拉机、收割机、园艺机械、植保机械、高速插秧机、发电机组、工程机械、冷链及船舶等领域。

常柴拥有国家级企业技术中心和博士后科研工作站、江苏省中小功率内燃机工程技术研究中心，采用国家生态环境部认可的高压共轨等先进技术路线，在行业内成功推出非道路国四柴油机，形成了多系列、多品种机型，新技术的运用使常柴产品具有更高的可靠性和经济性。同时常柴在非道路机械领域有多款单、多缸机通过了欧V排放认证，获得了进军欧美市场的绿色通行证，具有在国际市场上的竞争力。到目前为止，常柴已经累计有62个产品获得省、市高新产品认定证书，拥有国内外授权的有效专利167项，其中发明专利15项。

企业通过了ISO9001质量体系认证、ISO14001环境管理体系认证、IATF6949汽车产品质量管理体系认证。常柴连续多年入选“中国机械500强”排行榜。

常柴拥有国内先进的内燃机制造设备和技术，先后从美国、德国、瑞士、日本、奥地利等国引进了先进的铸造、加工、装配及内燃机检测试验设备。先进的现代化、智能化设备的应用，不仅提升了常柴装备制造水平，而且有力地引领和推动了农机行业的技术发展。

常柴在国内构建了覆盖全国的销售服务网络，拥有5个销售业务单元、25个销售服务中心、700多家特邀维修站，是海关高级认证企业，具有完善的柴油机销售服务网络体系，能为客户提供优质、高效、及时的服务。

(2)常柴的LOGO(图4-68)

图4-68　常柴的LOGO

6)上海柴油机股份有限公司(上柴公司)

(1)企业简介

上海柴油机股份有限公司前身上海柴油机厂，创建于1947年4月，原名为中国农业机械公司吴淞制造厂，试制生产过5马力汽油机。新中国成立后，改名为吴淞机器厂，曾批量生产单缸卧式750r/min12马力柴油机。1953年8月正式定名上海柴油机厂，开始自行设计和制造柴油机。1958年，第一台自行设计、完全国产化的6135柴油机在此诞生，开创了中国中等功率高速柴油机制造的先河。1964年，6135柴油机为国产第一台T120推土机配套，并通过整机鉴定。1969年又成功为国产第一台ZL40装载机配套，奠定了上柴公司作为国内工程机械行业最主要的动力供应商的地位。1993年改制为在上交所发行A、B股的国有控股公司，改制时，注册资金4.8亿元，总资产23亿元。目前，上柴公司已改名为上海新动力汽车科技股份有限公司，隶属于上汽集团。

公司拥有国家级技术中心和博士后工作站，技术研发力量雄厚。公司营销服务网络遍布各地，历史悠久、服务便捷周到。公司1994年行业内第一个通过ISO质量体系认证，产品为中国名牌产品，东风商标为中国驰名商标。企业曾荣获“世界客车联盟最佳发动机制造商”、全国“五一劳动奖状”和“上海市最佳工业企业形象单位”等称号。

上柴公司拥有70多年的柴油机制造经验，技术开发能力在国内同行业中名列前茅。公司质保体系完善，1994年在国内内燃机行业率先通过ISO9001质量体系认证，以后又通过QS9000质量体系认证。公司技术中心被国家经贸委认定为国家级技术中心，具备较强的柴油机开发设计能力，能满足用户的各种个性化的动力配套设计要求，形成了“生产一代，储备一代，开发一代”的科研机制，具有强大的发展后劲。

2021年，公司通过实施重大资产重组，实现“重型卡车＋柴油发动机”两大产业板块一体化发展的新格局。重型卡车业务将以全资控股的上汽红岩汽车有限公司为平台，积极布局智能重卡及新能源重卡，打造成为商用车重卡领域的头部企业，并通过新能源、智能驾驶、智能网联等技术领域的创新，打造智能重卡、新能源重卡的领导地位；柴油发动机业务将延续国内领先的全系列、多领域独立供应商的定位，持续扩充产品型谱，拓展新的细分市场，进一步提升产品在新能源化与智能网联化方面的差异化竞争优势，为国内外商用车、工程机械、农机、船舶和发电机组客户提供技术领先的产品。

公司坚持“实施名牌战略、培育质量文化、追求质量效益、保证顾客满意”的质量方针，践行“加强系统策划，倡导环境友好；履行合规义务，全面预防污染；推行清洁生产，坚持资源节约；贯彻持续改进，追求绿色发展”的环境方针。在70多年的发展征程中，公司以卓越的品质、周到的服务，惠及全球用户，成为价值创造的典范。

(2)上柴的LOGO(图4-69)

图4-69　上柴的LOGO

7)一汽解放汽车有限公司无锡柴油机厂(锡柴)

(1)企业简介

锡柴始建于1943年，一汽集团旗下，具有国内领先的自主研发能力，其四气门柴油机、电控共轨柴油机、两级增压柴油机在业内较为有名。

2017年10月，中国一汽以一汽解放汽车有限公司无锡柴油机厂为主体，整合道依茨一汽(大连)柴油机有限公司、一汽无锡油泵油嘴研究所、一汽技术中心发动机开发所，成立一汽解放发动机事业部(以下简称“事业部”)，是中国一汽商用车事业的重要业务单元，是解放公司重、中、轻型发动机研发和生产基地。事业部分布于无锡、长春、大连，总部位于无锡，总占地面积超过86万$m^2$，拥有从业人员超过7000人，主要产品为柴油机、燃气机、运动件、再制造产品和共轨系统。事业部成立后，形成了无锡、长春“两市三地”的研发布局，建立“技术创新五大机制”，构建了采购、市场、质量、成本、工艺为一体的大研发体系，具备完整的发动机自主开发能力，曾获得“国家科技进步一等奖”“国家科技进步二等奖”等重大荣誉，并成为首批工信部智能制造试点示范工程。

“十三五”期间，发动机事业部在解放公司的坚强领导下，始终聚焦高质量发展，企业经营指标大幅增长，盈利能力显著提升，销量年均在35万台，销售收入年均在150亿元。2021年上半年，发动机事业部科学统筹疫情防控和生产经营，主要经营指标均保持增长，实现销量21.3万台，同比增长6%，销售收入119亿元，同比增长25%。未来，事业部将坚持“民族品牌、高端动力”的品牌愿景，持续深化企业改革，加快技术创新步伐，稳步推进智能制造，全力打造绿色、高效、智能的发动机动力总成，为广大用户创造更大价值，持续做强做大一汽解放发动机自主事业，为助推一汽解放实现“中国第一、世界一流”目标作出新的贡献。

(2)锡柴的LOGO(图4-70)

图4-70　锡柴的LOGO

8)德国道依茨公司

(1)企业简介

德国道依茨(DEUTZ)公司是现今历史最悠久、世界领先的发动机独立制造商，创始于1864年。产品可配套工程机械、农用机械、井下设备、车辆、叉车、压缩机、发电机组和船机柴油发动机使用。

德国奥拓发明的第一台发动机是燃烧煤气的气体发动机，因此，道依茨公司在燃气发动机方面已经具有160年的历史。总部位于德国莱茵河畔的科隆市。2012年9月13日，瑞典卡车制造商沃尔沃集团完成对道依茨公司的股权收购。道依茨公司在全球超过130个国家拥有9个分销公司，9个销售办事处、16家服务中心以及超过800家的销售服务伙伴为客户提供支持。在亚太我们有7个办公室，包括北京、上海、新加坡、日本、韩国、澳大利亚和印度。亚太总部于2021年10月在上海正式开业。

道依茨公司素以其风冷柴油机闻名于世，尤其是九十年代初，公司开发研制出了崭新的水冷发动机(1011、1012、1013、1015等系列，功率范围从30kW到440kW)，这一系列发动机具有体积小、功率大、噪音低、排放好、冷起动容易等特点，能满足当今世界苛刻的排放法规，具有广泛的市场前景。

道依茨作为世界发动机产业的奠基者，德国道依茨股份公司在143年的发展历程中，传承严谨、科学的制造传统，坚持最具革命性的科技突破。从四冲程发动机的发明，到水冷柴油机的诞生，众多具有开创意义的动力产品，让道依茨在世界范围内赢得了推崇与盛誉。道依茨公司是沃尔沃、雷诺、阿特拉斯、赛迈等国际众多著名品牌的忠诚战略合作伙伴，始终引领着世界柴油动力的发展潮流。

道依茨产品特点：道依茨拥有世界顶级工艺构造简单、强度高、体积小、功率大、噪声低、排放好、冷起动容易等特点，尤其是能满足当今世界苛刻的排放法规。值得一提的是，道依茨一汽大柴4DK系列发动机是道依茨一汽大柴研发的全新中卡发动机，该发动机技术源自沃尔沃D5动力，经过了欧洲市场的充分验证，尽管是5L发动机，但其动力等同于国内品牌的6L机；6DK源自沃尔沃D7动力，性能堪比国内其他品牌的8L发动机，性能相当优异，品质非常稳定。

（2）道依茨的LOGO（图4-71）

图4-71　道依茨的LOGO

9）卡特彼勒公司

（1）企业简介

卡特彼勒是全球建筑机械、矿用设备、柴油和天然气发动机以及工业用燃气轮机领域的技术领导者和全球领先制造商。

卡特彼勒公司（Caterpillar，CAT），成立于1925年，卡特彼勒公司总部位于美国伊利诺伊州。是世界上最大的工程机械和矿山设备生产厂家、燃气发动机和工业用燃气轮机生产厂家之一，也是世界上最大的柴油机厂家之一。公司主要产品包括农业、建筑及采矿等工程机械和柴油发动机、天然气发动机及燃气涡轮发动机等。

卡特彼勒近百年以来，一直为工业和企业提供动力系统，主要包括船用发电系统、电力系统、工业系统和油气系统。5～16000kW的动力系统，不仅能为今天提供充沛动力，而且还着眼于未来的动力需求。其中，对Caterpillar世界级的工业柴油发动机生产线来说，作业不分难易。Cat发动机具有从8.2到6100kW的行业领先功率范围，足以应对世界上最严苛的环境，同时又具备足够的灵活性，可将其配置到几乎任何机器。

卡特彼勒CAT的品质已经被世界公认为第一，曾经连续多年被美国《财富》杂志评为工业及农业设备制造行业排名第一。公司生产的发电机组价位比一般的高30%，长时间使用会显出很强的优势。

卡特彼勒产品特点：卡特彼勒挖掘机有液压挖掘机和轮式挖掘机两大类，其中液压挖掘机包括：迷你液压挖掘机、小型液压挖掘机、中型液压挖掘机、大型液压挖掘机、抓料机。轮式挖掘机包括轮式挖掘机和物料转运机。卡特彼勒特点十分突出，比如机型匹配性一般，液压系统一般，动作一般，但耐用保值，使用成本一般，力量第一，价格市场第一。

(2)卡特彼勒的LOGO(图4-72)

CATERPILLAR®

图4-72　卡特彼勒的LOGO

10)珀金斯发动机有限公司(珀金斯)

(1)企业简介

珀金斯(Perkins)发动机有限公司,1932年由创始人Frank. Perkins(弗兰克. 珀金斯)在英国Peterborough(彼得伯勒)成立,为全球领先的发动机制造商之一,是4至2000kW(5至2800hp)功率非公路用柴油及天然气发动机市场的翘楚。Perkins公司擅长为客户量身定做发动机,完全满足客户的特定需求,因而备受设备生产商信赖。凭此优势,公司现时向全球1,000多家主要设备生产商供应发动机,这些发动机应用于5,000多种不同场合,覆盖五大市场:农用机械、建筑/工程机械、发电设备、工业用设备和物料装卸设备。时至今日,已有超过2,000万台Perkins发动机投入服务,其中接近一半以上仍在使用中。值得一提的是,Perkins的最终目标是要成为中国设备制造商的首选发动机供货商。Perkins发动机有限公司是卡特彼勒的子公司,在巴西、中国、印度、日本、新加坡、英国和美国均设有工厂和办事处。

公司生产的以柴油和天然气作为燃料的发动机,因其经济性、可靠性和耐久性的优点,在各行业当中得到广泛的推广和应用,如农业机械、建筑业、汽车、工程机械、工业用发电机组及船舶和材料加工行业等。

铂金斯产品特点:珀金斯柴油发电机组采用原装进口,产地由美国卡特彼勒及英国劳斯莱斯生产的柴油发动机,这种发动机采用最新欧美技术及高强度耐磨材料,确保一流的品质,再配以世界领先的利莱森玛柴油发电机,优点是体积紧凑,效率高。珀金斯产品出厂前,严格经过先进的电脑进行测试,其技术及品质均达到欧美生产水平。珀金斯柴油发电机组特点是油耗低、性能稳定、维护方便、运行成本低、排放低,机型达到EPA Ⅱ、Ⅲ排放标准,是常用及备用的理想电力设备。曾经获得"优秀环保者女皇奖章"的珀金斯,口号是:"不管在哪个行业,不管怎样的排放要求,珀金斯坚决为您解决"。

综上所述,采取国际先进技术打造的珀金斯发动机具有效率高、质量可靠;燃烧完全、经济性好;尤其是采用Perkins进气火焰预热装置、冷起动性好;噪音低、排放好、符合国际环保标准;零部件采用公制标准、维护保养简单;积木式设计可满足使用方面的各种结构要求等特点。

(2)珀金斯的LOGO(图4-73)

图4-73　珀金斯的LOGO

11)五十铃汽车公司(五十铃)

(1)企业简介

日本五十铃(ISUZU)汽车公司最早创业于1916年,1937年正式成立,是世界上最具规模及历史最悠久的商用汽车制造企业之一,以生产商用车辆以及柴油内燃机著名,商用车及柴油发动机的产量位居世界前列。由五十铃所生产的柴油发动机,曾经在日本占有异常重要的地位,更在后来影响了整个日本柴油发动机的发展。有一句话:“日本柴机出美名,老大只认五十铃。”总公司位于日本东京,制造与组装一体化,设厂于日本藤泽市、栃木县及北海道,以生产商用车辆以及柴油内燃机著名。截至2023年3月,共计在职员工人数为44495人。

五十铃是最早进入中国市场的日本汽车生产商之一,1985年开始通过与中国政府技贸合作的方式在中国生产轻型商用车,树立了中国高端轻型商用车的里程碑。

随着中国国内柴油机市场的逐年扩大以及五十铃柴油机供应的飞速增长,为了进一步满足中国市场的需求以及更好地贴近国内客户,及时有效地提供技术、产品、培训等一系列服务,提高客户满意度。为此,五十铃汽车公司于2004年11月在中国上海成立了五十铃汽车工程柴油机(上海)有限公司,统筹国内的五十铃柴油机事业。

五十铃汽车公司自成立以来,一直从事柴油机的研发与生产,已有80多年的历史。柴油机事业部门作为五十铃汽车公司旗下三大支柱事业部门之一,依托总公司雄厚的技术力量,致力于加强全球商务战略合作伙伴关系,打造业界第一柴油机制造商。

五十铃汽车致力于应用一流的技术和工艺,开发高科技、高可靠、节油环保的汽车及发动机产品,向世界各地的用户提供高效率的运输工具,共同创造美好未来。

(2)五十铃的LOGO(图4-74)

ISUZU

图4-74 五十铃的LOGO

12)洋马控股有限公司(洋马)

(1)企业简介

洋马控股有限公司成立于1912年,洋马(YANMAR)是世界公认的柴油发动机品牌。不仅高质量的产品和优质的服务有公认的市场竞争优势,洋马发动机还以其绿色环保,致力于最先进的节油技术的开发而闻名于世。公司拥有超过100多年的历史。公司制造的发动机被广泛用于:海轮、建筑设备、农用设备和发电机组领域。公司总部位于日本大阪北区茶屋町。截至2023年3月,共计在职员工人数为20,958人。

“Yanmar”于1921年作为商标成立。该名称是“Yanma Dragonfly”(以“Oniyanma”和“Gin-yanma”等名称而闻名)和公司创始人山冈孙吉名字中的“Yama”的组合。2002年,洋马以控股公司的身份更名为洋马有限公司,后更名为现在的“洋马控股有限公司”。

洋马专业从事农业机械和设施(拖拉机、联合收割机、插秧机、耕耘机等)、紧凑型设备(小型挖掘机、便携式发电机、灯塔)、能源系统(微型热电联产系统、燃气热泵等)、工业发动机(工业用紧凑型柴油发动机)、大型发动机(船舶发电机和推进系统等)、船舶(中小型船用柴油机、游船等)、部件(液压部件、变速箱等)研发、制造、销售。

(2)洋马的 LOGO(图4-75)

图4-75 洋马的 LOGO

### 4.8.2 工程机械驱动桥的知名品牌

国内外著名的工程机械驱动桥品牌,如美驰、汉德、采埃孚等。

1)徐州美驰车桥有限公司(徐州美驰)

(1)企业简介

徐州美驰车桥有限公司成立于1996年7月1日,位于我国主要的工程机械生产基地江苏省徐州市。徐州美驰是由美国美驰汽车公司(美驰公司是一家为商用车、特种车及轻型车的主机厂提供广泛的汽车零部件配套和服务,并从事零部件销售的跨国公司)和徐州工程机械桥箱公司(隶属于徐工集团)共同投资的合资公司。投资总额2408.7万美元,注册资本1680.3万美元。其中美方股比为60%、中方为40%。

公司引进了美驰(罗克韦尔)产品和车桥制造技术,是中国专业化生产、销售各类工程机械、重型汽车及特种车辆车桥的公司。拥有员工800多人,其中工程技术人员100多人。设备总台数446台,其中精密设备65台。公司采用了美国 Symix 公司的 ERP 系统,并拥有的三坐标测量仪。公司目前年生产能力为40000根车桥。

通过新建厂房投入使用,使公司年生产能力扩大一倍。主要产品包括:各种车辆用刚性桥、转向桥、贯通桥和三联桥。它们被广泛应用于12~80t越野及全地面汽车起重机、轮胎起重机、斗容量1.0~3.5$m^3$轮式装载机、5~25t叉车、斗容量0.4~1.0$m^3$挖掘机、12~25t振动压路机、200马力平地机、8~30t重型汽车、沙漠运输车等数十种工程机械、特种车辆。产品被国内各大主机厂广为采用,同时,车桥零部件出口北美及欧洲的美驰工厂。同时通过对美驰车桥的国产化,服务于中国市场,通过一支在质量和制造领域中高素质、具有奉献精神的员工队伍,提升了公司的生产管理、产品质量和按时发货。公司通过了挪威 DNV 公司的 ISO9001 及 QS9000 质量体系认证。

徐州美驰车桥有限公司的配套客户主要有徐工重型、中联重工、三一重工、徐工科技、山工卡特、福田重工等。

(2)美驰的 LOGO(图4-76)

图4-76 美驰的 LOGO

2)陕西汉德车桥有限公司(汉德车桥)

(1)企业简介

陕西汉德车桥有限公司成立于2003年,由潍柴动力与陕汽集团共同投资组建。公司始终以客户满意为宗旨,致力成为国际一流全系列轮式车辆车桥系统提供商。

汉德车桥是集研发、制造、销售、服务于一体的大型高新技术企业,在西安、宝鸡、株洲、铜川布局四大生产基地,具备年产各类桥总成150万根的生产能力,年产值超130亿元。下辖汉德车桥(株洲)齿轮有限公司、陕西金鼎铸造有限公司2家全资子公司,共有员工5200余名。

汉德车桥以全球化视野打造高端产品,销量连续八年位列行业前列。遍布全球的68个中心库,493个全系特约服务站,253家卡车特约服务站,56家矿区的宽体车特约服务站和9家客车特约服务站,为用户提供全方位服务。

汉德车桥从2006年开始推行精益生产,我们以"为全球客户提供更可靠、高效的车桥产品"为使命,充分应用大数据优势,精准发力,推进精益管理向多维度展开。以市场需求、产品开发、订单管理、供应链管理、生产制造过程、后市场服务等六方面为精益改善主价值链,提质、降本、增效,提升为客户创造价值的空间。

汉德车桥在行业内率先开展大规模智能制造工厂转型升级项目,确立"自动化、数字化、智能化"三步走战略,目前已处于数字化初级阶段。公司先后获评"陕西省智能制造试点示范企业"及国家智能制造新模式应用项目。

汉德车桥拥有国家级实验室、省级企业技术中心以及博士后科研工作站,把握车桥技术前沿,新能源电驱动桥、智能网联车桥技术全面引领行业发展。公司拥有260余项车桥专利技术,承担了国家863高科技计划项目及"重大科技成果转化""工业科技攻关"等省级项目7项。公司实现了中国汽车总成技术的首例出口,标志着中国汽车制造业实现由产品出口向技术出口的突破;凭借驱动桥总成核心技术在《重型商用车动力总成关键技术及应用》项目做出的突出贡献,荣获中国国家科学技术进步奖一等奖,是全国唯一获此殊荣的车桥企业。

(2)汉德的LOGO(图4-77)

图4-77 汉德的LOGO

3)采埃孚技术集团(采埃孚)

(1)企业简介

采埃孚是一家活跃于全球的技术集团。该公司为乘用车、商用车和工业技术的移动性提供高度开发的产品和系统。凭借全面的产品系列,采埃孚主要为汽车制造商、交通供应商和运输和交通领域的新兴公司提供服务。采埃孚能为各种车型提供电驱动解决方案。凭借其产品组合,采埃孚始终致力于推动节能减排、环境保护以及出行的安全性。除了乘用车和商用车领域以外,采埃孚还服务于建筑和农业机械、风力发电、运输、铁路技术和测试系统等细分市场。

2023年，采埃孚实现销售额466亿欧元，在全球拥有约168700名员工。该公司在31个国家设有162个生产基地。

1981年，采埃孚乘改革开放的东风进入中国市场，与客户和商业伙伴同心协力，积极进取，取得了长足发展，至今已经完成了从“中国销售”到“中国生产”、再到“中国研发”的跨越，正稳步朝着“中国引领”的方向前进。作为全球最大的汽车和工业品市场，中国不仅是采埃孚集团重要的生产和销售基地，是技术和商业模式创新的主要策源地，更是采埃孚集团全球发展无可替代的战略重心。采埃孚的全部8大事业部已经悉数进入中国市场。采埃孚在上海设有亚太区总部、4家研发中心以及约50家制造工厂，近240个售后服务网点。2022年，采埃孚在中国实现销售77亿欧元。

除中国以外，采埃孚在日本、韩国、马来西亚、新加坡、泰国等多个地区设有多家驻地，并且在日本和韩国分别设有研发中心。

采埃孚亚太区市场销售额约占采埃孚集团销售额近四分之一。亚太区共有约60家工厂、六家研发中心。中国是亚太区业务的主体。在日本，采埃孚也成功实施多元化战略。继续巩固与主要客户业务和关系的同时，在赢得新客户项目方面亦取得了突破性的进展。在韩国，采埃孚与现代起亚集团等公司建立了密切的业务关系。此外，采埃孚在泰国、越南、马来西亚等十多个国家和地区等也开展了广泛的业务，发掘亚太市场的巨大潜力。

（2）采埃孚的LOGO（图4-78）

图4-78　采埃孚的LOGO

4）山东云宇机械集团（云宇）

（1）企业简介

山东云宇机械集团，地处泰山西麓，佛桃之乡——肥城市。集团始建于1969年，2001年完成民营改制。原机械工业部定点企业。

云宇集团专业生产各种工程机械及矿山机械驱动桥、拖拉机前转向驱动桥、工程机械及农业机械制动器、钢圈、铸件等。主要为国内各大主机厂配套，产品批量出口。

云宇集团现有员工1000余人，具有良好的技术研发能力，拥有百余项国家专利，可根据用户需求设计开发产品，是一家集研发、生产、销售于一体的国家高新技术企业，驱动桥、制动器等四大类产品为行业标准的起草单位。

云宇集团占地面积52万$m^2$，建筑面积20万$m^2$。拥有各种先进的生产加工设备、精密检测设备1000余台及多条自动化生产线，具有完善的工艺装备，为生产优质产品提供了可靠的保证。企业通过了ISO9001质量管理体系认证，ISO14001环境管理体系认证及ISO45001职业健康安全管理体系认证。

云宇集团下设：山东云宇机械集团有限公司、路通重工机械有限公司、云宇制动器股份有限公司、云宇铸造有限公司、云宇钢圈有限公司等。

(2)云宇的 LOGO(图 4-79)

图 4-79　云宇的 LOGO

5)东风德纳车桥有限公司(东风德纳)

(1)企业简介

东风德纳车桥有限公司成立于 2002 年 12 月 2 日,2005 年 6 月 28 日由东风汽车有限公司与美国德纳公司在原东风车桥有限公司基础上,通过股权转让的形式合资组建的亚洲最大的商用车桥公司,目前双方(其中:东风汽车有限公司股东变更为东风商用车有限公司)各持股 50%。

东风德纳车桥有限公司现有员工 3878 余人,其中,工程技术人员 400 余人。公司总资产 67.08 亿元,下设十堰工厂、襄阳工厂、厦门分公司和武汉技术分公司。公司占地面积 83 万平方米,拥有机加、热处理、锻造、冲压、油漆、感应处理等各类设备近 5000 台(套),具有年生产车桥总成 100 万根,主从动齿轮 100 万套的能力。

公司产品覆盖重、中、轻全系列商用车车桥,包括转向桥、单驱动桥、贯通式驱动双桥、转向驱动桥、支承桥 5 大类 9000 多个品种,是国内产品型谱最齐全的车桥公司。近年来,公司在技术改造和产品研发上给予了大量的投入,不但对现有的产品进行了不断的改进和完善,还先后开发出了 13T 系列单级减速驱动桥,13T、16T 级轮边减速桥,11m、12m 客车专用单级减速驱动桥,以及应用于高档低地板公交车的低门桥(升级后)、电驱桥等先进产品,使得公司在行业内始终保持领先地位,以优异的品质赢得了东风商用车和其他客户的信赖。

东风德纳车桥有限公司在引进美国德纳车桥产品的同时,还投资 8 亿元人民币用于技术改造和研发能力建设,组建更具竞争力的车桥研发中心,实现与德纳公司研发中心技术上的合作与对接,不仅满足国内整车开发的需求,而且瞄准国际同行业的领先水平进行产品开发,从而全面实现从中国商用车车桥第一品牌到世界一流车桥供应商的新跨越。

(2)东风德纳的 LOGO(图 4-80)

图 4-80　东风德纳的 LOGO

## 复习思考题

(1)什么叫LOGO？LOGO有什么作用？

(2)司肖理论的含义是什么？由哪几部分构成？

(3)土方机械包括哪几种机型？国外土方机械的知名品牌有哪些？

(4)卡特彼勒公司是哪国的品牌？其主打产品是什么？

(5)小松公司是哪国的品牌？其主要产品是什么？

(6)国内著名的土方机械品牌有哪些？

(7)中国平地机的第一品牌是什么？

(8)中国第一台履带式推土机由哪家企业生产？

(9)中国第一家工程机械上市公司是哪家企业？

(10)非装饰用石料的开采与加工机械主要包括什么？国外有哪些著名品牌？国内有哪些知名品牌？

(11)英格索兰是哪个国家的品牌？其主营业务是什么？

(12)阿特拉斯·科普柯是哪个国家的品牌？其主营业务是什么？

(13)维特根是哪国品牌？其主营产品是什么？

(14)压实机械按压实原理可分为哪几种？国外有哪些压实机械知名品牌？

(15)宝马格是哪国品牌？其主营产品有哪些？

(16)中国第一台压路机是由哪家企业生产的？

(17)路面机械包括哪些机型？有哪些国外著名品牌？

(18)法亚是哪个国家的品牌？法亚与宝马格和玛连尼是什么关系？

(19)戴纳派克是哪个国家的品牌？它和阿特拉斯·科普柯是什么关系？

(20)ABG是哪个国家的品牌？它和英格索兰公司是什么关系？

(21)中国有哪些路面机械品牌？

(22)生产起重机的国内外知名品牌有哪些？

(23)生产隧道工程机械的国内外知名品牌有哪些？

(24)科尼公司是哪个国家的？其主要产品有哪些？

(25)海瑞克公司是哪个国家的？其主要产品有哪些？

(26)NRS是哪个国家的？其主要产品有哪些？

(27)生产盾构机的国内外知名品牌有哪些？

(28)生产架桥机的国内外知名品牌有哪些？

(29)郑州大方的主营产品有哪些？

(30)建科机械的主要产品是什么？

(31)长江的主营业务是哪方面？

(32)中铁科工集团有限公司是一家怎样的企业？其主打产品是什么？

(33)秦皇岛天业通联重工股份有限公司是一家怎样的企业？其主打产品是什么？

(34)三一重工和中联重科各是什么样的企业？其主营产品分别是什么？

(35)中铁宝桥股份有限公司是一家什么企业？主营产品是什么？

(36)铁建重工的主营业务是哪方面？

(37)中交天和机械设备制造有限公司是一家怎样的企业？其主打产品是什么？

单元 5

# 工程机械的造型与色彩

## 学习目标

### 知识目标

(1) 了解工程机械外观造型的内容和任务；

(2) 了解工程机械外观造型中所遵循的美学原理和法则；

(3) 了解宜人性设计在工程机械功能中的重要性；

(4) 了解宜人性设计在工程机械中的运用。

### 能力目标

能够运用所学知识对工程机械外观造型有一定的审美能力。

# 5.1 工程机械造型

## 5.1.1 概述

微课:工程机械外观造型

工程机械作为国家的工业瑰宝,不仅是国家建设的基石,也是技术创新的典范。它们的造型与色彩设计,更是展现出大国重器的独特魅力。

一款优秀的工程机械产品,每一个线条、每一个角度,都凝聚着工程师的心血和智慧,展现出一种庄重、威严和力量,不仅仅是美学和艺术的体现,更是大国实力和雄伟的象征。工程机械设计包括技术设计和工业设计。而工程机械造型属于工业设计的范畴。

工程机械造型设计是一门融合了工程、美学、人机交互和用户体验等多学科的综合性艺术。它不仅关乎机械的外观呈现,更涉及功能实现、操作便捷、安全可靠等诸多方面。

在功能性和实用性方面,造型设计需要充分考虑工程机械在不同环境、不同作业条件下的使用要求。例如,挖掘机需要拥有强大且稳定的底盘,以应对各种复杂的地形和作业需求;而装载机的驾驶室则需具备无死角的视野,以便操作工能够随时掌握周边状况,确保作业安全顺利进行。同时,造型设计还需要满足操作便捷性的要求。控制器的布局、操作按钮的设计等细节,都需要充分考虑操作人员的习惯和人体工学原理,以提供舒适、高效的作业体验。

在美学方面,工程机械造型设计追求的不仅仅是外观的美观,更是整体造型与功能的和谐统一。通过流畅的线条、简洁的外观和富有力量感的造型,可以赋予工程机械独特的艺术美感,使其在视觉上更具吸引力。此外,设计时还会运用流线型设计、动感线条和优雅的曲面等元素,以增强产品的现代感和科技感。

品牌识别也是造型设计的重要一环。通过独特的外观设计和标志性的品牌元素,可以使工程机械在市场竞争中脱颖而出,树立良好的品牌形象。这些品牌元素可以包括独特的标志、特定的色彩搭配以及具有辨识度的细节设计等。通过将品牌元素巧妙地融入整体造型之中,可以使产品在众多竞争者中脱颖而出,提高品牌的知名度和认知度。

随着社会对环保意识的不断提高,可持续性也成为现代工程机械造型设计的重要考虑因素之一。除了对材料选择进行严格把关之外,造型设计还关注机械的整体能耗、生命周期以及对环境的影响等方面。例如,设计时可能会采用可再生材料、节能技术以及环保涂装等措施,以降低机械在使用过程中的碳排放和资源消耗。同时,造型设计还会注重机械的模块化设计,便于维修和零部件更换,延长机械的使用寿命,降低资源浪费。

在技术方面，现代工程机械造型设计需要与先进的技术相适应。通过将智能传感器、自动控制系统等技术与外观设计相结合，可以使工程机械更加智能化、高效化。例如，传感器和控制系统可以集成在机械的某个部位或驾驶室内，便于操作工实时监测和控制机械的运行状态。同时，通过智能化技术，可以实现对机械的远程控制和故障诊断等功能，提高作业效率和质量。

在安全方面，造型设计也需要严格遵守各种国家和地区的法规和安全标准。例如，对于机械的照明系统、安全标志等方面都有着明确的规定和要求。设计师需要了解并遵守这些法规和标准，以确保产品在使用过程中的安全性和可靠性。

综上所述，工程机械造型设计是一门多学科交叉的综合艺术。在实践中，我们需要不断探索创新，寻找功能与美学的最佳平衡点，创造出一款既实用又美观、既经济又环保的工程机械产品。只有做到这些方面的综合考量，才能打造出符合现代工业设计趋势和市场需求的高品质工程机械。

因此，可以说工程机械外观造型的任务在于充分考虑“人的因素”“以人为本”，将产品实用要求的物质功能与审美要求的精神功能这两个方面结合起来，真正实现技术与艺术的完美结合。

由于工程机械的使用特点，其造型设计必须围绕与“人的因素”相关的各个方面着手设计。据国外统计，生产中58% ~70%的事故与轻视“人的因素”有关。生产的安全和效率与造型设计的水平有着直接的关系，并且也影响产品在市场上的竞争能力。就拿色彩这一方面来说，据日本经济学家调查，机械产品凭借其吸引人的色彩激发消费者的购买欲，占据了商品总价值的17.2%。由此看出，一台机械使用色彩的技术水平也会影响其在市场的销售状况。外观造型不容忽视，它是产品在整个设计过程、销售过程、使用过程中不可分割的重要环节。外观造型要依据美学和人机工程学的原理和法则解决工程机械产品功能与造型、造型与色彩、形式与外观、结构与功能、结构与材料、外形与工艺、产品与人、产品与环境、产品与市场的各种关系，是创造技术性能、使用性能和审美性能最有效结合的重要手段。

由上述可知，工程机械外观造型涉及的内容很多，受篇幅所限，本单元仅从功能与外观造型、外观造型中的色彩与形状、功能与结构、产品与人等方面加以阐述。工程机械外观造型部分，着重介绍国际著名厂家优秀的工程机械产品外观造型，应用美学原理赏析和体会一流的工业设计水平；工程机械中的宜人性设计部分，利用人机工程学的原理，通过具体实例分析，介绍当代工程机械在维修、驾驶室、驾驶座椅以及操作机构和信息显示装置等方面的宜人性设计。这两部分的内容不是独立的、割裂的，而是在外观造型中相互顾及，你中有我，我中有你，相互融合在一起。

### 5.1.2 工业设计及其发展

工业设计（Industrial Design），这个充满创意与技术交融的领域，自诞生之初便与工业化进程紧密相连。它如同一座桥梁，连接着冰冷的机器与充满温度的人性，调和着工业化大批量生产与消费者个性化需求之间的矛盾。作为一门学科，工业设计不仅为产品赋予了新的生命和意义，更在不断地推动着社会与经济的进步。

回溯工业设计的源头，可将其发展起点定位于工业革命时期。那时，随着机器大生产的出现，产品的设计与制造从手工转向了机械化，人们开始意识到产品不仅可以满足基本的实用功能,还可以具有审美上的愉悦性。正是在这样的背景下,工业设计应运而生,其目标是创造更加美好的生活方式。

历经数个世纪的演进,工业设计的领域不再局限于机械产品设计,而是逐渐扩展到了更为广泛的领域。如今,无论是高科技的电子产品、时尚的家具、还是独特的包装设计,都离不开工业设计的身影。它已经渗透到了我们生活的方方面面,让日常用品成了艺术与技术的结晶。

同时,随着社会的发展,工业设计的理念也在不断地更新。从最初对功能和美观的追求,到现在对用户体验和情感需求的关注,工业设计的发展始终与时俱进。它不仅关注产品的外观和功能,更深入地挖掘了人们内心的需求和渴望。

在现代社会中,工业设计已经成为制造业、商业和创意产业的重要支柱。它不仅提升了产品的附加值和市场竞争力,更是激发了制造业的创新活力,推动了经济的持续发展。同时,工业设计也催生了商业模式的变革,推动了商业与制造业的深度融合。

工业设计的发展历程是一个不断创新、不断超越的过程。在科技与社会的推动下,工业设计的理念、手段以及应用领域都在不断地发展和完善。在未来,工业设计将继续发挥重要作用,为我们创造更加美好的生活和未来。它将不断挖掘人类的需求与潜力,让我们的生活变得更加丰富多彩、便捷高效且富有个性。

### 5.1.3 工程机械造型的演变历程

在工程领域的历史长河中,工程机械的造型设计经历了翻天覆地的变化。从初创阶段的朴实无华,到演变阶段的华丽多姿,再到未来阶段的充满无限可能,这一发展历程既见证了科技的飞跃,也反映了人类审美观念的提升和对工作效率的深入追求。

(1)初创阶段的工程机械造型:朴实无华

在工程技术的萌芽时期,工程机械的造型设计以其实用性和功能性为核心。这些早期的机械形态较为简单,通常以矩形、圆形或管状为主。由于受到技术和材料的限制,这些设计往往显得较为保守和朴实。然而,它们在满足基本工程需求的同时,也展现了人类智慧的独特魅力。

(2)演变阶段的工程机械造型:华丽多姿

随着科技的迅速发展,人们对工程机械的要求逐渐提高。在这一阶段,除了实用性之外,外观的美观性和舒适性开始受到关注。设计师们大胆地尝试各种创新,将人机工程学、空气动力学和美学理念融入设计中。这使得工程机械的造型变得更加华丽和多姿多彩。流线型的外观设计不仅减小了风阻,还提升了视觉效果。细节处理也变得更为精致,如采用LED灯光、镀铬装饰等,还能使机械设备散发出时尚的气息。同时,为了提高操作舒适性和安全性,人机交互设计也得到了更多重视和应用。

(3)未来工程机械造型的趋势:智能化与可持续性的完美结合

展望未来,工程机械造型的发展将更加注重智能化和可持续性。随着人工智能和物联网技术的飞速发展,未来的工程机械将具备自主感知、决策和控制能力,从而大大提高工作效率和安全性。同时,环保意识的日益增强将促使工程师们采用更多的环保材料和节能技术,以实现可持续发展的目标。

未来工程机械的外观设计将更加简洁、流畅,并呈现出个性化的特点。工程机械将成为工程领域中的艺术品,展现出人类智慧与自然美的完美结合。此外,人机交互和用户体验将成为未来设计的核心要素，为操作工提供更加智能、高效和安全的工作环境。

从朴实无华到华丽多姿，再到智能化与可持续性的完美结合，工程机械造型的演变历程充分展现了人类对技术的不断追求和对美的永恒渴望。随着技术的不断创新和发展，未来的工程机械造型必将绽放出更加耀眼的光彩，为工程领域注入无限活力和创意。

### 5.1.4 工业设计中产品的形式美法则及其体现

工业设计是将美学原则与实用性相结合的设计领域。在工业设计中，形式美是一个重要的概念，它指的是产品外观的美感和视觉效果。在工程机械造型设计中，功能性与美学是两个至关重要的考量因素。它们之间的关系并非相互排斥，而是相得益彰。功能性与美学的完美结合是打造优秀工程机械造型设计的核心准则。

工业设计中的形式美法则不仅有助于提升产品的美学价值，还能够增强产品的实用性和市场竞争力。工程师在实际操作中，需根据产品特点和市场需求，灵活运用这些法则，创造出既美观又实用的工业产品。

(1)形式美法则及其内涵

形式美是以事物的外形因素及其组合关系给人产生美感，是人类在长期的生产劳动中所形成的一种审美意识。形式美法则是人类在创造美的活动中，以人的心理、生理需要为基础，经过长期探索归纳总结出来、并被人们所公认的基本规律。造型设计中应该遵循这些规律，但又不能生搬硬套，而要根据不同的造型对象、不同的技术条件进行“创造性设计”。创造性设计是工业设计的灵魂。

工业产品造型的形式美法则分为十个方面：①比例与尺度；②对称与均衡；③稳定与轻巧；④节奏与韵律；⑤统一与变化；⑥调和与对比；⑦过渡与呼应；⑧主从与重点；⑨比拟与联想；⑩单纯与和谐。这些法则的运用是灵活的，是随着时代的发展而发展变化的，遵循的原则就是必须保证产品造型的内容和形式是统一的。形式反映内容，内容决定形式；既要突出产品的形式美，同时也要体现产品的功能美。

(2)形式美法则在工程机械外观造型中的运用

一切艺术皆有法则，工程机械外观造型也要遵循形式美法则。下面重点介绍比例与尺度、对称与均衡、稳定与轻巧、比拟与联想。

①比例与尺度。

工程机械外观造型的美，来源于比例的和谐和尺度的适宜。比例是指机器各部分大小、长短、高低与整体的比较关系。尺度主要指产品与人的协调关系。因为机器是供人使用的，它的尺寸大小要适应人的操作和使用要求。诸如驾驶室出入口，座椅的前后高低，检修口的高低大小，操作杆件和踏板的大小、形状和布置范围等，都与尺度相关。比例与尺度相辅相成，忽视了哪个都不会产生美感。

造型中常用的能产生美感的矩形比例关系有：黄金比矩形，矩形的宽长比为0.618，是公认的视觉上完美的和谐比例，广泛存在于我们生活周围，如名片、烟盒、镜框、人体、动物、植物、贝壳等；$\sqrt{2}$矩形，适用于图纸、印刷品、字体、线宽组合等；$\sqrt{3}$矩形，接近黄金比；$\sqrt{4}$矩形，边长为1:2，便于组合；$\sqrt{5}$矩形，稍偏长，它包含了黄金比，视觉上也是完美的，是一个很重要的矩形(据分析，现存的古希腊建筑有85%是按$\sqrt{5}$矩形设计的)。

以下通过图 5-1 所示的双钢轮压路机外观造型来分析比例关系。

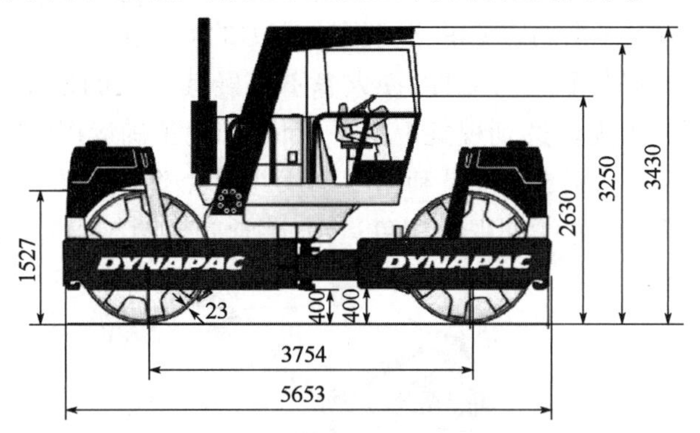

图 5-1 戴纳派克双钢轮压路机造型(尺寸单位:mm)

图 5-1

造型特点:这是一个造型接近完美的产品形象,功能的要求决定了整机采用近乎对称的结构,以铰接点为轴线;总体形象呈三角形布局,稳定、平稳、坚实,采用梯形、矩形的形状,形态上赋予产品刚劲有力;碾压轮的圆曲线与直线和折线相互对比呼应,又使产品显得刚中有柔;黄、红、黑三色的运用也很协调,尤其是红色碾压轮框架所形成的线贯通整机,在色彩上也形成了视觉稳定和平面感;黑色梯形状的防滚翻驾驶棚存在角度的倾斜,使得有静止特点的对称性结构有了动感。产品总长与总高之比(5653:3430)接近黄金比;总长与机体之比(5653:2630)接近 $\sqrt{5}$ 矩形,机体以铰接点为轴线,是两个对称的、近乎正方的矩形,使得整机的比例和谐,不论从哪个视角看上去,都给人一种美感,体现出一流企业先进的工业设计水平。

②对称与均衡。

工程机械外观造型的美,在于充分利用对称,创造均衡,尤其是均衡的应用。均衡,是对称的发展,一般以等形不等量、等量不等形和不等量不等形三种形态存在,见图 5-2。工程机械产品由于功能要求,大多数属于这三种形态。因此,如何灵活、正确运用均衡,解决“质量不对称、几何不对称与视觉不对称”的问题,对产品的整体造型产生直接的影响。

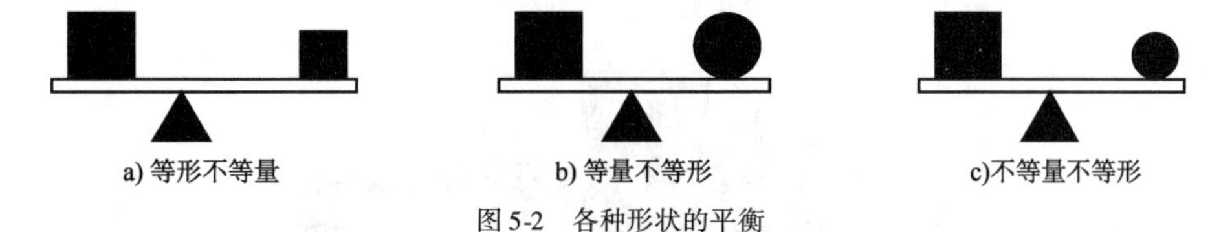


图 5-2 各种形状的平衡

均衡,在于充分利用占有空间的形状和色彩的变化。配色的应用一定要和产品的外观形象相配合,借以保持产品在整体造型上的均衡、比例以及风格上的一致。有些工程机械由于其使用功能的需要而不能采用对称平衡的外形。在这种情况下,就要有效地利用色彩所具有的诱惑力而获得视觉上的平衡。平衡是由感觉到的质量、大小、体积和质地等决定的。配色时各种颜色的特点所造成的强弱、轻重、软硬等感觉与色的形、面积和配置有机地结合起来,就能够造成种种视觉上的平衡。从液压单斗挖掘机造型来看,使用功能需要决定它采用非对称平衡。其相对端呈不同形也不同量的一种平衡状态。除其体量外,在色彩、质感、方向和空间形态诸要素的恰当运用,显得比对称平衡更生动、挺拔。其铲斗呈黑色(或红色),底盘和行走机构用黑色,驾驶室和机身下方用黑色带进行横向分割。尾端配重部分大面积的着色,从整体上满足人们熟悉的力学上的平衡稳定概念,从视觉上造成一种平衡稳定的心理作用,弥补了外观不同量也不同形所造成的视觉上不平衡状态。在这平衡的感觉中,造型刚劲有力的动臂和斗杆及有沉重感的铲斗和稳定坚实的底盘,很容易使人联想到其可靠性,使人毫不怀疑其强大的挖掘能力,增强了操作者的工作信心。可见,在形状上无法达到视觉上的平衡状态时,正确运用配色依然能造成平衡的感觉,如图5-3所示。图5-4和图5-5也是利用配色来达到视觉上的平衡状态。对比图5-5中两台平地机的外观造型,图5-5b)的外观的配色运用,感觉就比图5-5a)显得更加均衡。

图5-3

图5-3　配色所达到的视觉平衡

图5-4

图5-4　利用深色配色达到视觉上的平衡

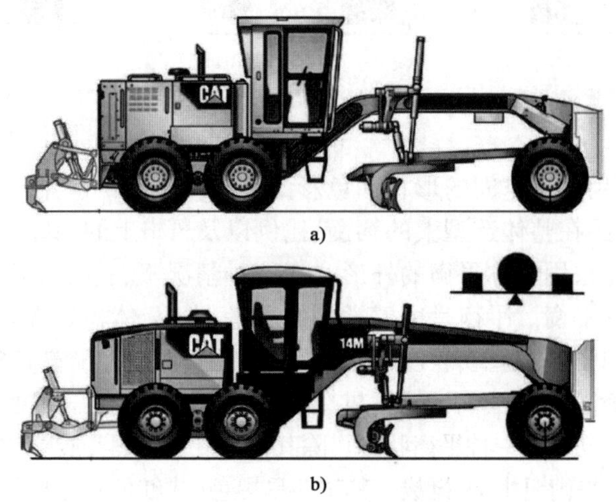

图5-5

图5-5　利用配色强调视觉上的均衡状态

③稳定与轻巧。

工程机械外观造型的美,在于视觉上强化产品的稳定性与轻巧感。稳定是指产品上下的轻重关系,稳定会给人以安全、轻松的感觉;轻巧也是指产品上下之间的大小轻重关系,在满足稳定性的前提下,造型上给人以轻盈、灵巧的美感,特别是大体量且体量集中的工程机械产品。如沥青混凝土摊铺机的造型,由于行走机构和振捣熨平机构常在高温下工作,不易于采用浅色调的涂装来达到均衡和减轻体量。在这种情况下,可以利用色彩的轻重感在机身和进料斗涂装上进行色彩的分割,以达到整个机器的稳定与轻巧,动感中不失稳定的感觉,如图5-6所示。特别是图5-6b)中,进料斗前上方的黑色涂装运用得特别灵巧,对于整个机器的稳定,起着重要的点缀作用。值得一提的是,产品上公司的LOGO已经成为造型形态的一部分,而不单单为宣传、装饰,且放在显眼的位置上但不一定恰当。

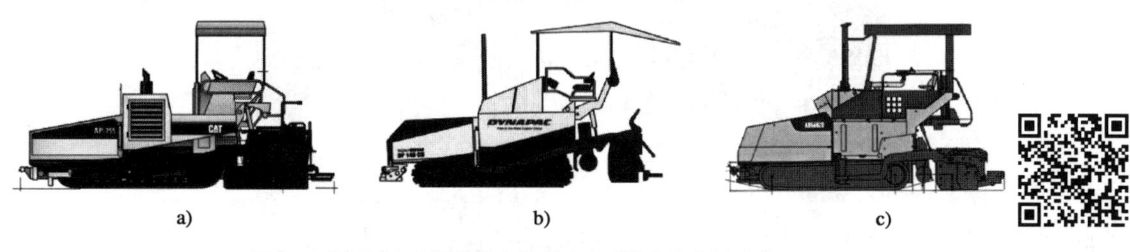


a) b) c)

图5-6 利用浅色和深色的色块对比达到稳定性和轻巧感

图5-6

④比拟与联想。

工程机械外观造型的美,在于创造性地运用比拟与联想的艺术手法,是一种独具风格的造型法则,运用得当,可以使人产生联想,由一种事物到另一种事物的思维推移与呼应,产生一种浮想联翩的美感。

科学技术的进步为工程机械外观造型提供了种类繁多、具有不同质感的生产材料、装饰材料,加之先进的加工工艺,不仅提高了产品质量,也给艺术造型设计带来了得天独厚的有利条件。技术性能的改进和突破,也常常会给造型设计带来很大的变化。如卡特彼勒公司采用新颖构思而研制成功的D10推土机,就是技术性能与造型设计完美结合的一个例证,是现代工业设计思想的产物(图5-7)。该机采用完全弹性悬挂底盘,将驱动轮提高使履带围成三角形,使整机总长缩短,既可降低脱轨啃轨的可能性,又可降低履带啮合件的磨损。配置的固定推土板、松土器和防翻滚安全驾驶棚和呈三角形的履带布局,在总体造型上呈"A"字形。斜置的发动机罩和垂直安装的提升液压缸,连同斜壁的燃油箱、罩板和三角形履带布置,使操作工在前后及两侧都有良好的视野。按人机工程学设计的驾驶室和操纵机构,保证了操作工的安全舒适,提高了生产效率。呈"A"字形的总体造型,尤其是三角形的履带布置,唤起人对山岳、金字塔的联想,给人以稳定坚实、强大有力的感受。可见,外观造型的品质对造型形态的情感表现是具有重要作用的。

### 5.1.5 工业设计中产品的功能与外观造型及其体现

工程机械产品的功能对产品的外观造型起着决定性的作用,居主导地位。功能决定外观造型,而外观造型必须体现功能,必须服从功能要求,必须有助于功能的实现。现代的功能概念已与过去不同,不仅仅是产品的基本使用功能,而且还包括了安全舒适、使用和操作简便、对人心理和生理健康的影响等多种因素。从图5-8可以看出，三台压实机具同样都具有压实功能，但外观由于受到当时技术水平和审美观局限造型截然不同，随着科技的发展、先进技术的使用、艺术设计理念的发展，造就出机械功能更为强大、外观造型更加美观的产品形象[图5-8c)]。图5-8还可反映出工程机械技术、造型设计发展的历史变迁。图5-8a)是博物馆展出的十八世纪马拉钢轮压路设备复原模型；图5-8b)是蒸汽时代(1911年)悍马公司生产的世界上第一台自行式压路机。对比三张图片可以看出，现代工程机械的形象已完全不是过去工业时代中的外观裸露、表面粗糙、色彩灰暗、外形笨拙、操作繁重的丑陋形象。一台设计优秀的工程机械产品，就是一件能够完美体现出功能美、技术美、艺术美的艺术品。

图5-7

图5-7　卡特彼勒D10推土机独特的造型

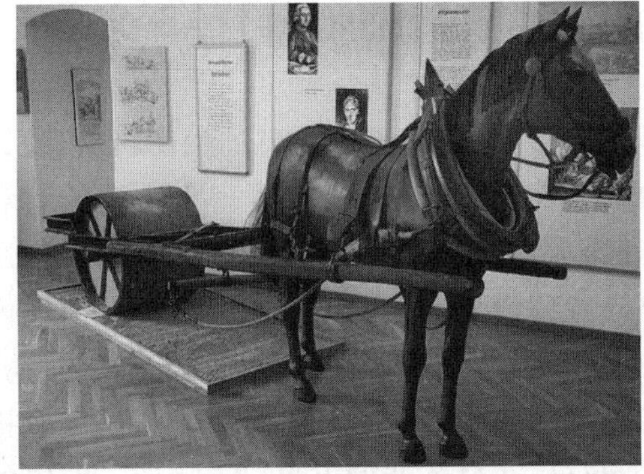

a)马拉钢轮压路设备复原模型

b)蒸汽动力压路机

c)现代压路机

图5-8

图5-8　不同时期压路机造型

外观造型必须遵循功能的要求，必须有助于功能的更好实现。这里涉及的内容很多，仅以操作工作业时的视野为例，俗话说“看得清才能干得好”，机械外观的造型，应该从尽可能地扩大操作工视野的角度去设计，因为良好的视野有助于能更好更完全地实现机械的功能。如图5-9所示两台压实功能不同的压路机外观造型。为了满足视野的功能要求，两台机具的机罩均采用了前倾角度很大的斜线外观设计，不仅满足了视野的要求，而且在总体造型上，由于呈三角形，很容易让人联想到稳定、可靠、坚实，从而也很好地体现了压路机稳如山岳的碾压功能。

图5-9　注重视野要求的压路机造型

图5-9

就操纵手柄而言，除其实现机械各个部分动作的基本功能外，它的造型还应适宜人手的拇指球肌和小指球肌的天然减振能力，避免对掌心和指骨的压力，操纵起来轻松自如。其形状和颜色的不同，有益于操作者在工作过程中便于记忆和区别，减少误动作所带来的事故，如图5-10所示。这些都可以称为更有效实现基本使用功能的辅助功能。它也应成为衡量和鉴定一个产品功能的指标，因为辅助功能对于提高生产安全和作业效率有很大的影响；同时，借助于现代电液控制技术，可以大大减轻操作者的劳动强度。关于这部分内容，将在“工程机械中的宜人性设计”中详细阐述。

图5-10　操作手柄造型和颜色

图5-10

一台工程机械产品是否符合审美要求（也就是说它的美学质量），在很大程度上是由它的形状决定的。因为人对物体感知过程中，首先注意到的是物体的形状，然后是它的颜色，进而才是形状的构成和颜色的特点（如色相、明度、纯度和色彩对比、色块分割等）。在这一感知过程中，形状表现为最积极的因素。因此，可以说，工程机械外观造型的主要任务是产品形状的构成。产品形状形成过程的特点和解决技术、功能、美学、人机工程学等问题一样，不是按先后顺序来完成的，而是同时进行研究解决，选择兼顾技术、美学、人机工程学要求的方案。方案一经确定，在很大程度上也就确定了机器的形状。

工程机械产品的用途即功能的发挥、维护修理、操作的方便性，以及为适应现代化生产方式的要求遵循的“三化”（标准化、通用化、系列化）设计原则，经济因素以及企业的技术能力，均在不同程度上影响产品的形状。社会经济发展的需要、科技水平的提高、人们审美观的变化（要求产品具有时代感、时尚性），这些因素对产品的形状起着同样的作用。从图5-11中可以感受到这种变化。过去在工业造型设计领域中曾流行“流线型”，难免会影响到工程机械的造型设计。纵观工业产品的形、色、质的演变，过去臃肿、圆滑无力的“流线型”已经逐渐被有力感的“直方形”“梯形”所代替。大量采用“直方”“梯形”是产品外观造型显得大方、明快、力量感强，很符合工程机械硬朗的形象，也更具有强烈的时代感。

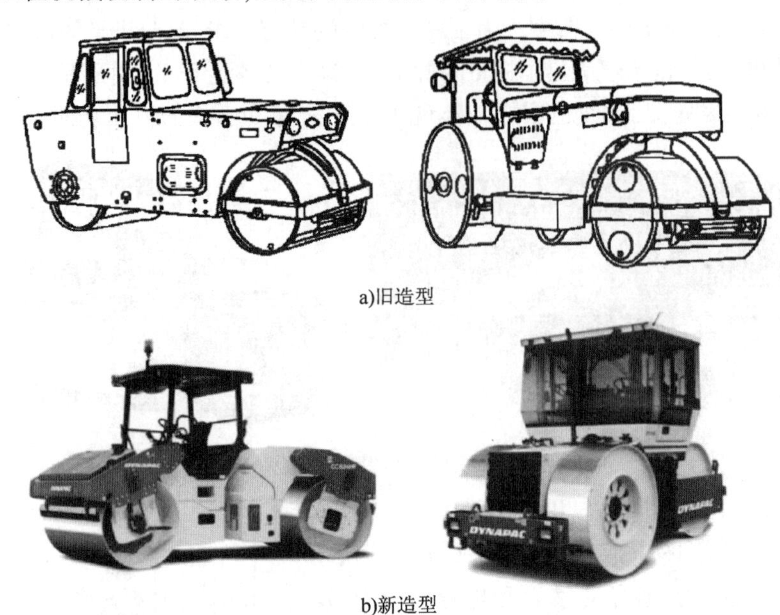


a)旧造型

b)新造型

图 5-11

图 5-11　钢轮压路机外观造型的变迁

## 5.1.6　工业设计中产品的宜人性及其体现

### 5.1.6.1　概述

在工程机械产品设计中，不论是工程技术设计还是外观造型设计，目的都是使产品发挥最大的功能效用。而产品功能是通过人与机器的相互作用来最终实现的。所谓宜人性设计是指用人机工程学的原则和方法研究“人—机—环境”这个统一的综合系统（图 5-12），并设计这个综合系统合理的方案，建立人—机之间最适宜和最合理的相互作用方式。

科学技术的飞速发展、计算机辅助设计的引入，使当今工程机械的设计达到了一个更高的水平。产品设计的主要困难已不在于机器设备本身，而在于如何确定人与机器以及人与环境之间最佳的相互协调关系。实践证明，即使采用了新的、高功效的机器和设备，由于其结构与人的相互作用方式不适应人的功能特点，则往往不能达到预期的效果。因此，在整个产品设计中充分考虑“人的因素”，解决产品与人相关的一切方面，选择最佳的“人机”系统是技术设计和造型设计中不可分割的重要组成部分。人机工程学可以帮助技术设计和外观造型设计者选择最理想的产品设计方案，在方案设计中允许采用技术对人的“迁就”及人对技术的“选择”。宜人性设计的最终目的就是一切“以人为本”，为操纵者创造高效、安全、舒适和方便的工作条件，保护其体力和激发其工作自信心，提高劳动生产率。

### 5.1.6.2　总体布置的宜人性设计

一台设计良好的机械，其安全、可靠、易于维护修理、检测和操作轻便以及保证有良好的视野是最基本的人机工程学标准。机械的总体结构设计和艺术造型设计要相互配合,以便共同达到这个最基本的人机工程学标准。产品的总体布置是先将所要设计的机器分成部件,然后再分析研究各部件相互间所应占据的位置。总体布置是否恰当,直接影响产品的美学性质:技术上合理,但也许并不符合美学的要求;达到了美观要求,但也许不符合人机工程学要求。这就要求工程师和艺术造型师创造许多可行的方案,选择满足这几方面要求的方案,特别是符合人机工程学要求的方案为最优的方案。

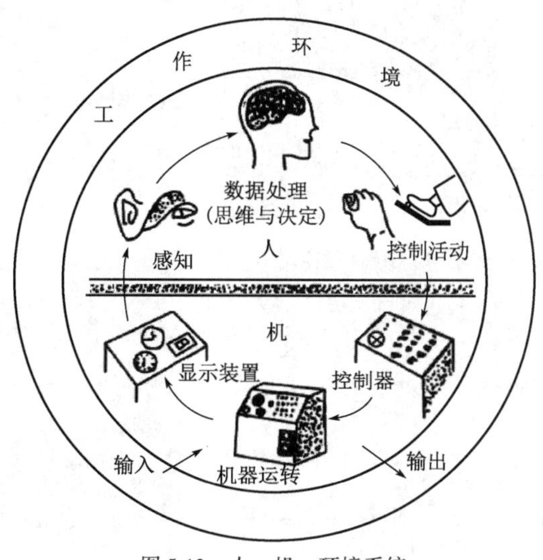


图5-12 人—机—环境系统

1)维护检测省时、省力

日常维护及登机前检测要省时、省力,以便使机械有更多的时间进行工作。造型设计必须和总体设计密切配合,充分考虑经常换用的一些零件、组件及总成件的配置,不仅更换检测容易,而且保证在更换时不需反复拆卸机器。维护点集中并易于接触,润滑点尽可能少且加长润滑周期。对于需要经常调整的部件,应设检修门和孔口。孔口的形状和大小应满足在挡板外便于工作和观察。CATD9L推土机对发动机、变速器、转向离合器、制动器及重轮架的各轴承所设的润滑点具有快速维护和维护周期长的特点。其基础本身仅有4个注油点,在附属装置上有14个注油点(推铲上有2个,裂土器上有12个),使润滑简化,绕机检查快速、方便。

在CAT生产的许多机种中,都设有维护指示器,显示红色信号时,意味着过滤器内的过滤芯过脏需维护;采用透明塑料积尘杯,便于目测聚尘状况;采用直观的目测油量计,检查方便而且避免开启油箱对系统造成污染;采用旋紧式润滑油和燃油过滤芯,不仅容易,更换时也干净利索。D8K和D9H型机上还采用了快速更换润滑油系统,比普通换油方法节省80%以上的时间。

2)维修方便

为便于维修,各国的工程机械在总体设计上都将驾驶室做成一“整体”,并可倾斜不同的角度。如CAT953装载机可用千斤顶使驾驶室整体倾斜24°,利于更换变速器油滤芯和快速连接液压检测接头,对发动机和传动装置进行故障检查和排除;驾驶室还可借外力倾斜90°,以便拆下发动机或传动装置。徐工JR453沥青路面就地热再生机组的发动机罩采用整体液压自动升降上翻式结构,利于更换滤芯等,方便发动机、分动箱等进行故障检查和排除;液压压力检测点集中引出至发动机罩外侧，利于快速连接液压检测接头并集中显示，方便检修操作，如图 5-13所示。

图 5-13

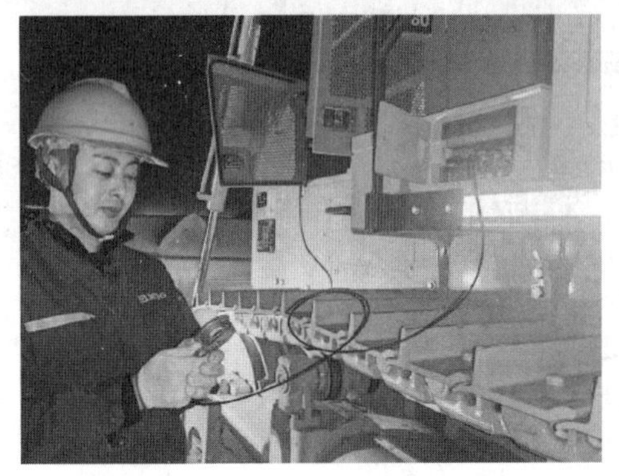

图 5-13　维护检修宜人性设计

实践证明，技术性能的改进和新结构的运用，是提高宜人性设计的重要基础。CATD10、D9L 和 D8L 均采用了组件装配式结构，使所有主要动力传动系部件在不必拆除推土铲、松土器、驾驶室等情况下就能快速拆卸和更换，尤其是拆除最终传动，显示了组装式结构的优越性，它只需断开履带即可拆出终传动部件，如图 5-14 所示。这样不仅使拆除部分所需时间减少，而且为现场维修带来极大方便，缩短了停机时间，降低了维护费用。

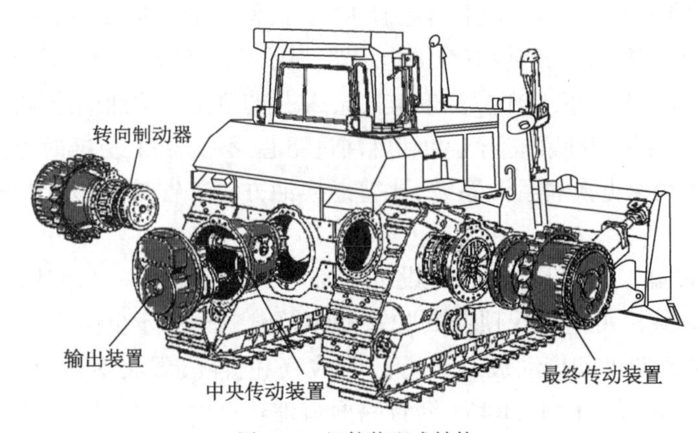


图 5-14　组件装配式结构

3)结构和外观造型对维护修理的影响

维护修理工作要由不同身高的人,以不同的姿态去完成。维护修理人员用某种必要的姿态对机械进行维护修理时,在纵、横、高三个方向所需的长度就构成了必要的工作空间。空间的尺寸应足以使维护修理人员自由达到部件(图5-15),即手易触及、便于工作手段(工具、监测装置等)的使用和观察,应尽量以安全舒适的姿态进行维护和修理。

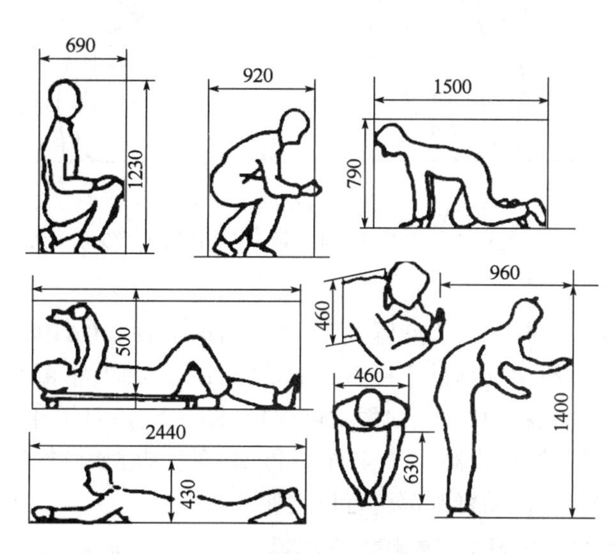


图5-15 工作空间最小尺寸(尺寸单位:mm)

对工程机械结构设计和外观造型提出宜人性的要求,可以从人机工程学角度去评价。机械采用的姿态(结构与造型)要顺应人的工作姿态。工程机械结构对维护修理有着直接的影响,采用和改进什么形式的结构、采用什么形态的造型,在于如何改善和协调人和机械的关系,不是人去适应机器,而是让机器适应人,以达到好的维护修理性。

(1)提高维护性

工程机械维护性的好与坏取决于在机械结构中要维护的部件在什么位置、手是否容易接近、是否便于操作。因此,结构设计和造型设计必须解决这些问题。

①集中维护部位。

为维护检查能集中进行,站在地面上就可以完成,部件的离地高度可使不同身高者都能以方便的姿态接触到(图5-16)。如CAT966D装载机将启动辅助器的乙醚罐、变速器加油口和油位计,以及变速器的油滤器集中在一起;小松公司的大型推土机将变速器、变矩器的加油口(包括过滤器)和检压口集中布置在一起。因而加油、检查油压、更换滤芯均可在地面作业,减少了工作量。

②延长润滑周期。

加润滑油在日常维护中频繁而重要。铲斗、推土板、松土器和履带等铰销部分,因其结构复杂而加脂润滑费时费力。为此,在结构上采用含油轴承和防尘密封润滑,使加脂润滑可延长到近100h。发动机则由于使用双过滤系统,使润滑油不易老化,而润滑周期延长至500h。

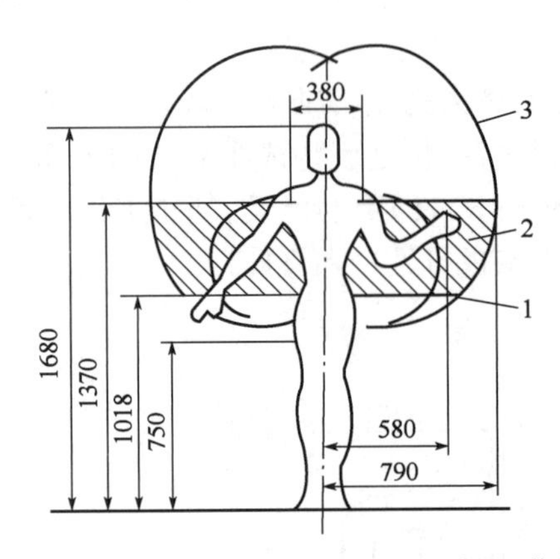

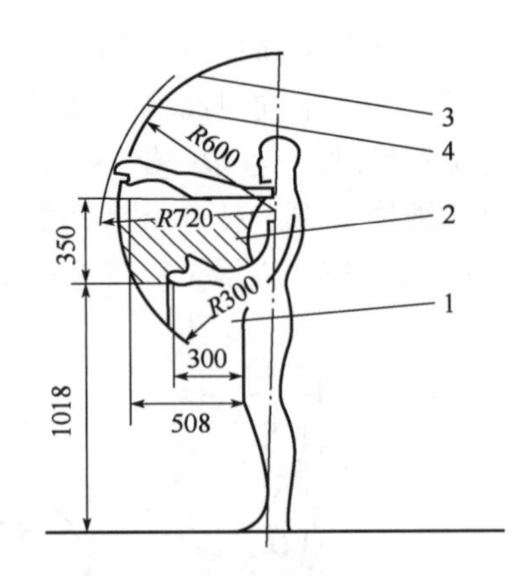


图 5-16 手的工作范围(尺寸单位:mm)

1-最佳工作范围;2-通常工作范围;3-最大工作范围;4-指尖抵达范围

③改进结构。

改变传统滤芯的螺栓连接方式为旋紧式,更换则省时方便。CAT966D 装载机将液压控制阀的位置由油箱内改到主机架前部易于接触到的地方,便于维护;将蓄电池从驾驶室内移到机器后保险杠两内侧的蓄电池箱内,站在地面就可维护(图 5-17);对铲斗的控制杆结构,采用少注油点结构,从而使动臂的润滑点减少了 41%。再如,对挖掘机动臂及斗杆上难于达到的各润滑点,采用中央润滑机构,从动臂趾部就近位置便能加脂。

图 5-17

图 5-17 维修的宜人性设计

④维护直观化。

改变传统的拆下罩盖插入油尺检查油面的方式,由装置侧面的目测计或在驾驶室内的仪表板上显示,采用透明塑料积尘杯,便于目测聚尘情况;采用免维护蓄电池,可不必进行液面检查。这些均有利于改善维护条件。

(2)提高维修性

维修性取决于是否充分适应人的操作要求,而适应人的操作要求又主要取决于维修时是否需要特殊的工具或装置,诊断或修理时作业人员的位置如何,接近待修零部件的难易程度等。对于这些问题,造型设计要依从结构设计,而结构设计要遵循对人的"迁就",共同达到维修的方便、快捷、省时、省力。

①改善可接触性。

接触性分为外部和内部。对于前者,要考虑机械采用的车体结构、开口位置及尺寸,能否方便地接近、取出各单元部件(这个是结构设计和造型设计要共同解决的问题);对于后者,配置的零部件周围要留有使用工具连接检测点的适当的空间、抓取部件的最小矩形尺寸和使用工具时的最小空间(图 5-18)。

| 开口部的尺寸 | A | B | 使用工具最小空间 | A | B | C |
|---|---|---|---|---|---|---|
|  | 120 | 130 |  | 135 | 125 | 145 |
|  | W+45 | 130 |  | 160 | 215 | 115 |
|  | W+75 | 130 |  | 215 | 165 | 125 |
|  | W+150 | 130 |  | 215 | 130 | 115 |
|  | W+150 | 130 |  | 305 |  | 150 |

图 5-18 开口部尺寸和使用工具所需最小空间(尺寸单位:mm)

为改善可触及性,工程机械广泛采用可翻转的驾驶室、宽大的检修门和可倾翻的检修平台。充裕的空间使维修人员能以舒适的姿态去作业,从而快速消除故障,如图 5-19 所示。

图 5-19 改善可触及性的宜人性措施

图 5-19

②拆装简单化。

a. 改进结构,采用标准组件。

其好处为:缩短寻找故障时间;便于快速更换故障部件;维修质量便于保证;可减轻对维修人员的技术和技能的要求;节省时间,降低费用,修理时只需运送部件。

b. 某些易损件采用剖分式结构。

如传统的履带在拆卸时要用专门的压力机和重锤，而拆卸剖分式履带节，只需拆下4根固定带有锯齿的两半链节的螺栓即可，不仅降低劳动强度，而且使拆卸简单化。

(3)重视预防维修

预防维修工作如下。

①检查或监视。这是一种"查看"，根据测量数据发现异常现象和故障先兆时给予维修，即实行按需维修(视情维修)，而不是"坏了再修"的方式。电子监控系统(EMS)的应用和现代分析手段(如油品分析)，也为早期发现机械故障隐患提供了可能。

②调整、修理或更新。这是一种"行动"，是消除故障的维修手段。

(4)视野良好

视野广阔清晰是提高和确保效率的主要保证。看得清才能干得好。驾驶室的造型应与总体设计相配合，其位置及门窗结构应当容易看清工作装置和通行道路。D10推土机的造型设计充分体现了视野良好的要求，在总体造型上呈"A"字形，处于前方视野要求，采用斜置的发动机罩和垂直安装的提升油缸；在后方视野上由于采用了新颖的三角形履带布局，不仅使总机长度缩短，而且为操作工回顾松土器工作状况提供了方便；左右及后方采用富有力感的"梯方形"的斜壁式油箱造型，其上表面均有一定的下倾角度，减小了死角，使操作工在工作时前后及两侧都有良好的视野。

技术设计也应考虑到所采用的结构对视野的影响。CAT953装载机采用了Z形连杆，不但提高挖掘力及铲斗的卸载速度，更重要的是由于采用单油缸进一步拓宽了操作工的视野。在其G系列平地机的主机架上，从铰接式连接件直到前面采用整体结构，取消了阻碍前方视线的平土铲连杆装置和齿轮箱，使视野更为广阔，如图5-20所示。

图5-20

图5-20　视野极好的驾驶室

5.1.6.3　驾驶室和驾驶座椅的宜人性设计

工程机械驾驶室应具有安全保护、防风防火和防雨防晒，不受灰尘、废气侵扰以及减轻振动和降低噪声的功能。这些功能直接影响操作工的安全舒适性，对提高生产效率起着显著的作用。其中减振的程度也影响操作工乘坐的动态稳定性。座椅的舒适性有两方面内容:坐姿舒适性和振动舒适性(静态特性和动态特性)。这两方面因素及其座椅相对于驾驶室内和操纵机构布局中的位置,直接影响着操作工的舒适和方便、操作的灵活与效率。振动舒适性的研究是把路况—悬架行走系统与座椅—人当作一个整体,探索在各种工况下受随机振动对人在心理和生理方面的感觉反应。国际标准《人体承受全身振动能力的评价指南》[ISO 2631—1978(E)]对人体承受全身振动能力的标准进行了最完善的评价。座椅的坐姿舒适性的研究则主要偏重于人体生理结构(人脊柱的腰曲弧线及坐姿状态下接触坐垫和靠背的体压分布)与座椅结构、座椅廓面形状几何参数的关系上,使座椅兼有良好的静态和动态特性。

1)驾驶室

(1)安全性

工程机械工作的条件较恶劣。因此,驾驶室采用翻车保护结构及落体撞击保护结构会使操作工感到安全可靠。美国CAT公司和日本小松公司的大部分产品均设有这种装置,如图5-21所示。实践证明,在工程事故中即使在机械损坏严重的情况下,操作工自身却安然无恙。

a)翻车保护结构的驾驶室(ROPS)

b)落体撞击保护结构的驾驶室(FOPS)

图5-21 采用特殊结构设计的驾驶室

图5-21

(2)舒适性

驾驶室的舒适性要求,主要表现在低振动、低噪声、防尘通风和除霜,在不同季节和气候中选择最舒适的温度与湿度(采用空调设备);另外还有采用通道式结构,防滑地板平直,具有最少踏板,可使操作工从任何一侧出入;室内整齐清洁,各种所需设备不妨碍操作工的正常工作;内饰色彩明亮柔和,切忌灰暗和刺激;采用有反光效应的有色层压挡风玻璃、标准的后视镜、功能齐备的照明系统和防火系统等。

①减轻振动。

随机振动将使操作工精神和身体疲劳,进而影响作业效率和质量并诱发作业事故,为此必须采取有效的稳定和减振措施。CATD10推土机采用全弹性悬架行走系统,支重轮的纵向运动由摆架橡胶垫的衰减作用而吸收了冲击载荷,履带轨距宽横向稳定性好,保证了良好的动态特性。在振动压路机上,因操作工位置大多紧挨振动轮,因此减振的作用就显得特别重要。机架与振动轮的隔振多采用橡胶减振器,发动机也经减振器及弹性垫装在机架上。为提高整个系统的减振效果,还要对蓄电池、燃油箱、水箱等采取减振措施。

日本日立公司在叉车上采用了全浮动式驾驶室,它是将整块地板和护架做成一个单独的部件,用4块橡胶减振垫固定在车体上;在轮胎式叉车上,又增加了2个充气的减振垫,它可使通过不平路面时产生的振动、倾斜和摇晃减少到最低程度。全浮式驾驶室的出现,进一步提高了操作工的舒适感,增加了生产率。

②降低噪声。

噪声令人烦恼,影响工作并有害健康。在噪声环境中的人需要更加集中精力,因而容易造成疲劳,严重的可引起一系列生理机能的显著变化(如听力损伤和心血管系统功能失调)。因此,驾驶室内噪声必须控制到80dB左右,最大值不得超过90dB。噪声的作用导致感觉运动过程的速度和准确性降低,特别损害复杂的协调动作,会影响操作效率和准确性以及作业的安全性。防止噪声常采用下列措施:

a. 改善噪声源,选用低噪声发动机和液压系统元件及高质量的消声器。

b. 封闭噪声源,给发动机加罩并在其内表面附着吸声材料,如有措施解决升温问题(如吹冷空气),则不失为一种简单且非常有效的方法。

c. 封闭驾驶室,采用隔声、隔振、带空调的驾驶室。室内顶部及侧壁粘贴隔声材料,地板铺设隔声橡胶层等。

2)驾驶座椅

(1)乘坐姿势

最舒适的乘坐姿势,一般认为是符合人体生理要求,即能保证正常的腰曲弧形而不受拉伸变形,腰背部肌肉处于松弛和休息状态以及腹部通向大腿的血管不受压迫的乘坐姿势。其特征是:臀部离开靠背稍向前移,使肩部后倾并与大腿下平面夹角(体腿夹角)为115°,小腿自然前伸并保持与大腿和脚之间有110°~115°的夹角。

(2)两点支撑原则

对人体腰部与背部的合理支承能够防止腰曲变形,是保证坐姿舒适性的重要结构措施。图5-22两点支承中,上面一点称为靠肩,能减轻颈曲变形,设置在第5~6胸椎之间;下面一点称为腰垫,它对保护和恢复正常腰曲弧线和保护易损腰椎有决定性作用,其位置在第4~5腰椎之间的高度上。

靠背倾斜角度和两点支承是相互依存的,因使用要求不同而有所偏重。以休息为主的座椅,多采用两点支承且以肩靠为主;以工作为主的座椅,则应保证工作要求,采取直坐式。以往工程机械座椅多属此类,工作过程背部几乎接触不到靠肩,两点支承中只有腰垫在起作用,但一点支承也能起到保护腰椎和缓和腰曲拉伸变形的作用。所以,我们常看到的工程机械座椅与汽车驾驶员及乘客座椅有所区别,前者主要以工作和操作方便为主,后者则兼有工作和休息的双重性。

近年来,国外工程机械由于操作系统布置合理而且多采用先导液压助力操纵机构和可倾斜不同位置的转向柱,座椅也采用张紧度可变的悬挂装置,可做上下及前后调整;坐垫及靠背也可按操作工个人喜好做向前或向后倾斜,操作时不必将身体探出;当机械处在斜坡或向旁倾斜时,侧面的扶手和安全带使操作工仍能稳坐椅中;扶手也可以折起,以免妨碍动作。所以当今工程机械操作工座椅也采用了适宜整日工作且最符合人体曲线的高靠背座椅(图5-23),其前后位置、靠背角度、腰椎支垫、下部坐垫高度、扶手角度和悬架硬度均是可调的,比以往具有更好的操纵和乘坐舒适性。

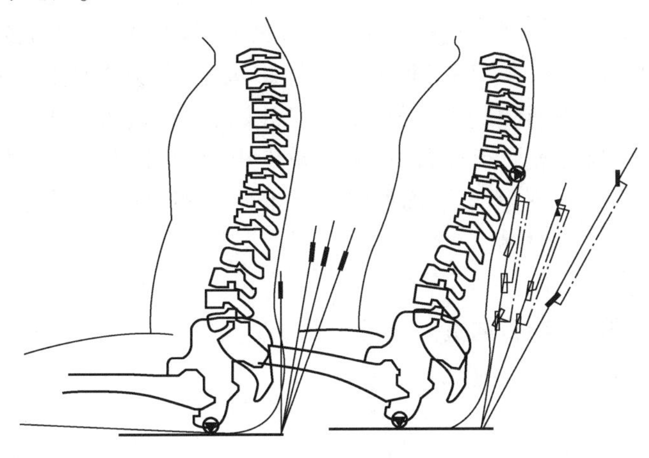

a)一点支撑　　b)两点支撑

图5-22　上体支撑的良好条件

图5-23　新型的工程机械座椅和操作手柄

图5-23

(3)体压分布

人体质量作用在座椅和靠背上的压力分布称为体压分布,是影响坐姿舒适性的一个生理因素。人体臀部和肩部上的不同部位,在产生不舒适感之前所能承受的压力是不同的。因此,座椅的压力分布应是合理分布,而不是平均分布。一般来说,坐骨周围的肌肉可承受较大压力,而大腿下面的肌肉因分布有大血管和神经系统,很小的压力也会影响血液循环和神经传导,从而引起不舒适。同样,靠背上的压力也应合理分布,集中在肩胛骨和腰椎两个部位。坐姿舒适的体压分布应是:人体的大部分质量应以较大的支承面积、较小的单位压力合理地分布到座椅和靠背上，压力分布从小到大应平滑过渡，避免突然变化。

(4)其他因素

座椅的几何尺寸及形状，所用材料也影响坐姿舒适性和操作的灵活性。座椅应该是能够上下、前后进行调整，以适应不同国度、地区有不同要求的操作工舒适乘坐。座椅深度要恰当，以便很好地利用靠背，通常为375~400mm为宜；宽度应允许坐者姿势有所变化，最小的宽度是400mm+50mm（衣服口袋和口袋装物距离）；有扶手座椅，两扶手最小距离是475mm。靠背的宽度以不大于325~375mm为宜，以免工作时人的肘部经常碰到靠背。坐垫应有一定的柔软性，既可增加接触面积，又可减少压力分布的不均匀性。但太软太高的坐垫又容易造成身体不平衡和不稳定，表面材料最好不使用塑料面，应采用纤维材料，既可透气又减少身体滑动。

(5)评价原则

评价座椅舒适性的主要项目的重要程度如下：

①腰垫，20%；

②靠背斜倾角，15%；

③座椅深度、高度，10%、5%；

④座椅上下、前后移动，10%；

⑤椅架下面的空间，5%（对于工程机械也可不予考虑）；

⑥坐垫与水平倾斜角，3%；

⑦坐垫前缘的圆角和柔软度，2%；

⑧其余项目，包括臀部和肘部活动空间、坐垫和靠背的空载轮廓、蒙皮的透气性、防滑性等，30%。

#### 5.1.6.4 操纵机构和信息显示装置的宜人性设计

操作的效率和是否容易、省力与机械生产率的高低有密切关系。操纵机构的布局、仪表显示装置的布置和驾驶座椅的位置，三者之间的物理尺度应综合考虑、统筹兼顾。工作位置的尺度由操作者在工作时视界的大小（包括室外视野良好和室内观察仪表和操纵杆件方便）及手、脚的活动范围和手、脚动作的有效性、协调性来决定。全盘布局要力求使操作工序耗时最少、体力消耗小和识别仪表指示方便、清晰和准确。

1)布置合理

(1)操纵机构

对于操纵机构的布置，应根据其使用方便程度、操作顺序和频繁性，将最常用的部分置于有利观察和手脚最有利的动作范围之内。如图5-24所示手和脚的作业范围。图中R点为在整车研发中总布置设计之初的参考点，是根据总布置设计要求确定的座椅调至最后、最下位置时唯一的“跨点”。

图5-25是CAT推土机的驾驶室布置[图5-25b)为新型驾驶室]，操纵机构的布置非常合理。对比图5-25a)与图5-25b)可以看出，新型驾驶室由于简化了操作杆件、优化了仪表显示，更加简洁合理。

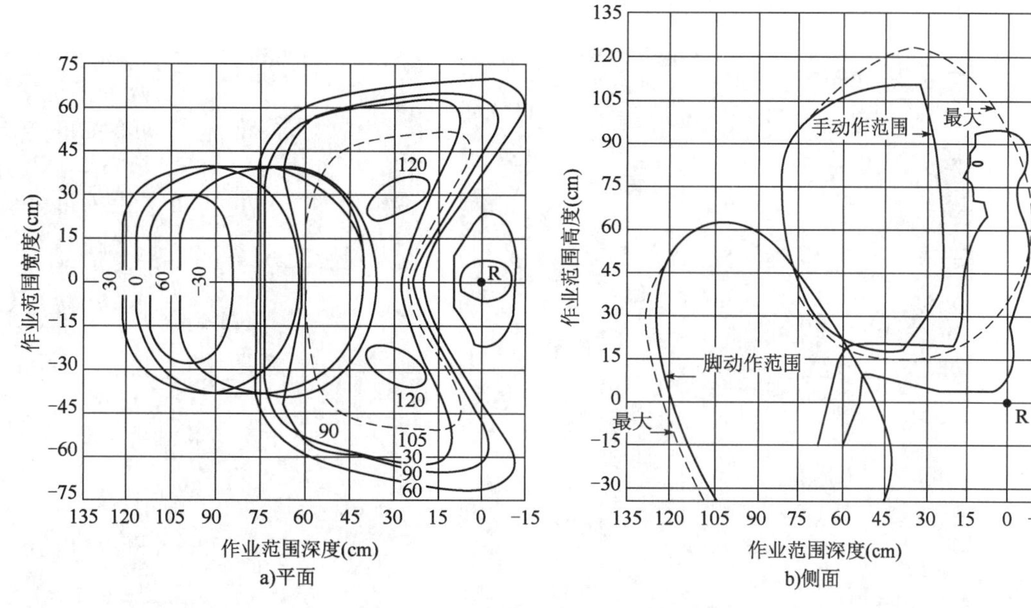


图 5-24 手和脚的作业范围

a)

b)

图 5-25 CAT 推土机驾驶室布局

图 5-25

根据人的生理特点,不经训练的人,一般情况下右手反应时间比左手反应时间短而且准确。像节气门控制杆、推土铲控制杆和裂土器控制杆这类常需调整的操纵杆件均布置在右手最方便的活动范围内。减速踏板也方便地放在操作工反应较敏捷的右边,次要的操纵杆如定期性或不经常调整的杆件布置在工作区边界处或边界外。如为保护机器、操作工和在场人员专设的安全手柄[图 5-25a)]就设在控制台的左边,而且颜色与其他杆件不同。该手柄上饰有警告功能的红色,当操作工离开驾驶室时,随手将其结合,方便自如。需要特别指出的是,应急机构件的形状和颜色不仅应与一般机构相区别,而且应设置在任何情况下都能接近且与一般机构隔开的独立空间处。

CAT938G 轮式装载机的驾驶室设计得更富有宜人性,有着舒适的设施与控制装置、更大的窗户、更好的人机工程环境(图 5-26)。图 5-26b)中的 5 为带衬垫可调整的扶手,有助于减轻操作工的疲劳，是非常人性化的设计。

a)

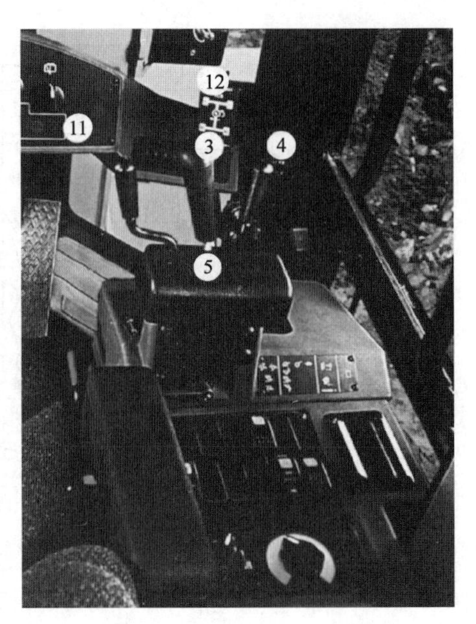


b)

图5-26

图5-26　CAT轮式装载机新型驾驶室

1-更大的窗户；2-自动换挡控制；3-快速自动降挡按钮；4-先导辅助液压式铲斗控制；5-带衬垫可调整的扶手；6-带流量放大的负荷传感转向系统；7-转向操作台和机器所有的主要仪表；8-双悬架的制动踏板；9-宽裕的储存空间；10-驻车制动器；11-报警指示灯；12-牵引力控制指示灯

（2）仪表显示装置

操作工在作业过程中，监视控制台的仪表指示和操作机械的工作常常是同时进行的。因此，仪表的合理布置，将意味着操作工通过快速判读仪表，及时掌握机械的运转状况，保障机械的安全。

根据人的视觉运动规律，视线习惯于从左到右和从上往下运动；看圆形物体时，总是沿顺时针方向比较迅速。从图5-25中可看出反映机器状况的重要仪表，从左至右排列在仪表板上，而且仪表指针的摆动方向多为顺时针或具有一定的规律性，以便操作工迅速判断作出反应。

仪表板的位置应处于操作工最有利观察区域。根据人的视觉特点，横向视野大于纵向视野，眼睛的水平运动比垂直运动快。图5-27为人的水平和垂直方向视域的划分。横向视野中最大视域为220°（头部和眼球的转动），只有眼球转动时为120°。视线突然转移过程中大约3%的时间能看清目标，其余97%的时间视觉是不真实的。根据这些特点，仪表板应布置在操作工前下方。最有效的水平视域是以下3个区域。

①中心视力范围（1.5°～3°），对物体视觉最清晰；

②片刻视力范围（18°），有限时间内即可辨清物体；

③有效视力范围（30°），需集中注意力才能辨清物体。

最有利的纵向视野为视平线上30°、下40°，坐姿工作时间向下的最佳视线为15°，如图5-27b）所示。监控机器各主要功能的仪表和警示灯，应沿垂直方向在水平线下30°范围布置在斜置防眩的仪表板上。水平方向上，在作业时不需用的、次要仪表摆在视域之外；主要的仪表置于20°、30°区域；最重要的仪表布置到最佳视区内（10°区）。当然，仪表位置主要是有利于工作。CAT426 型挖掘装载机的仪表板则设在操作者的右边，无论操作装载机还是反铲装置都便于观察。

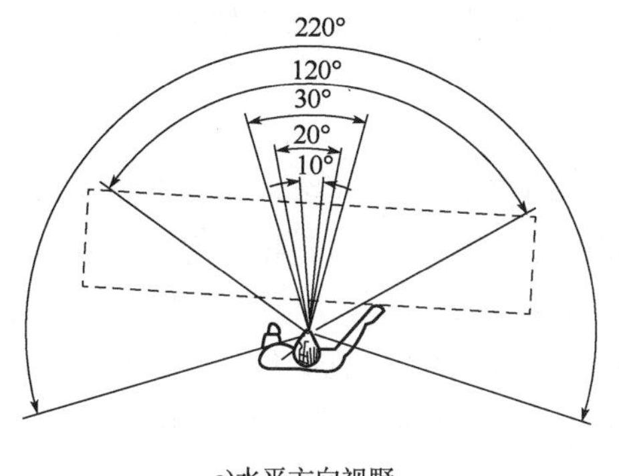


a)水平方向视野　　b)垂直方向视野

图 5-27　水平及垂直方向视野

仪表板处于操作工前下方，因此，必须重视仪表板的反射光，以免干扰操作工带来危险。仪表板的色彩应与室内色彩有适当对比，常见的多为深色（如黑色）。所有材料应为无光泽和表面粗糙以便形成漫反射，消除眩光。切忌在仪表板上使用过多的色彩和为装饰所采用光亮度大的电镀框仪表，这些都会造成视觉疲劳。如图 5-28 所示目前最为先进的仪表显示装置，它包含了 4 个可直接读取的仪表、15 个警报指示器、数字式消息显示屏，操作者可以及时掌握机器的各种运转信息。

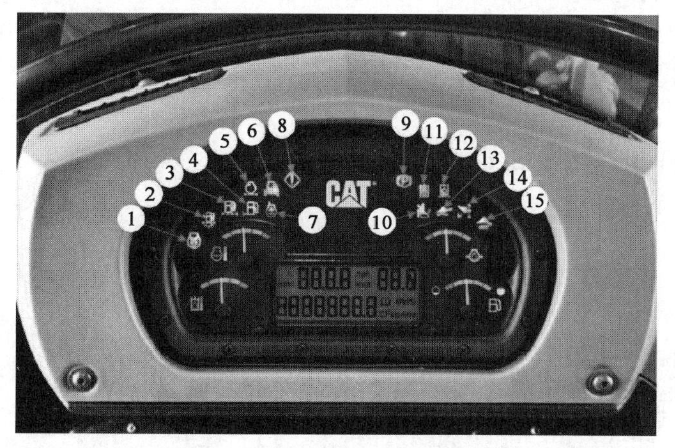

图 5-28　布局和视觉良好的信息显示

注：1 ~ 15 均为警报指示器。

图 5-28

目前，国外工程机械普遍采用电子监控系统（EMS）替代传统的仪表显示装置。CAT 公司 60% 的产品已装备了这种信息显示系统，代表了今后工程机械发展的趋势。电子监控系统相对仪表有极大的优越性，其判断准确性高出仪表 3 ~ 4 倍；其可靠性在每 100 个作业小时中，失效率约为 0.0017。而仪表的准确性和可靠性会因各种因素，如使用时间、振动和人为的原因而受到影响。仪表需操作工来判读并记住其读数所包含的意思，对经验较少的操作工则必须把更多的注意力集中在工作上而不是集中在机器的工作状况上。即使有经验的操作工也会由于指望仪表显示正常而较少去注意，使得危险状况得不到及时注意，从而引出问题。而电子监控系统则利用预调定的传感器(开关),操作工不需要依靠偶然的监视去发现仪表显示的危险读数,省去了无效的猜测。该系统应用发光二极管、故障指示灯和警告喇叭,内在可靠性极好,不仅监控系统还能监控自身,使操作工快速可靠地识别信息,从而使机械损坏的可能性大大减少,因而有更高的作业率。

2)操纵可靠轻便

操纵力的大小、操纵的方式对操作效率影响很大。人机学对此有严格要求和标准。国际标准化组织(ISO)和一些国家都已把有关试验研究成果总结到技术文件中。如苏联对起重机操纵杆布置规定在距离座椅上表面200~300mm的高度,作用于操纵杆上的推力不大于30N、踏板的施力容许值不超过60N,若踏板的施力是经常性的,则必须减至20N。踏板总行程不超过125mm以及用能承受一定荷载的弹簧复位,不仅减少扳动手柄的作用力和缩短手柄行程,而且可以准确灵活地对工作装置精确控制。

操纵杆的动作方向应与机械工作机构的运动方向一致,便于记忆并符合人的习惯想法。操纵使用时应不阻碍操作工视线,位置也应与操作工视野相适应。如CAT的D9L推土机的裂土器操纵杆设在操作工右后方,为减少操作工裂土作业时扭转身体所产生的疲劳,其操作工座椅向右后方斜置15°,以便于操作工舒适地向后回顾进行操作(参见图5-25)。

目前,国外工程机械广泛采用可调整的操作台,如图5-29所示。控制台和仪表盘随操作者一起移动,与操作工的相对位置保持不变。操作台有9个旋转和7个滑动位置,最大限度扩大了操作者视野,方便舒适,同时提高了碾压质量。不论操作台如何旋转和滑动,操作者的位置始终在FOPS(Falling-object protective structure,防落物保护结构)保护棚有效保护范围内,为操作者提供了作业的安全保障。

图5-29

图5-29 多位置操作台为操作工提供了良好的视野

宜人性原则的最高体现是能事无巨细地考虑“人的因素”。如操纵手柄的形状必须适宜人手的比例和指球肌、大鱼肌和小鱼际肌的天然减振能力,避免对掌心和指骨的压力以及由于垂直和水平振动而引起的疲劳从而影响操纵的准确性。

现代工程机械的操作手柄借鉴了航空、航天技术,利用日益发展的新技术手段,创造了更符合、贴合人手形状的类似于游戏手柄的操作杆件,按动手柄上的电子开关,就可以实现过去需要搬动操作杆件来完成的动作,实现更为形象的机械运动。如图5-30所示就是这种轻便舒适的操作手柄。

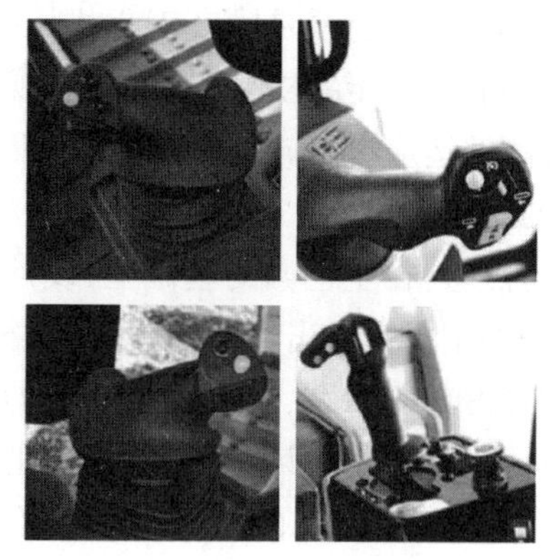

图5-30　新型的操纵手柄　　图5-30

并列手柄的形状、大小、高度和颜色要不同,有益操作工记忆和区别,减少误动作带来的事故,提高人机系统的总效能。简化操纵机构也是提高宜人性设计的有效措施。越来越多的工程机械不断简化操作,许多功能的控制都已用按钮开关来实现。如小松的装载机采用的指尖控制变速器,CAT生产的电子控制的铲斗位置控制器可预定铲斗的卸载高度和挖掘角度,大大减轻了操作工的劳动强度、改善了人机关系。对比图5-31中a)、b)的操纵机构可以看到,先进技术的运用可以简化很多操作杆件,b)的操作机构更加简单、快捷、轻便。

a)
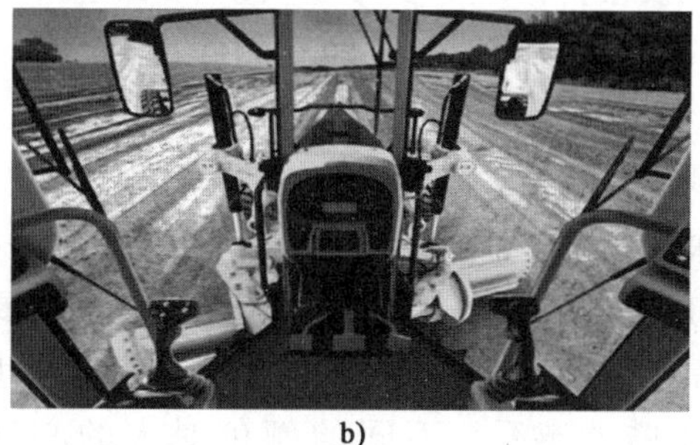
b)

图5-31　操作机构的简化　　图5-31

宜人性设计在工程机械结构设计和外观造型中的运用,集中体现在驾驶室、操纵机构、维修和信息显示装置上,必须给予极大的重视,因为它们在“人—机”系统中是联系人和机器的重要环节。宜人性设计的最高目的,就是追求人和机器之间的新型关系。

## 5.2　工程机械色彩

工程机械造型视觉的要素不仅包括形状,色彩也是工程机械设计中不可或缺的一环,它能够为机械增添独特的魅力。通过合理的色彩搭配,不仅能够展现出机械的刚性和力量感,还能够为其注入活力与动感。

①主色调选择：深色系是国产工程机械的主色调选择，如黑色、深灰色等。这些颜色不仅突显了机械的刚毅、稳定特质，还有助于展现其沉稳和内敛的一面。同时，深色系也具有更好的耐脏性能，能够适应各种施工环境。这种颜色搭配能够凸显机械的坚固和耐用性，给人一种可靠和信赖的感觉。

②对比与点缀：在主色调的基础上，设计师们运用对比色进行点缀，如红色或黄色。这种色彩搭配既增加了视觉冲击力，又展现了机械的活力与动感。通过对比色的点缀，使得整台机械在视觉上更加鲜明、活跃，给人留下深刻的印象。

③企业标识：在色彩设计中，企业标识也是一个重要的元素。将企业标识巧妙地融入色彩设计中，使其成为整机外观的一部分。这不仅有助于提升品牌形象，还能增加机械的整体美感。通过将企业标识与色彩相结合，能够更好地展示企业的形象和品牌价值。

④环境适应性：在色彩设计中，还需考虑施工环境的因素。选择对尘土、油污等具有较好抗性的颜色，使机械在各种环境中都能保持良好的外观。此外，合理的色彩搭配还能提高机械在复杂环境中的辨识度，降低安全风险。

人之所以能够感知到物体的形状，是因为物体附着的颜色和环境色的不同所致。而当形状的表面有亮面和阴面时，人们就会产生立体的感觉。因此说，没有色就不能产生形的视觉。色彩是视觉之根本。

根据工程机械的使用特点，由于其外形的设计往往受到产品功能、各机构布置和操作者的视野以及维护修理等多方面因素制约，色彩在艺术造型中的使用就显得比外形更重要些，对于审美功能也起着举足轻重的作用。因为，“在一般美感中，色彩的感觉是最大众化的形式”。

为达到色彩的美学效果，产品色彩上的使用要考虑到对人生理和心理上产生的影响。许多产品所采用的色彩，出于功能上的需要并起到一种标志作用，已经被人们所认可。像消防车的红色、军用车的绿色和迷彩色等，都是由功能需要决定的，是不能随便以个人意愿和主观色彩的喜好而违背功能的要求去加以改变的。任何违反色彩的科学规律而滥用色彩都不会给人带来美观和谐的感受。不同的颜色对人的心理、生理所产生的作用和联想是不同的，见表5-1。

**色彩引起心理、生理作用和感觉的联想** 表5-1

| 颜色 | 引起心理、生理作用和感觉的联想 | | | | | | | | | | | | |
|---|---|---|---|---|---|---|---|---|---|---|---|---|---|
| | 兴奋 | 忧郁 | 安慰 | 热情 | 爽快 | 轻松 | 沉重 | 遥远 | 接近 | 温暖 | 寒冷 | 突出 | 安静 |
| 红 | ★ | | | ★ | | | ★ | | ★ | ★ | | ★ | |
| 橙 | ★ | | | | | | | | | ★ | | ★ | |
| 橙黄 | ★ | | | ★ | | | | | ★ | | | | |
| 黄 | ★ | | | ★ | | ★ | | | ★ | ★ | | ★ | |
| 黄绿 | | | | | | ★ | | | | ★ | | | ★ |

续上表

| 颜色 | 引起心理、生理作用和感觉的联想 | | | | | | | | | | | | |
|---|---|---|---|---|---|---|---|---|---|---|---|---|---|
| | 兴奋 | 忧郁 | 安慰 | 热情 | 爽快 | 轻松 | 沉重 | 遥远 | 接近 | 温暖 | 寒冷 | 突出 | 安静 |
| 绿 | | | ★ | | ★ | | | ★ | | | ★ | | ★ |
| 绿蓝 | | | | | | ★ | | ★ | | | ★ | | ★ |
| 天蓝 | | | | | | ★ | | ★ | | | ★ | | ★ |
| 蓝 | | | | | ★ | | ★ | ★ | | | ★ | | |
| 紫 | | ★ | | | ★ | | ★ | ★ | | | ★ | | |
| 紫红 | ★ | | | | | | | | | ★ | | ★ | |
| 白 | | | | | ★ | ★ | | | | | | | |
| 浅灰 | | | | | | ★ | | | | | | | |
| 深灰 | | ★ | | | | | ★ | | | | | | |
| 黑 | | ★ | | | | | ★ | | | | | | |

工程机械的色彩应与其使用功能的区别和作业环境的不同相适宜，不要局限在目前比较流行的黄色（也就是俗称的“卡特黄”）。这种介于土黄与中黄之间的颜色最先由美国的卡特彼勒公司研发设计出来，并申请了专利。后来许多公司仿造这种黄色，久而久之，其就被人们认为是“工程机械专用色”。20 世纪 80 年代后，工程机械进入“多彩化”时期，取得了很多好的视觉效果。实践证明，只要运用色彩的科学规律合乎功能的目的性，大胆使用色彩和色彩的分割对比，也会取得很好的效果。像在沥青混凝土摊铺机上采用蓝色和绿色系及亮的灰色，可以在其温度较高的作业环境内，给人以凉爽、轻松的心理效果；而在繁华市区作业的机械，倘若大量使用纯正的红色就会引起人们强烈的刺激和不安，应该避免这种“视觉污染”。色彩的使用应考虑到对社会产生的影响。

当今工程机械产品涂装已经是“多彩化”时代，但世界几家著名公司，其产品的涂装已经形成自家固有的主体色彩，造型也有自家鲜明的风格，形成系列化产品，如卡特彼勒公司的卡特黄与黑色的搭配（图 5-32）；戴纳派克公司的黄色与红色、黑色的搭配（图 5-33）；沃尔沃公司的黄色与灰色、黑色的搭配（图 5-34）；维特根公司旗下不同类型的工程机械产品，采用了不同的色彩涂装（图 5-35）。

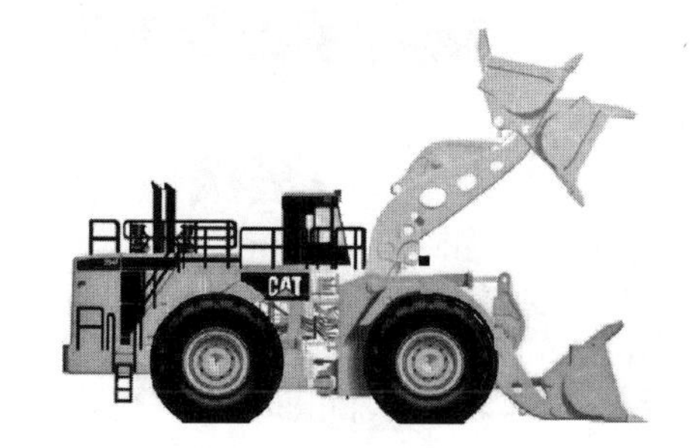


图 5-32

图 5-32

图 5-32　卡特彼勒公司产品涂装

图 5-33

图 5-33　戴纳派克公司产品涂装

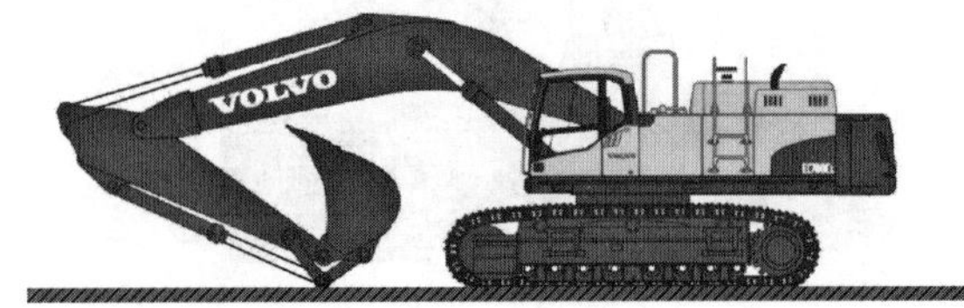


图 5-34

图 5-34　沃尔沃公司产品涂装

图5-35 维特根公司产品涂装

图5-35

外观造型中的美感产生于形、色与材料美的综合。而最惹人注目的是所有色彩搭配的综合效应,这就是配色的美。主体色一经确定,其他配色要遵循科学规律,正确使用色彩对比(色相对比、明暗对比、冷暖对比、补色对比、同时对比和面积对比)。例如红色农用拖拉机在绿色田野中给人的感觉是和谐的,就是运用了色彩对比中的补色对比。从生理学上讲,当一种颜色出现时,人的视力就需要相应的补色来维持色彩平衡。红和绿就是一对互补色,互补色的规则是色彩布局产生和谐的基础。

工程机械的色彩,以采用2~3种为最佳。太多则很难取得和谐与协调,也很难保证在平衡、比例、动势上产生统一和良好的秩序。在配色和进行色彩分割时,还应注意配色的可视度和是否容易分辨,参见表5-2和表5-3。可视度是指人眼能够看到物体或景象的程度,它能衡量视觉信息的传递效果;分辨程度是指人个体对颜色差异的辨别能力。

**配色的可视度**(单位:m) 表5-2

| 形体底色 | 红 | 橙 | 黄 | 绿 | 蓝 | 紫 | 白 | 灰 | 黑 |
|---|---|---|---|---|---|---|---|---|---|
| 红 | — | 40 | 46 | 25 | 26 | 28 | 41 | 30 | 33 |
| 橙 | 39 | — | 38 | 34 | 41 | 39 | 36 | 37 | 42 |
| 黄 | 43 | 40 | — | 45 | 45 | 43 | 14 | 41 | 50 |
| 绿 | 28 | 35 | 42 | — | 34 | 32 | 46 | 29 | 37 |
| 蓝 | 33 | 43 | 43 | 35 | — | 29 | 47 | 29 | 32 |
| 紫 | 30 | 44 | 49 | 36 | 32 | — | 49 | 35 | 27 |

续上表

| 形体底色 | 红 | 橙 | 黄 | 绿 | 蓝 | 紫 | 白 | 灰 | 黑 |
|---|---|---|---|---|---|---|---|---|---|
| 白 | 39 | 42 | 22 | 40 | 44 | 42 | — | 39 | 46 |
| 灰 | 30 | 40 | 44 | 27 | 30 | 33 | 44 | — | 37 |
| 黑 | 35 | 43 | 51 | 34 | 28 | 26 | 50 | 37 | — |

**配色的分辨程度** 表5-3

| 难于分辨的颜色 | | | 易于分辨的颜色 | | |
|---|---|---|---|---|---|
| 顺序(合并列) | 底色 | 形体色 | 顺序(合并列) | 底色 | 形体色 |
| 1 | 黄 | 白 | 1 | 黑 | 黄 |
| 2 | 白 | 黄 | 2 | 黄 | 黑 |
| 3 | 红 | 绿 | 2 | 黑 | 白 |
| 4 | 红 | 蓝 | 4 | 紫 | 黄 |
| 4 | 黑 | 紫 | 4 | 紫 | 白 |
| 6 | 紫 | 黑 | 6 | 蓝 | 白 |
| 6 | 灰 | 绿 | 7 | 绿 | 白 |
| 8 | 红 | 紫 | 7 | 白 | 黑 |
| 8 | 绿 | 红 | 9 | 黄 | 绿 |
| 8 | 黑 | 蓝 | 9 | 黄 | 蓝 |

可视度最高的是黄与黑的配色。所以这种配色以相间条纹的形式广泛喷涂在铲土运输机械、起重机、自动装卸货车各个显要部位上。其目的是引起人们对这类机械的注意，确保施工方便和安全。在一些无此必要的设备上不必用此来装饰，弄得不好反而破坏了整体造型的美观。

此外，工程机械的涂装色彩也要考虑满足某种特殊需要。比如军用工程机械就多用草绿色或迷彩色，而且用于海军基地建设的军用工程机械迷彩色里多有海蓝元素。

涂装色彩在工程机械领域的重要性不仅体现在美观和个性化，还在于其对特殊环境的适应性。在各种极端环境下，工程机械的涂装色彩能够起到保护作用，提高机械的使用寿命。例如，在高温、高湿、盐雾等恶劣环境下，选用具有优异耐候性能的涂料，可以有效防止金属腐蚀，延长机械设备的使用寿命。

除了特殊环境需求，工程机械涂装色彩的选择还要考虑到与周边环境的融合。在生态保护方面，绿色涂装成为一种趋势。绿色不仅代表着生机与活力，还具有很好的隐蔽性，能够降低工程机械对周边生态环境的影响。在野生动物保护区域或生态环境脆弱的地区进行施工时，采用绿色涂装的工程机械能够减少对动物的惊扰，降低对生态环境的破坏。

此外，工程机械涂装色彩还应具备一定的辨识度。在施工现场，不同类型的工程机械涂装色彩各异，有助于区分各类设备，提高施工现场的管理效率。同时，鲜艳的色彩还能够提高施工现场的安全性，提醒施工人员注意安全距离，防止发生意外事故。

值得一提的是，随着环保政策的日益严格，绿色涂装技术得到了广泛关注。水性涂料、无溶剂涂料等环保型涂料逐渐成为工程机械涂装领域的主流。这些环保涂料具有低挥发性有机物(VOC)排放、高固含量、良好附着力等特点,既满足了工程机械涂装的需求,又降低了涂装过程对环境的影响。

总之,工程机械涂装色彩的选择不仅要体现出个性化、特殊需求,还要注重环保、生态、安全管理等多方面因素。在满足这些条件的前提下,工程机械涂装色彩才能够发挥其应有的作用,为工程机械行业的发展注入新的活力。随着科技的不断进步,未来工程机械涂装色彩将更加丰富多元,满足各种个性化需求。同时,绿色、环保的涂装技术将得到更广泛地应用,为我国工程机械行业的可持续发展贡献力量。

国产工程机械的造型与色彩设计在展现大国重器魅力的过程中发挥着关键作用。通过融合宏伟的造型、精妙的细节处理、彰显地域特色以及注重人机交互等设计理念,我们能够创造出具有国际竞争力的国产工程机械产品。这不仅有助于提升国家形象和增强民族自豪感,同时也将在国内外市场中赢得更多认可与赞誉。随着技术不断进步和设计的不断创新,相信未来的国产工程机械将继续引领潮流,成为国际舞台上的璀璨明星。

## 复习思考题

(1)工程机械外观造型包含了哪些内容?外观造型要考虑哪些因素?

(2)工程机械产品的质量指标有哪几方面?

(3)试述功能与外观造型的关系。

(4)造型视觉的要素有哪些?

(5)工业产品造型中有哪些形式美法则?工程机械外观造型中具体有哪些运用?

(6)宜人性设计指什么?

(7)在外观造型中,工程机械在保养维修、操作机构、信息显示装置方面,要考虑哪些因素?

(8)现代工程机械产品的操纵机构都有哪些特点?

单元 6

# 工程机械发展的驱动和创新

## 学习目标

### 知识目标

(1)正确描述开设工程机械专业的院校层次;

(2)正确描述工程机械职业资格所涉及的岗位和机种;

(3)正确描述工程机械学会(行业协会)名称、主管单位及职能;

(4)简述工程机械各级别大赛;

(5)简述融资租赁含义、工程机械产品展览会情况。

### 能力目标

(1)会利用工程机械协会网站查询工程机械相关信息;

(2)会使用工程机械维修工鉴定标准,查询职业等级认定考试知识点。

# 6.1 工程机械的人才培养与科研

## 6.1.1 开设工程机械专业的院校

据不完全统计,开设工程机械专业的院校层次有本科、高职、中职,累计近百所公办院校开设工程机械专业,比如本科院校有同济大学、吉林大学、长安大学、江苏大学、兰州交通大学等;高职院校有南京交通职业技术学院、贵州交通职业大学、安徽交通职业技术学院、广东交通职业技术学院、云南交通职业技术学院等;中职院校有常州交通技师学院、南京交通技师学院等。由于篇幅有限,以下仅介绍部分院校专业(学科)的发展情况。

1)本科层次院校

本科层次的工程机械,截至目前并不是一个独立的专业名称,而是与机械工程、机械制造及自动化等相关专业紧密相关的领域,因此在很多本科院校工程机械板块都分布在机械工程等专业内。

(1)同济大学

①机械与能源工程学院简介。

作为同济大学历史最悠久的学科之一,机械(工科之母),已经走过了百年风雨,创造了百年辉煌。机械专业源于1912年同济医工学堂设立的机电科,1979年成立机械工程系,1987年升格为机械工程学院,2012年更名为机械与能源工程学院。

学院涵盖机械工程、动力工程及工程热物理两大一级学科,以及土木工程下的供热、供燃气、通风及空调工程一个二级学科,精心打造和建设以"先进制造""智能工程机械""城市建筑节能""城市城镇废弃物资源化利用"和"气体燃料在城市城镇利用"为特色的一流学科。

不忘初心,牢记使命。为实现中华民族伟大复兴,百年机械培养造就了一代代"自强不息""济人济事济天下"的社会栋梁与专业精英,遍布于教育科研机构和国民经济建设的各条战线。

②培养目标。

机械设计制造及其自动化专业以机械工程为基础,与计算机科学、信息技术、自动控制等学科相融合,运用先进设计制造技术的理论与方法,研究各种机械装备及机电产品的设计、制造、运行控制、生产过程及企业管理等。

百年来,本专业旨在研究发展工程科学与技术,促进我国工业化发展,为我国制造业提供人才支撑和前沿技术。本专业注重工程实践能力的培养和国际化特色办学,培养的学生具有"扎实基础、实践能力、创新思维、国际视野、社会责任"五方面综合特质,成为智能制造、工程机械、航空航天和汽车高铁等领域的专业精英与社会栋梁。

③专业优势。

机械设计制造及其自动化专业于2019年入选国家级一流本科专业建设点,具有一级学科博士学位授予权和博士后流动站,是教育部"985工程"和"211工程"重点建设学科、教育部卓越工程师教育首批综合改革试点单位。其下属的机械设计及理论学科为国家重点学科,是

“中国工程机械学会”理事长单位，主办《中国工程机械学报》；建有国家级机械实验教学示范中心和国家土建结构预制装配化工程技术研究中心等国家级平台，拥有教育部中德联合研究中心（同济大学）、重大工程施工技术与装备工程技术研究中心、上海建设机器人工程技术研究中心、建设部同济大学环卫机械研究所等省部级平台，共建上海市数字光学前沿科学基地和上海建筑机械安全智能控制工程技术研究中心，建有同济大学－西门子机电控制实验室等近20个校企联合实验室。

本专业始终注重科学研究与产业发展相结合，聚焦行业核心技术和共性技术研究，引领和推动行业发展与技术进步。与国家大型骨干企业联合，成为支撑我国行业产业发展的核心共性技术研发和转移的重要基地。已形成机、电、液和信息技术一体化发展的学科特色，培养了一大批机械设计、机械制造、机械电子开发、研究、管理和营销的高级人才。

④专业方向。

本专业集机、电、液、控制与信息技术为一体，有三个专业方向：

a. 机械设计及理论：是国家重点学科，围绕大型机械结构的数字化设计理论与方法、重大工程装备的可靠性与智能化技术和工程机械及特种建筑机器人等主要研究方向，进行人才高地和研究基地的建设。在工程机械与重大装备数字化设计理论与方法、机电液一体化传动与控制以及复杂机械系统集成技术等方面具有显著特色。近年来，面向国家战略需求，聚焦新能源汽车、高速列车、智能工程机械、先进重大装备制造等方向，攻克了智能化工程机械、特种建设机器人、重大工程施工装备等关键技术，完成韩国“世越号”沉船打捞工程、港珠澳大桥九洲航道桥主塔竖提安装、世界最大口径射电望远镜贵州天文台500m射电望远镜钢结构安装等一批具有世界影响力的超级工程。

b. 现代制造技术：集产品设计、制造、计算机、信息、自动化、管理技术于一体，研究先进制造发展战略与决策支持、智能加工、成形与装配工艺、智能制造与检测装备、智能制造系统规划与运维控制以及产品集成精密检测与控制技术等。在先进制造技术发展战略、数字化设计与制造、制造系统自动化与集成、先进加工工艺及塑性成型、产品集成精度的加工、测量与控制等研究方向上形成特色。

c. 机械电子工程：在电液、电子气动控制、智能化工程机械、装备状态监控及维护、微机械、复杂系统建模、智能机器人等方面具有显著的特色。在液压与气动控制技术、复杂系统的建模理论和技术、机电一体化健壮性设计和控制技术、微结构健壮性协同设计技术、嵌入式系统理论和技术、现代物流装备与控制、路面养护与检测装备技术等方面具有研究积累。

⑤科研实践。

具有良好的科研条件和产学研相结合的科研体系，学生从一年级进校起进入导师制学习模式，每人都能直接参与导师高水平的科研项目；与西门子、上汽集团等知名企业建立了实习基地、联合实验室或基金教席，设立了大学生创新实践基地，有“智能机械”“机器人”“轻量化机械”“产品数字化”“木雕加工”等科创团队。由学院资深教授带领的参赛团队在每届的“上图杯”先进成图技术与创新设计大赛、上海市大学生机械工程创新大赛、全国大学生机械产品数字化设计大赛、“挑战杯”全国大学生科技创新大赛等屡获佳绩。

⑥就业方向。

机械设计制造及其自动化专业具有悠久的历史，就业范围非常宽广。当今世界几乎各行各业都离不开机械装备。汽车、航空航天、医疗、造船、能源、家电、冶金及石油化工等均为机械专业的就业方向。职责有企业管理、技术研发、生产总监、生产主管、质量管理、项目管理、机电产品开发等。

在上海国际化大都市背景下,就业面广、就业率高。近三年就业率超过98%。毕业生约40%进入本校及清华等国内高校继续研究生阶段学习;约20%留学深造,攻读硕士、博士学位;40%左右就业,主要去向有:汽车研发中心及生产厂、能源集团、各类机电设备研究院、设计院、生物医药公司、工程机械公司、智能机器人厂家、互联网企业、通信公司等。

(2)长安大学

①工程机械学院简介。

长安大学工程机械学院于2000年12月由原西安公路交通大学筑路机械系和机械系、西北建筑工程学院机电系(部分)、交通部西安筑路机械测试中心合并组建而成。办学始于1952年。学院主要从事工程机械领域的设计、高速公路机械化施工、养护与管理等方面高级专业技术人才的培养和科学研究工作。

学院是国内著名的工程机械学府,拥有机械工程一级学科,包括机械设计及理论、机械电子工程、机械制造及其自动化和工程机械4个二级学科,设有机械工程博士后流动站。现有机械工程一级学科博士点,下设机械设计及理论、机械电子工程、机械制造及其自动化、工程机械四个二级学科博士和硕士点(学术型和专业型)。

②培养目标。

本专业培养人格健全、社会责任感强、工程职业道德良好,掌握扎实理论基础知识和工程专业知识,拥有较强工程素质、工程实践及创新能力,具有从事机械工程产品设计、制造、运用和维护管理,兼有营销、服务等能力,成为具备宽阔的国际视野和良好团队合作能力的工程机械领域本科工程型人才,能够适应大交通、建筑、水利、军工、能源开发等基础建设工程领域的需求。

③课程设置。

核心课程:画法几何与机械制图、理论力学、材料力学、电工与电子技术基础、机械原理、机械设计、互换性与技术测量、液压传动、测试与传感器技术。

特色课程:工程机械底盘理论与性能、智能车辆导航技术、工程机械控制及智能化、工程机器人控制技术、仿生机械学、内燃机构造与性能(双语)、人工智能原理及其应用、工程测试与信息处理、工程机器人控制技术、振动与噪声、虚拟现实技术基础、工程机械管理信息系统(双语)、有限元分析(双语)、Matlab在机械工程中的应用。

④实训条件。

本系实验分室建筑面积约2350$m^2$,主要开设发动机性能试验、传动系性能试验、工程机械地面力学实验以及轮式(或履带式)工程机械牵引性能试验,实验室拥有亚洲最大的室内实验土槽、工程机械多功能综合实验台、工程机械液压底盘模拟实验台、路面工程机械综合实验台、履带式牵引车和轮式牵引车等大型试验设备,设备总值1000余万元。

⑤科研情况。

近五年工程机械系教师先后承担了包括国家重点研发计划、国家科技支撑计划、国家自然科学基金、国防军工项目、省部级科技项目、企业高新技术项目在内的科研项目30余项纵向基础研究课题和70余项横向课题，年均科研经费300余万元。获国家科技进步二等奖1项，陕西省科学技术一等奖1项、二等奖3项，其他省部级以上奖励10余项；获授权专利100余项；在专业核心期刊公开发表学术论文300余篇，其中SCI、EI检索80余篇；出版专著21部。主要研究方向：工程机械牵引动力学、工程机械作业质量控制、工程机械动态仿真技术、高速公路养护理论与技术、工程机械结构计算与分析。

⑥专业师资力量。

本专业现有教师42人，其中，博士生导师4名，硕士生导师17人；教授7人、副教授19人；具有博士学位教师34人，45岁以下中青年教师占比57%。其中，交通部"十百千"人才1人，交通部优秀青年骨干教师1人，陕西省"三五"人才1人，陕西省师德标兵1人，陕西省青年科技新星1人，内蒙古自治区"新世纪321人才工程"1人，"教育部首批万人创新人才导师"1人，"长安学者"特聘教授1人，青年"长安学者"2人，长安大学本科教学最满意教师1人，长安大学优秀教师2人。

⑦毕业去向。

学院承载着71年的丰厚积淀，秉承"弘毅明德，笃学创新"的校训，为国家输送了万余名高级专业技术人才。目前在校本科生1911人，硕士和博士研究生822人，国际留学生43人。近几年来，毕业生就业率平均稳定在98%以上，学生考研上线率超过了38%，本科毕业生海外深造率超过了5%。

a. 就业实力：就业率、升学率，对外交流情况。

长安大学机械工程及其自动化专业的毕业生就业率一直保持在96%以上（含40%的升学率）多名学生进入华中科技大学、中国科学院大学、哈尔滨工业大学、西安交通大学、北京理工大学、天津大学、重庆大学、西北工业大学等知名学府攻读研究生。

该专业重视对外交流工作，通过参与留学生班建设、双语教学和全英文教学推动国际化进程。与多所国外名校建立合作关系，多名学生进入英国诺丁汉大学、日本九州工业大学、伊利诺伊大学、美国密歇根理工大学、北卡罗来纳大学彭布罗克分校、澳大利亚大学等深造学习。

b. 就业特点。

一是国企及事业单位就业居多。据统计，近年来约70%的学生进入国企或事业单位工作，毕业生就业单位主要包括三一重工、徐工集团、中联重工、中国重汽集团、中国建筑工业集团、中国交通建设集团、法士特、西飞集团、陕汽集团、陕鼓集团、各类科研院所等，毕业生广受用人单位好评；二是在高科技产业领域就业人数呈上升趋势，如吉利控股集团、比亚迪汽车、TCL集团、华为集团、格力电器等知名企业。

c. 就业优势：如就业薪酬，就业企业规模，发展前景等。

机械工程专业本科生是国内徐工、三一、中联等八大上市公司及全球前10强跨国公司中国分公司的人才招聘的首选，也成为西电集团、陕西重汽、陕鼓、法士特、航天航空集团、中船重工等国内大型机械制造集团的青睐人才，全国已有2000多家企业从事工程机械整机和基础零部件的研发和制造，可为机械工程专业本科生创业和就业提供广阔空间。

此外，学院积极推进校企合作进程，促进教育基金发展，先后成立了"孙祖望基金""冯忠绪教育基金"，全国十多家大型工程机械企业在学院先后设立了奖学金，与多家企业建立了产学研战略联盟，近五年获赠金额共计500多万元。

2)高职层次院校

(1)南京交通职业技术学院

①专业简介。

南京交通职业技术学院是公办全日制普通高等学校,是新中国成立后江苏省首个交通类专门学校,也是目前是江苏省唯一一所全面覆盖“公、铁、水、空、轨”大交通相关专业的高职院。现有全日制本专科在校生13000多名,开设交通特色专业和关联专业40余个,实施集团化和国际化办学战略,人才培养特色鲜明,被誉为江苏交通运输行业技术技能型人才的摇篮。

智能工程机械运用技术是我院的“王牌”专业,是教育部“创新发展行动计划(2015—2018年)”骨干专业、全国交通运输骨干专业、江苏省特色专业、江苏省高水平骨干专业。

②培养目标。

本专业培养理想信念坚定,德智体美劳全面发展,具有一定的科学文化水平,良好的人文素养、职业道德和创新意识,精益求精的工匠精神,较强的就业能力和可持续发展的能力;掌握本专业知识和技术技能,面向交通装备、建筑施工等职业群,能够从事工程机械营销、技术服务、设备管理等工作的高素质技术技能人才。

③课程设置。

本专业主要设置课程:机械制图及CAD、电工电子基础、机械基础、工程机械文化、工程机械概论、电机与电气控制技术、液压与气动技术、PLC应用技术、工程机械底盘检测与维修、工程机械液压系统检测与维修、工程机械发动机构造与维修、工程机械电气系统检测与维修、工程机械专业英语、柴油机电控系统故障诊断、工程机械营销、工程机械操作与维护、智能工程机械公路施工技术、工程机械数字化管理与运维、二手工程机械鉴定与评估、工业安全与健康、工程机械设备管理。

④实践条件。

本专业建有工程机械综合实训中心,苏州诚亚工程机械专项培训中心、上海宏信设备专项培训中心、工程机械液压综合测试中心等5个实训中心,13个专项实训(验)室,另专业的配套整机教学设备有:山猫337、331,移山推土机,柳工836装载机,铣刨机等12台套。拥有中央财政支持、省级工程机械实训基地。实训场地面积4200m$^2$,其中室内实训场地面积1800m$^2$,室外实训场地2400m$^2$。校内实训基地固定资产总值约1000万元,生均实验设备价值约1.9万元,在国内同类专业中位居前列。能够虚实结合、灵活开展工程机械发动机拆装及故障检测、工程机械底盘系统拆装及检测维修、工程机械液压系统检测与诊断等10余种类别的实训项目。

⑤师资力量。

学院智能工程机械运用技术专业团队现有教授、副教授、高工等具备高级职称教师8名,讲师5名,高级技师2名,产业教授1名,“双师型”教师素质占比100%。其中包含1名交通运输行业教学名师,1名省级青年岗位能手。另聘请企业兼职讲师30余名,形成了一支专兼结合,经验丰富的高素质师资队伍。

⑥毕业方向。

本专业学生毕业后主要面向徐工、柳工、三一和卡特等国内外知名工程机械企业。主要工作岗位有:工程机械销售、工程机械技术咨询、工程机械服务回访、工程机械保养、工程机械维修、工程机械配件管理、施工企业工程机械采购和工程机械设备租赁等。

(2)贵州交通职业大学

①专业简介。

本专业为贵州省首批国家示范重点建设专业(2007年),贵州省省级骨干专业(2017年),国家级骨干专业(2019年),全国机械行业特色专业(2019年)。专业从创办之初到现在已累计向贵州省交通建设领域输送高素质人才3000余人,为贵州省交通基础建设提供了相应的人力保障,受到社会各界的高度认可。

②培养目标。

本专业主要培养面向公路、铁路、市政、矿山、水电建设涉及工程机械使用、管理、维修、销售、技术服务等行业的具有良好职业道德、创新精神的复合型高素质、高技能型人才,主要从事各类工程机械的使用、保养、检测、维护维修、运行管理、配件管理、营销等技术型工作。

③课程设置。

本专业主要设置课程:工程机械液压系统检测与维修、工程机械动力系统检测与维修、工程机械底盘检测与维修、工程机械电子电气系统检测与维修、工程机械柴油机电控系统检修、工程机械数字化技术服务与营销、大型智能工程机械运用与维修、PLC控制技术、机械制图与计算机绘图、机械基础、电工电子技术、工程机械专业英语、工程机械智能控制技术、工程机械施工技术、工程机械文化。

④实践条件。

校内目前拥有校企共建"国家级工程机械运用技术生产型实训基地"1个,场地面积达2000$m^2$,与徐工挖机集团共建"徐工挖机西南区域能力发展中心",同时拥有发动机、底盘、电器、液压、模拟仿真、整机操作等六大体系的功能实训室,设备价值超一千万;还和相关专业共建、共享有CAD/CAM实训室、机械基础创新实训室、3D打印机实训室、机加工生产性实训基地、工业机器人实训室、工业自动化控制实训室、电工电子实训室、钳工、焊工实训室、特种操作实训室、液压传动实训室等。

⑤师资力量。

智能工程机械运用技术教学团队为贵州省级优秀教学团队(2017年),整个团队的12名教师队伍中,有教授1名,副教授/工程师6人,讲师5人。其中,国家级模范教师1人,省级教学名师1人,专业带头人2人,"双师型"结构专业教师比例达到100%。

⑥毕业方向。

本专业学生毕业后主要面向贵州交通企事业单位及徐工、三一、沃尔沃等国内外知名工程机械企业在贵州的各类工程机械分公司和工程机械4S(或6S)店。主要工作岗位有:工程机械技术咨询、工程机械销售和售后服务、工程机械保险理赔和配件管理、工程机械设备租赁及工程机械机务管理等。

(3)广东交通职业技术学院

①专业简介。

本专业现为广东省省级重点建设专业、广东省品牌专业,拥有工程机械国家级教学资源库、工程机械省级实训基地、电控柴油机省级实训基地、广东省大学生校外实践教学基地;是广东省工程机械高技能人才培养和技术推广的重要基地。

②培养目标。

本专业面向交通运输行业，公路工程、市政、公用事业等领域的工程机械销售与技术服务公司，培养德、智、体、美全面发展，掌握一定专业理论知识，具有较强实践能力和良好职业道德，从事工程机械销售与技术服务、机械维修、机械化施工等技术服务和企业管理等人才，培养具有良好的职业道德和团队精神、实际动手能力和创新能力的应用型技术技能人才

③课程设置。

本专业主要设置课程：机械基础技术应用、液压与液力传动、工程机械底盘构造与检修、工程机械电液控制系统检修、电气控制与 PLC 技术应用、工程机械发动机构造与检修、工程机械电气控制系统检测与维修、电工电子技术。

④实践条件。

校内实训基地：液压一体化实训室、柴油机拆装及控制实训室、工程机械电液一体化实训室、工程机械整机实训室、工程机械底盘实训室、工程机械操作训练实训室。累计占地 $2450m^2$。可以实现学习者完成液压元件、系统拆装实训，工程机械维修中、高级工培训，发动机拆装、维修基础实训，发动机检修、工程机械综合运用与诊断（发动机部分），工程机械电器、工程机械液压系统检修，工程机械电液控制系统检修，工程机械整机维修等课程；进行实验实训教学工程机械维护实习、工程机械整机维修、挖掘机操作工、装载机操作工等操作考证，工程机械底盘维修、自动变速器的拆检、转矩系统的检修行驶系统的检修、制动系统的检修、速器的检修等实训项目。挖掘机、装载机与其他操作工程机械操作考证、职业技能鉴定、学生技能训练、下岗再就业培训。

校外实训基地：沃尔沃华南区能力发展基地，由沃尔沃建筑设备（中国）有限公司发起的人才培训项目引进学校，是工程机械领域首个面向专业人才的培训基地。该实训基地可开设以下实训项目：柴油发动机拆检实训、柴油机喷油泵实训、液压主泵拆检实训、液压行走马达拆检实训、液压回转马达实训、液压主控阀拆检实训，柴油发动机区可进行柴油发动机结构、柴油机共轭系统等实训项目。

沃尔沃华南区能力发展基地培训对象为沃尔沃代理商技术服务人员、在校大学生、工程建设单位技术人员。该基地完全按企业技术培训标准打造，与企业生产环境相同，职业氛围真实，旨在通过整合沃尔沃、校方及经销商（广州中南华星设备有限公司）三方资源优势的“三位一体”合作模式，进一步拓展和夯实工程机械领域的后备人才基础，提高人才整体素质，帮助推动行业成功转型。

学院内还设有工程机械操作训练场等实践教学基地和工程机械维修技能鉴定中心，为学生提供真实的机械化施工现场基地和工程机械维修、检测实训基地，能满足工程机械专业实践教学需要。

⑤师资力量。

专任教师 14 人，其中教授 2 人、副教授 5 人；博士 3 人，另有兼职教师 12 人。“双师”素质教师达到专业教师的 90% 以上，高级专业技术职务的比例达到专任教师总数的 60% 以上。

⑥毕业方向。

主要面向工程机械技术研发，工程机械及配件销售，工程机械技术服务，机电设备维修，工程机械装备装配及调试，公路、桥梁、轨道交通等机械化施工，公路、桥梁、轨道交通等机械设备

管理等岗位。

(4)广西柳州职业技术学院

①专业简介。

智能工程机械运用技术专业拥有国家级生产性实训基地，实践教学设备齐全，教学手段现代化，与全球50强工程机械制造企业建立紧密的校企合作办学关系，为国内外工程机械企业培养专业人才。学生通过考核可获得工程机械修理工能力等级证书(中级)、工程机械操作工能力等级证书(初级)、国家特种作业操作证(低压电工)。

②培养目标。

培养具有良好职业道德、工作态度及行为规范，能在生产、维修、服务等技术岗、管理岗从事一线工作，具备懂国际规则、有国际视野和跨文化交流能力，有理想信念、工匠精神、高超技艺的复合型技术技能人才。

③课程设置。

主干课程：工程机械电气系统检修、工程机械发动机检修、工程机械发动机电控系统检修、工程机械液压系统检修、工程机械底盘检修、工程机械综合故障诊断与排除、工程机械保养与维护、工程机械操作等。

④实践条件。

实训基地建筑面积超过35000m²，是中央财政支持的国家技能型紧缺人才培养基地、国家高等职业学校汽车专业骨干教师培训基地。有国家生产性实训基地：机械全球销售与维修服务实训基地、国家级数智化标杆实训基地1个，自治区级“双师”教师培养培训基地1个。

⑤师资力量。

与柳工集团共建技能大师工作室2个，柔性引进高层次人选1人。学院有自治区级优秀教育工作者1人，广西黄文秀式好青年1人，柳州市“个十百人才工程”第二层次人才1人，培养及引进博士8名。柳州市重点实验室1个，柳州市工程技术研究中心1个，广西高校高水平辅导员工作室1个。

⑥毕业去向。

学生毕业后可从事工程机械销售、售后技术服务、配件管理、操作、生产制造等工作。初始就业岗位：工程机械售后服务员、工程机械销售员、工程机械质量检验员、工程机械调试及试验员、工程机械装配工。发展就业岗位：工程机械售后服务主管、工程机械销售主管、工程机械质量检验主管。拓展岗位：工程机械维售后服务总监、工程机械维售后服务区域经理、工程机械销售区域经理、工程机械维售后技术服务培训师。

3)中职层次院校

(1)常州交通技师学院

①专业简介。

常州交通技师学院的工程机械专业自2003年开设以来，一直秉承“校企合作、工学结合”的办学理念，与多家国内知名工程机械企业建立了紧密的合作关系。该专业不仅注重学生的理论知识培养，更强调实践技能的训练，确保学生毕业后能够迅速适应企业需求，成为行业内的佼佼者。

②培养目标。

本专业致力于培养具备工程机械维修、工程机械检测诊断、工程机械营销等知识与技能的高素质复合型技能人才。通过校企合作、工学结合等模式，为学生提供丰富的实习实训机会，让他们在实践中学习，在学习中实践，不断提升自身的综合素质与职业竞争力。最终，旨在为社会输送一批既懂技术又懂市场，既会操作又善管理的工程机械领域的高素质高技能人才，为推动我国工程机械行业的持续健康发展贡献力量。

③课程设置。

本专业课程设置的目的是使学生具备工程机械维修技能；掌握工程机械产品的销售与服务技巧；提升学生的综合素质培养。主要课程有工程机械构造与维修：介绍各种工程机械的基本构造、工作原理和维修方法；工程机械电液控制技术：讲解工程机械电气系统和液压系统的控制原理与应用；液压与液力传动：深入探讨液压与液力传动技术在工程机械中的应用；工程机械故障检测与诊断：培养学生识别和解决工程机械故障的能力；工程机械营销与服务：介绍工程机械市场特点、营销策略和服务技巧等。

④实践条件。

该专业拥有14间校内实训室，包括工程机械电气实训室、工程机械液压实训室、工程机械发动机实训室、工程机械底盘实训室、工程机械整机实训室等建筑面积达2000m$^2$；此外，学校还与多家企业展开了深入的校企合作，建设多个校外实训基地。

⑤师资力量。

常州交通技师学院的工程机械专业拥有一支高素质的师资队伍。全系教师25人，正高级讲师1人、高级讲师5人、讲师7人。教师团队中既有经验丰富的行业专家，也有年轻有为的学术骨干。多名教师担任技能竞赛指导教师，主持或参与工程机械专业国家标准和课标的制定工作。他们不仅具备扎实的专业知识，还具备丰富的实践经验，能够为学生提供全面、深入地指导和帮助。

⑥毕业去向。

主要分为两个方向，就业的主要面向工程机械制造、维修、销售、售后及相关岗位，部分选择职教高考继续升学，到更好的层次继续学习。

(2)山东公路技师学院

①专业简介。

工程机械运用与维修专业被评为山东省重点和名牌专业。该专业学生将学习工程机械基本原理、操作技巧、维护保养以及故障诊断与修理等方面的知识，通过实践操作训练，掌握工程机械的操作技能和维护保养技术。通过实验、实训等方式，帮助学生掌握实际操作技能，提高学生的职业素养和综合能力。

②培养目标。

培养具备良好职业道德和从事工程机械操作、保养与维修工作的高技能复合型人才。

③课程设置。

工程机械运用与维修专业课程设置包括公差与配合、钳工工艺学、机械基础、机械电气制图、工程机械构造与维护、工程机械电气构造与维修、工程机械底盘构造与维修以及工程机械液压故障诊断。核心课程：工程机械构造与维修、工程机械液压故障诊断、工程机械电气构造与修理、工程机械操作等。

④实践条件。

工程机械专业拥有校内实训室11间，包括维修电工实训室、工程机械发动机实训室、工程机械校企共建实训室、工程机械操作模拟仿真实训室等。其中，工程机械发动机实训室主要承担工程机械发动机拆装维修实训工作。工程机械校企共建实训室，现有川崎K3V140DT、串联式轴向变量柱塞泵、川崎 KMX15RA 主控制阀、川崎 M5×130CHB 回转马达等，可以满足工程机械液压系统故障诊断与排除、工程机械电气系统故障诊断与排除等实训课程的教学需求。

⑤师资力量。

山东公路技师学院工程机械专业师资力量雄厚，拥有一支学术研究能力强、技术技能突出的高素质师资队伍。双师型教师比例80%以上。教师队伍中还包括4名获得省级技术能手称号的教师和2名机械行业国家级技能大师。此外，还有2名教师享受省政府特殊津贴。这支师资队伍不仅理论基础扎实，还具有较强的实际动手能力，能够为学生提供高质量的教学和实训指导。

⑥毕业去向。

毕业生去向主要集中在交通产业链和区域经济发展相关的领域。毕业生以操作技能过硬、实践能力突出而受到用人单位的一致好评。

### 6.1.2 工程机械科研院所

(1)中铁工程机械研究设计院

中铁工程机械研究设计院(简称“中铁机械院”)，是我国中铁施工装备研发的领军企业以及中铁科工集团的核心成员，创立于1979年，前身为铁道部武汉工程机械研究所。现为国家级高新技术企业，担任铁道行业施工机械专业标准化技术归口单位、湖北省企业技术中心、湖北省轨道交通施工装备工程技术研究中心、中国中铁施工装备技术研发中心、国家工信部两化融合管理体系贯标试点企业、湖北省支柱产业细分领域隐形冠军示范企业等职务。中铁机械院架桥机在2020年被认定为全国单项冠军产品。

自2008年以来，中铁机械院以铁路工程及交通装备制造为主业，逐步实现多元化发展，业务领域涵盖高铁、地铁、新轨、公路、矿山、海工、港口、检测、智能信息化等。现有在册员工257人，其中教授级高级工程师7人，高级工程师44人。享有国家百千万人才、国家有突出贡献中青年专家、铁道部青年科技拔尖人才、茅以升科学技术奖获得者、总公司有突出贡献中青年专家、总公司拔尖人才、中国中铁专家、火车头奖章获得者等荣誉的员工共计44人。

四十多年来，中铁机械院致力于科技进步，持续研发新技术、新产品，拥有225项专利，制订及修订了23项铁道行业标准或标准。累计完成科研项目300多项，荣获国家级和省部级各类科技奖120余项。为我国高速公路、常规铁路以及“八纵八横”高速铁路规划建设、“一带一路”等重点工程建设提供了众多大型和超大型特种施工装备，作出了卓越贡献。

中铁机械院自主成功研制了世界首套40m跨1000t高铁运架装备、世界最大吨位整孔预制箱梁架桥机、国内首台建筑构件装配机器人等先进设备，还建设了湖北省首条空轨试验线。此外，还研发成功了国内首台50m级胎带机、2000t双轨门式起重机、4000t级钢箱梁电液均衡模块运输车等各类施工机械设备。中铁机械院的高铁施工装备已走向海外，参与印尼雅万高铁建设，为“一带一路”建设作出了突出贡献。

(2)天津工程机械研究院

天津工程机械研究院有限公司前身为成立于1961年的原国家机械工业部直属一类综合性研究院所，是我国工程机械行业的摇篮。1999年，研究所作为全国首批242个院所之一，实现转制为科技型企业。2017年1月20日，该公司改制为法人独资的一人有限责任公司，正式更名为“天津工程机械研究院有限公司”，简称“天工院”。现位于天津市北辰经济技术开发区，占地面积230亩，隶属于世界500强企业——中国机械工业集团有限公司。

自成立以来，天工院与我国工程机械行业共同发展，六十余载春秋中，始终肩负引领中国工程机械技术不断进步的使命，努力打造工程机械行业技术水平一流、综合实力领先的创新型科研院所。

天工院致力于科技创新能力提升，注重前沿和共性技术的研发及高新技术成果转化。公司拥有机、电、液、仪、控、测、算法等多学科综合性研究所和多个创新团队，研发人员占比超过60%。

天工院在节能减排、智能控制、新能源、液压液力传动、可靠性提升、测试分析、无人/辅助操作、远程监控、机器视觉/深度学习、数字化工厂、数字孪生、工业互联网技术以及整体解决方案等多个技术方向具有优势，技术水平达到行业领先水平，广泛应用于工程机械、农用机械、汽车制造、试验装备、军工装备、海洋装备等多个领域。

天工院建有天津市企业技术中心、天津市企业重点实验室、工程机械节能技术重点实验室、工程机械行业生产力促进中心以及企业博士后科研工作站等科技创新平台。公司具备新能源工程机械硬件在环仿真测试系统、液力传动试验台、液压元件及系统综合试验台、半消音试验室、机器视觉及深度学习开发平台等100余台套试验装备，具备专业的技术研发、标准制定、试验检测、工程应用的综合研发能力，为行业提供强大的技术支持，推动科技创新支撑产业发展。

(3)江苏徐州工程机械研究院

徐州工程机械集团公司的成立，使得徐州市机械局所属的江苏徐州工程机械研究所划归徐工集团，并与徐州重型机械厂所属的开发部及新品试制车间合并，成立了新的研发机构，仍沿用江苏徐州工程机械研究所的名称。该研究所的主要职责包括：研究、开发高技术含量产品，培育新产业，探索新技术，进行主机和零部件试验，协调公司科技情报和标准化工作，以及承担新产品的中试生产。目前，其研究中心已遍布全球，主要包括欧洲、美国和南美三个地区。

欧洲研究中心作为徐工在海外设立的第一个综合性研究中心，致力于工程机械关键共性技术的研究及核心零部件系统开发。通过高效利用欧洲的区域优势研发资源并实现自主创新，提升产品技术核心竞争力，支撑徐工国际化战略的实施。

美国研究中心则专注于北美市场产品适应性研究，充分利用北美区域优势及人才资源，开展针对北美市场的产品适应性改进及开发，以提升徐工产品在北美市场的竞争力、合规性和客户美誉度，加速徐工产品在北美市场的拓展，支撑徐工国际化战略的实施。

南美研究中心以巴西为基地，致力于挖掘机关键核心技术的攻克，全系列主机产品、核心零部件及多功能机具的开发，助力徐工挖掘机产业的发展。

江苏徐州工程机械研究院已建成集实验、试制、检测、研发、办公等多功能于一体的研发基地。作为徐工的自主研发平台，研究院需为徐工发展发挥“三个支撑”的作用：支撑世界级企业愿景的实现；支撑现有企业及未来企业的发展成长；支撑自主创新核心技术的拥有和壮大。同时，研究院还需尽快实现“四大产出”：先进标准的产出；核心技术的产出；多样化、多品种、全新的非传统工程机械产品的产出；以及承担新产品研发和产业化的领军人才的产出。在传动、液压、智能控制、结构强度分析、环保节能、新材料、新工艺试验研究及整机测试技术上，研究院需全方位突破发展，进行关键零部件和核心技术的研究，在工程机械共性、基础性研究领域取得领先地位。

（4）西宁高原工程机械研究所

位于我国青海省西宁市祁连路以南、湟河以北区域的西宁高原工程机械研究所，在地理位置上呈东西方向狭长分布。其行政区划涵盖祁连路135号、137号、139号。该研究所原为国家机械工业局所属科所，始建于1974年，旨在解决青藏铁路建设中机电装备高原技术问题。其前身为西宁高原机电产品研究所，1982年更名为“机械工业部西宁高原工程机构研究所”，并沿用至今。

西宁高原工程机械研究所拥有专业技术人员195人，其中包括教授级高级工程师8人，省部级专家及享受国务院政府特殊津贴的7人，高级工程师32人，工程师73人，助理工程师58人。

自成立以来，西宁高原工程机械研究所的研究人员发表了大量论文，并出版了《青藏铁路建设用机电产品研究、试验报告汇编》《高原工程机械试验研究文集》等著作，同时还负责编写了《机械工程手册》的相关章节。

研究所设有四个研究室：第一研究室专注于工程机电装备环境适应性技术研究及内燃机及其部件技术开发；第二研究室主要从事工程机电装备环境适应性技术研究、整机及部件产品的研发；第三研究室则致力于自动控制技术及电气自动化产品、仪器、仪表的研究与开发；第四研究室则专注于金属与非金属材料的试验研究。

（5）山推工程机械研究院

山推工程机械研究院，作为山推股份公司为保持国内领先，迈向国际先进水平，实现公司国际化战略及优化内部资源配置、充分利用外部资源而设立的产品研发部门，其在创立过程中充分展现了制度创新、机制创新和组织创新的特点。该研究院主要负责公司主导产品的研发、试制及试验等工作，现有研发人员160人，其中包括研究员1人，高级工程师40人，硕士研究生22人。

山推工程机械研究院设有三部八所一中心，具体为：科技管理部、标准化研究所、推土机研究所、道路机械研究所、搬运机械研究所、机电液一体化研究所、行走系统研究所、传动系统研究所、新产品试验中心、工艺研究所。研究院具备CAD/CAE/CAPP/CAM一体化技术研究及开发能力，确保了开发工作的有效进行。

此外，研究院聘请了13名外聘专家，他们在工程机械行业、高等院校、产品试验、用户代表等领域具有丰富的经验。同时，研究院与同济大学、长安大学、山东理工大学签订了合作协议，在整机匹配、电液控制、压实机械、远程控制等方面建立了长期合作关系，并与吉林大学、太原科技大学、青岛大学等高校保持长期合作。

山推工程机械研究院拥有整机试验场、传动试验室、液压试验室、新产品试验车间以及即将筹建的电器智能化试验室等完备的试验设施。山推研究院的建立，使公司具备了从开发设计、产品试制到产品试验的完整研发体系，推动产品开发向专业化方向发展，成为百年山推的稳固基石。2008 年 4 月，山推工程机械研究院北京分院新址正式启用，位于北京方恒国际中心。

### 6.1.3 工程机械培训机构

(1)徐州市宏昌工程机械职业培训学校

徐州市宏昌工程机械职业培训学校成立于 1995 年，得到徐州市劳动局和社会保障局、民政局的批准，占地 80 余亩，校舍面积达 40000 余 $m^2$。学校设有专业维修车间 650$m^2$，实践场地 900$m^2$，并配备电脑模拟机 10 台，总价值 38 万元，设施齐全，可同时满足 300 人的训练需求。

该校教职工共计 16 人，专任教师 9 人，其中包括技术指导教师 2 人，职工 5 人。近年来，该校培训出的实用技术人才近 600 人，就业率 100%。学校拥有近 80 亩学员实习场地，车辆种类繁多，品牌齐全，实习场地宽敞，确保学员能够真正学到技能，走向创业成才之路。

作为淮海经济区规模最大、质量最优、知名度最高的工程机械职业培训基地，该校采用“模拟 + 实训”的独特教育方式，打造零基础教学模式，剔除了烦琐枯燥的理论课，让学员在实际操作中，用最短的时间学到真实技术。

(2)湖南兰天叉车挖掘机培训学校

湖南蓝天叉车挖掘机培训学校秉持“立品格、学技能”的办学宗旨，高度重视学生品德和技能的培育，实施学分制教学与封闭式管理，并根据市场需求设置相关专业。学员遵循教学计划，赴实训车间进行学习与实践，从而大幅提升学员的动手能力，使其对工程机械的操作与维修流程有深入了解。我校以创新的教育观念对教育管理体系进行改革，遵循“教学为本、教师为本、学生为本”的理念，探索并改革人才培养模式，尤其注重学生的专业素质与实际操作能力，实现学生的操作技能与社会需求的零距离对接。学员在学习与实践的基础上，通过考试合格后，可获得全国通用的职业资格等级证书。

(3)云南交通技师学院与云南小松工程机械有限公司工程机械培训中心

云南交通技师学院与云南小松工程机械有限公司共同设立了工程机械培训中心，旨在满足我国云南经济建设的人才需求，为企业培养受欢迎的工程机械操作应用型技能人才。该中心致力于开展挖掘机、装载机、叉车等工程机械操作培训，得到了中国建设教育协会建设机械职业教育专业委员会、云南省人力资源和社会保障厅、云南省质量技术监督局特种设备安全检测研究院等多家单位的授权和认可。

为确保教学质量，中心结合了学校六十年的培训经验和小松公司特有的原厂维护技术及操作先进技术，共同研究课程体系、选用与开发教材、配备经验丰富的师资，实施工程机械操作人才培养计划。同时，中心引进国内外职业教育培训先进模式，模拟真实工作场景进行教学，注重企业规范操作流程的传授,以培养实用型技能人才。

该工程机械中心拥有6000m$^2$的训练考试场地,配备世界著名品牌小松、卡特挖掘机和国内著名品牌厦工装载机供学员进行实作训练。此外,中心还设有宽敞明亮的理论教室、先进的多媒体教室、物美价廉的学生餐厅、功能齐全的学员休息娱乐室、舒适温馨的学员宿舍以及优美的生活环境,全方位满足学员的培训需求。

该工程机械中心师资力量雄厚,理论教师由具有丰富教学经验、中高级职称、硕士研究生或本科生的学院教师担任,实训教师则由来自公路、矿山、电站等领域多年挖掘机操作经验的云南小松公司操作技师担任。

学员在中心学习挖掘机、装载机、叉车等工程机械的操作、构造、维护保养、特种设备法律法规、安全知识及操作技能。学员考试合格后,可获得由中国建设教育协会建设机械职业教育专业委员会颁发的全国通用培训合格证和上岗操作证。同时,经职业技能培训鉴定合格后,学员还可获得工程机械操作国家职业资格证书。

该工程机械中心秉持小松公司“完善的服务、先进的技术、超值的产品、一流的培训”的经营宗旨与学院“修身致远,技能卓越”的校训,引导学员准确定位,崇尚实践技能,帮助他们规划职业生涯,助力他们实现理想,使无业者有业,使有业者乐业。

(4)郑州中原挖掘机培训学校

郑州中原挖掘机培训学校成立于1993年,是一所经劳动部门批准的专业学校,以工程机械培训为主,占地80余亩。校园内设施完备,包括教学楼、学生公寓楼、行政办公楼、餐厅、浴池、超市等学习和生活设施一应俱全。

自办学以来,该校始终秉持职业教育为人才市场服务的理念,以培养社会急需的人才为办学方针,开设了社会急需的工程机械专业。为保障学生的实习需求,打造技工行业专业品牌,学校配备了工程机械操作与维修实习基地,并购置了国产、进口挖掘机、铲车、叉车等工程机械十余辆。

该校致力于培养技术过硬、德才兼备的综合素质人才,使其能在各行业中成为技术能手,成为企业的骨干力量。在注重教育质量的同时,学校积极拓展国内外就业渠道。学生毕业后,将获得全国通用合格证、特种行业上岗操作证和职业等级工证。

(5)山东蓝翔技师学院

山东蓝翔技师学院创办于1984年,是经人社部门批准成立的一所现代化、综合性的民办职业技工院校。学院现开设汽车检测、烹饪(中式烹调)、数控加工(数控车工)、电气自动化设备安装与维修、焊接加工、美容美发与造型(美发)、计算机应用与维修、工程机械运用与维修、轨道交通等多个专业,下属60多个工种。学制教育与短期职业技能培训相结合,初、中、高级技工和技师多层次办学,激发多元化办学机制的活力,适应不同学历、不同年龄阶段、不同基础学生的学习需求。

建校四十年来,学院始终坚持“盯着市场办教育,围绕就业抓质量”的办学理念,学院坚持办让社会和家长放心的高品质职业教育,学生试学一个月不收取学费。学院坚持把学生高工资体面就业作为检验教学质量的重要标准,研发并执行“八统一”教学系列文件,创新“把工厂搬进学校”的教学模式,理论实践一体化,确保学生熟练掌握专业基础知识和技能操作。学生毕业即就业,技能人才输出常年供不应求。

四十年来,学院累计为社会培养各类、各层次技能人才达50余万人。学院连续多年被国家授予"全国先进社会组织""黄炎培优秀学校奖""全国农村青年转移就业先进单位""全国民办非企业单位自律与诚信建设先进单位""全国先进民间组织""全国民办职业培训机构先进单位"等荣誉称号。

做全国品牌,创百年名校,以技能驱动大众创业,以人才推动万众创新。山东蓝翔技师学院将继续坚持规模化、现代化和特色化的发展路径,继续改革创新,全面服务于高技能人才的培养。

## 6.2 工程机械学会(行业协会)及学术刊物

### 6.2.1 中国工程机械学会

中国工程机械学会是由从事工程机械研究相关的企事业单位和科技工作者自愿组成的全国性非营利性的学术性组织,于1993年由"挖掘机械研究会""工程起重机械研究会""铲土运输机械研究会""工程机械液压技术研究会""工程机械测试技术研究会"等5个相关的研究会联合成立,1995年经中国科协审查、批准报民政部登记。

中国工程机械学会现为中国科协所属的200余家全国性一级学会之一,接受业务主管单位中国科协、社团登记管理机关民政部的业务指导和监督管理。学会现有16个分支机构,包括:挖掘机械分会、铲土运输机械分会、工程起重机械分会、液压技术与控制分会、工程机械测试技术分会、维修与再制造工程分会、桩工机械分会、混凝土机械分会、环卫与环保机械分会、路面与压实机械分会、港口机械分会、矿山机械分会、特大型工程运输车辆分会、重大工程施工技术与装备分会、高空作业机械分会、智能制造与工业化建造分会。

同济大学是中国工程机械学会及其秘书处的挂靠单位,也是学会的理事长单位和秘书长单位。学会已召开6次会员代表大会,选举成立了6届理事会,第6届理事会成员有128人,主要来自工程机械知名企业、科研院所和相关高校。

为增进学术交流,在中国科协的支持下,学会创办了《中国工程机械学报》,编辑部挂靠同济大学。《中国工程机械学报》目前已成为北大中文核心期刊、武汉大学RCCSE中国核心期刊、科技部情报所中国科技核心期刊,为万方数据库、清华大学期刊电子版、维普科技期刊、中国科技论文统计源等收录源和中国科协文摘期刊源。学会已先后举办6次工程机械与车辆工程新进展国际会议、7次机械工程博士生论坛及1次中国工程机械高层论坛。同时,港口机械分会创办《港口装卸》杂志作为会刊,矿山机械分会创办《煤炭机械》作为会刊,各个分会每年举办各种学术会议、技术交流会、工程机械展览会等多种层次的交流活动。

学会官网:https://www.ccms-cn.org.cn/,首页截图如图6-1所示。

图6-1　中国工程机械学会官网

## 6.2.2　中国工程机械工业协会

中国工程机械工业协会（CHINA CONSTRUCTION MACHINERY ASSOCIATION，CCMA），是经中华人民共和国民政部正式批准登记注册的全国性工程机械行业组织，是由工程机械行业的制造企业、科研设计检测单位、高等院校、维修、使用、流通单位及其他有关工程机械行业的企事业单位自愿联合组成的具有法人地位的社会团体。协会的业务主管单位是国务院国有资产监督管理委员会。

组织结构：中国工程机械工业协会是由原中国工程机械工业协会与原中国建设机械协会合并而成。现有会员单位2100多个，行业覆盖率达85%以上。会员包括机械、城建、交通、铁路、冶金、煤炭、建材、石油天然气、水利、电力、林业、兵器、航空等10多个行业以及解放军总装备部的有关单位，遍布全国除台湾、西藏以外的各省、市、自治区。

中国工程机械工业协会按产品类型和工作性质成立了29个分会和工作委员会。协会会员企业的产品包括：铲土运输机械、挖掘机械、起重机械、工业车辆、路面施工与养护机械、压实机械、凿岩机械、气动工具、混凝土机械、掘进机械、混凝土制品机械、桩工机械、市政与环卫机械、高空作业机械、装修机械、钢筋及预应力机械、军用工程机械、电梯与扶梯、其他专用工程机械、工程机械配套件等二十大类。

主要职能：协会的宗旨是为企业、政府及用户服务，促进中国工程机械行业的发展。协会的任务是维护会员合法权益，反映会员愿望与要求，协调行业内部关系，贯彻执行国家法律、法规和政策，制定行规、行约，提出有关促进行业发展的政策性建议，协助政府进行行业宏观管理，进行行业发展规划的前期工作，在政府和企业之间起桥梁和纽带作用。

协会与企业及用户联系密切，积极为企业及用户服务，在规划、信息、统计、产品开发、市场、组织结构调整、用户服务、质量、咨询、价格等方面做了大量工作，与国外同行业协会和企业建立了广泛的联系，并为我国企业引进外资、引进先进技术、开展国际技术合作和交流、提高企业的经济效益和产品质量做出了应有的贡献。

协会官网：http://www.cncma.org/，首页截图如图6-2所示。

图 6-2　中国工程机械工业协会官网

## 6.2.3　工程机械重要期刊

(1)《简讯》

《简讯》是由中国工程机械工业协会编印的中国工程机械行业内部宣传交流资料,图 6-3 为《简讯》杂志某期封面。

图 6-3　《简讯》杂志某期封面

《简讯》立足于热衷于为国家相关部门以及广大工程机械行业企事业单位提供信息服务的精神,迅速传达国家相关政策法规以及部委关于经济建设的规划和措施。重点关注机械工业,尤其是工程机械行业的政策信息、经济运行状况、进出口状况以及主要工程机械企业月度产、销、存数据。同时,反映工程机械行业发展动态和重大事件,深入剖析行业发展中的重大问题。针对行业科技研发、标准制定、品牌培育、生产经营等信息,进行全面及时地报道。从实施市场化战略、国际化战略以及品牌战略的角度出发，传递行业企业资讯及活动动态。并为工程机械行业进出口以及海外并购、国际市场营销提供信息参考。

《简讯》设有政府声音、行业新闻、协会活动、分会园地、标准法规、行业展会、行业论坛、企业风采、行业统计等栏目，每月发行一期。主要服务对象包括政府相关领导、国家相关部门以及广大工程机械行业企事业单位的领导、技术人员、经济管理人员等。

（2）《工程机械与维修》

《工程机械与维修》于1994年创刊，集指导性、信息性、技术性、实用性和创造性于一体，深度关注和服务于中国工程机械产业和市场。

主管单位：中国机械工业联合会。

主办单位：北京卓众出版有限公司。

出版地方：北京。

快捷分类：机械。

国际刊号：1006-2114。

国内刊号：11-3566/TH。

邮发代号：82-674。

创刊时间：1994。

发行周期：双月刊。

主要刊登有关产业、用户、产品、技术、资讯等，杂志与时俱进，开拓进取，保持优势，敢于争先，是一本公开发行的综合性双月刊，图6-4是《工程机械与维修》杂志某期封面。

图6-4 《工程机械与维修》杂志某期封面

（3）《今日工程机械》

《今日工程机械》于2002年创刊，主要刊登有关封面文章、资讯、市场、营销、管理、用户等,杂志与时俱进,开拓进取,保持优势,敢于争先,是一本公开发行的综合性双月刊。图6-5为《今日工程机械》杂志某期封面。

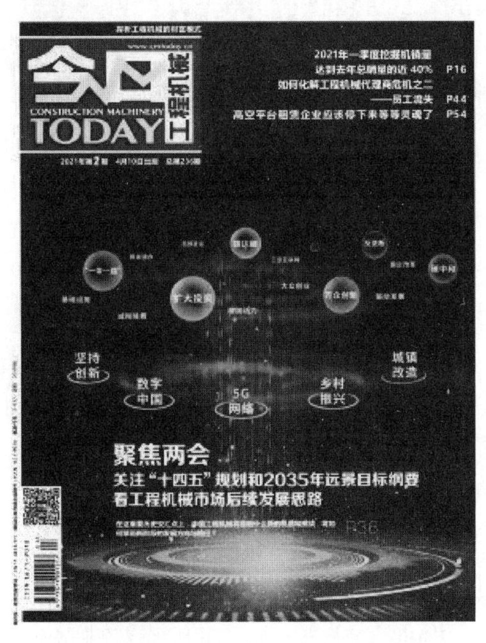


图6-5 《今日工程机械》杂志某期封面

主管单位:中国机械工业联合会。

主办单位:北京卓众出版有限公司。

国际刊号:1671-9018。

国内刊号:11-4814/TH。

(4)《建设机械技术与管理》

《建设机械技术与管理》杂志,作为全国工程建设机械装备技术与管理领域的初创科技期刊,秉持“链接产业生态,科技驱动发展,赋能装备智造”的愿景,立志成为国内领先的科技期刊。以工程建设机械装备智能制造与应用技术、管理为核心引领,凭借国内龙头装备制造企业和施工企业的大力支持,以及众多知名专家、院士的悉心指导,已发展成为业内最具影响力的专业期刊。该杂志已成为工程建设投资、建设、施工、管理、租赁等产业链生态圈,以及装备制造上下游产业链合作伙伴交流、进步和发展的首选平台。

作为一本具有较高学术价值的大型双月刊,《建设机械技术与管理》杂志在创刊以来,始终以选题新奇且广泛报道,服务大众且保持理论高度为特色,深受业界和广大读者的关注与好评。图6-6展示了《建设机械技术与管理》杂志的一期封面。

主管单位:中华人民共和国住房和城乡建设部。

主办单位:国家建筑城建机械质量监督检验中心。

出版地方:北京。

国际刊号:1004-0005。

国内刊号:43-1185/TU。

邮发代号:42-105。

图 6-6 《建设机械技术与管理》杂志某期封面

创刊时间:1988 发行周期:双月刊(CN:43-1185/TU)。

(5)《工程机械》

主管单位:天津工程机械研究院。

主办单位:天津工程机械研究院。

出版地区:天津。

国际刊号:1000-1212。

国内刊号:12-1082/TH。

《工程机械》杂志秉持推动科技进步和谋求行业发展的宗旨,全面记载了新中国工程机械行业的发展历程,从多视角展示了行业技术进步的成果,形成了独特的办刊风格。图 6-7 展示了《工程机械》杂志的一期封面。

栏目布局:《工程机械》杂志涵盖微机应用与智能化、产品结构、试验研究、设计计算、专题综述、液压液力、工艺材料、使用维修等多个领域。

(6)《中国工程机械学报》

《中国工程机械学报》主要发布工程机械领域的基础理论及关键技术的研究成果,涵盖工程机械设计、制造和产品质量控制方面的创新探索,以及设备使用、维护、保养、修理和故障诊断等方面的实践经验。此外,本学报还关注机械设计、制造及使用过程中具有普适性的新理论、新技术、新材料的研究进展。在企业管理、企业文化、发展战略、市场预测等议题上,亦有所体现。该学报同时介绍工程机械及其基础件的新产品,特别是获奖产品,并提供行业信息、动态报道以及厂长、经理论坛等内容。图 6-8 展示了《中国工程机械学报》某期的封面。

图6-7 《工程机械》杂志某期封面

图6-8 《中国工程机械学报》杂志某期封面

主管单位:中国科学技术协会。

主办单位:中国工程机械学会。

国际刊号：1672-5581。
国内刊号：31-1926/TH。
周期：季刊。
语种：中文。
栏目布局：《中国工程机械学报》主要栏目有基础理论与关键技术研究，设计、制造及质量控制探讨，性能检测、试验及故障诊断分析，综合技术交流，以及企业管理与发展策略分享。

# 6.3 工程机械的职业资格鉴定及技能大赛

## 6.3.1 职业资格鉴定

（1）工程机械职业资格所涉及的岗位或机种

所涉岗位：土方机械维修工、起重机械维修工、高空作业机械维修工、筑路及道路养护机械维修工、混凝土机械维修工、桩工机械维修工、工业车辆维修工等。

所涉机种：工程机械职业资格所涉及的主要机种详见表 6-1 所示。

工程机械各类别主要机种　表 6-1

| 工程机械类别 | 主要机种 |
|---|---|
| 土方机械 | 履带式挖掘机、轮胎式挖掘机、挖掘装载机、装载机、推土机、平地机、铲运机、非公路自卸车等 |
| 起重机械 | 轮胎式起重机、履带式起重机、汽车式起重机、全地面起重机、随车起重机、塔式起重机、施工升降机等 |
| 掘进及凿岩机械 | 全断面隧道掘进机、水平定向钻、悬臂掘进机、凿岩台车等 |
| 高空作业机械 | 高空作业车、高空作业平台、吊篮及擦窗机等 |
| 筑路及道路养护机械 | 压路机、夯实机、沥青搅拌设备、摊铺机、稳定土拌和设备、铣刨机械、路面养护设备、路面再生设备、除冰雪机等 |
| 混凝土机械 | 混凝土搅拌设备、混凝土泵送设备、混凝土搅拌运输设备、混凝土振动设备、混凝土清洗回收设备等 |
| 桩工机械 | 工程钻机、旋挖钻机、打桩机、打桩锤、成孔机、地下连续墙液压抓斗、地下连续墙用铣槽机等 |
| 工业车辆 | 叉车、牵引车、堆垛机、搬运车、观光车等 |

（2）鉴定标准

现行标准：国家职业技能标准——工程机械维修工（2019 年版）为规范从业者的从业行为，引导职业教育培训的方向，为职业技能鉴定提供依据，依据《中华人民共和国劳动法》，适应经济社会发展和科技进步的客观需要，立足培育工匠精神和精益求精的敬业风气，人力资源社会保障部委托机械工业职业技能鉴定指导中心组织有关专家，制定了《工程机械维修工国家职业技能标准（2019 年版）》（以下简称《标准》），如图 6-9 所示。

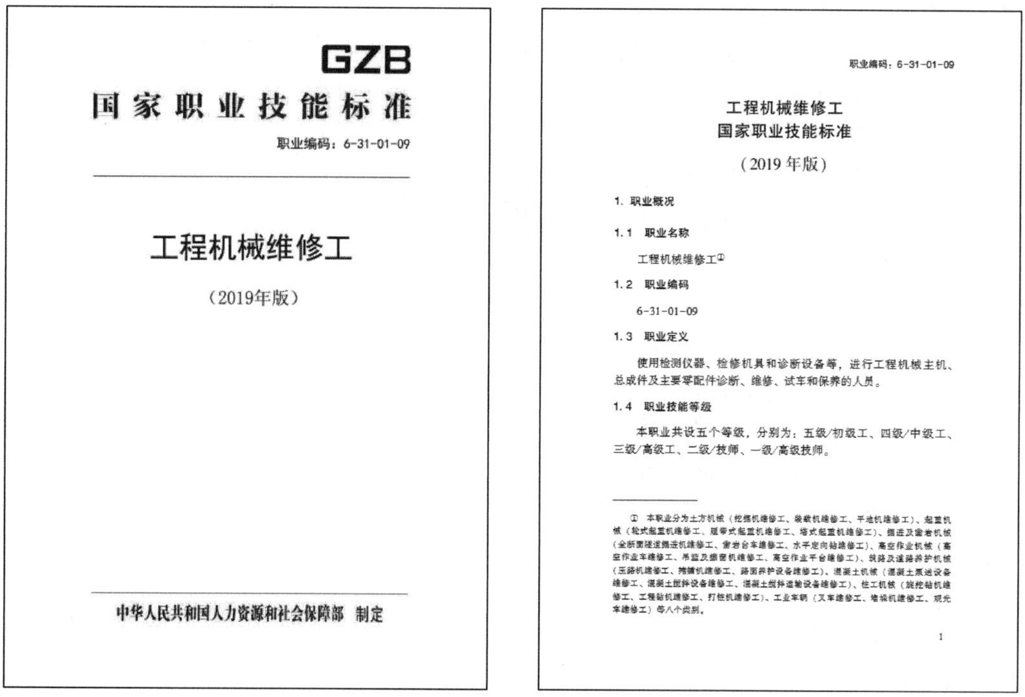

GZB
国家职业技能标准
职业编码：6-31-01-09

工程机械维修工

（2019年版）

中华人民共和国人力资源和社会保障部 制定

职业编码：6-31-01-09

工程机械维修工
国家职业技能标准

（2019年版）

1. 职业概况

1.1 职业名称

工程机械维修工[①]

1.2 职业编码

6-31-01-09

1.3 职业定义

使用检测仪器、检修机具和诊断设备等，进行工程机械主机、总成件及主要零配件诊断、维修、试车和保养的人员。

1.4 职业技能等级

本职业共设五个等级，分别为：五级/初级工、四级/中级工、三级/高级工、二级/技师、一级/高级技师。

① 本职业分为土方机械（挖掘机维修工、装载机维修工、平地机维修工）、起重机械（轮式起重机维修工、履带式起重机维修工、塔式起重机维修工）、掘进及凿岩机械（全断面隧道掘进机维修工、凿岩台车维修工、水平定向钻维修工）、高空作业机械（高空作业车维修工、吊篮及擦窗机维修工、高空作业平台维修工）、筑路及道路养护机械（压路机维修工、摊铺机维修工、路面养护设备维修工）、混凝土机械（混凝土泵送设备维修工、混凝土搅拌设备维修工、混凝土搅拌运输设备维修工）、桩工机械（旋挖钻机维修工、工程钻机维修工、打桩机维修工）、工业车辆（叉车维修工、堆垛机维修工、观光车维修工）等八个类别。

1

图6-9 国家职业技能标准——工程机械维修工(2019年版)

本《标准》以《中华人民共和国职业分类大典(2015年版)》(以下简称《大典》)为依据，严格按照《国家职业技能标准编制技术规程(2018年版)》有关要求，以“职业活动为导向、职业技能为核心”为指导思想，对工程机械维修工从业人员的职业活动内容进行规范细致描述，对各等级从业者的技能水平和理论知识水平进行了明确规定。

本《标准》依据有关规定将本职业分为五级/初级工、四级/中级工、三级/高级工、二级/技师、一级/高级技师五个等级，包括职业概况、基本要求、工作要求和权重表四个方面的内容。本次修订内容主要有以下变化：

职业概况按照《大典》重新明确了职业名称、职业编码、职业定义；对本职业各等级的申报条件做了调整，明确了相关专业和相关工种的范围；调整了各等级理论知识考试和技能考核的鉴定时长。

基础知识增加了《中华人民共和国特种设备安全法》和《中华人民共和国环境保护法》的相关知识。

工作要求按专业方向分为土方机械、起重机械、掘进及凿岩机械、高空作业机械、筑路及道路养护机械、混凝土机械、桩工机械、工业车辆八类，不同设备类别的维修工按照相对应设备类别的工作内容进行考核。

附录增加了设备目录，推荐了不同专业方向优先选用的鉴定考核设备。

(3)工程机械维修工技能等级认定报名条件

职业名称：工程机械维修工。

职业编码：6-31-01-09。

职业定义：使用检测仪器、检修机具和诊断设备等，进行工程机械主机、总成件及主要零配件诊断、维修、试车和保养的人员。

职业技能等级：本职业共设五个等级，分别为：五级/初级工、四级/中级工、三级/高级工、二级/技师、一级/高级技师。

职业环境条件：室内外，常温。

职业能力特征：手指、手臂灵活，动作协调；学习能力、色觉和空间适应能力强。

普通受教育程度：初中毕业（或相当文化程度）。

职业技能鉴定要求

申报条件：

具备以下条件之一者，可申报五级/初级工：

①累计从事本职业或相关职业工作1年（含）以上。

②本职业（分为土方机械、起重机械、掘进及凿岩机械、高空作业机械、筑路及道路养护机械、混凝土机械、桩工机械、工业车辆等八个专业方向）或相关职业（工程机械装配调试工、汽车装调工、汽车维修工、摩托车修理工、拖拉机制造工、机床装调维修工、机动车检测工等）学徒期满。

具备以下条件之一者，可申报四级/中级工：

①取得本职业或相关职业五级/初级工职业资格证书（技能等级证书）后，累计从事本职业或相关职业工作4年（含）以上。

②累计从事本职业或相关职业工作6年（含）以上。

③取得技工学校本专业或相关专业毕业证书（含尚未取得毕业证书的在校应届毕业生）；或取得经评估论证、以中级技能为培养目标的中等及以上职业学校本专业或相关专业毕业证书（含尚未取得毕业证书的在校应届毕业生）。

具备以下条件之一者，可申报三级/高级工：

①取得本职业或相关职业四级/中级工职业资格证书（技能等级证书）后，累计从事本职业工作5年（含）以上。

②取得本职业或相关职业四级/中级工职业资格证书（技能等级证书），并具有高级技工学校、技师学院毕业证书（含尚未取得毕业证书的在校应届毕业生）；或取得本职业或相关职业四级/中级工职业资格证书（技能等级证书），并具有经评估论证、以高级技能为培养目标的高等职业学校毕业证书（含尚未取得毕业证书的在校应届毕业生）。

③具有大专及以上学历证书，并取得本职业或相关职业四级/中级工职业资格证书（技能等级证书）后，累计从事本职业工作2年（含）以上。

具备以下条件之一者，可申报二级/技师：

①取得本职业或相关职业三级/高级工职业资格证书（技能等级证书）后，累计从事本职业工作4年（含）以上。

②取得本职业或相关职业三级/高级工职业资格证书（技能等级证书）的高级技工学校、技师学院毕业生，累计从事本职业工作3年（含）以上；或取得本职业预备技师证书的技师学院毕业生，累计从事本职业工作2年（含）以上。

具备以下条件者，可申报一级/高级技师：

取得本职业或相关职业二级/技师职业资格证书（技能等级证书）后，累计从事本职业工作4年(含)以上。

鉴定方式:分为理论知识考试、技能考核以及综合评审。理论知识考试以笔试、机考等方式为主。

(4)证书种类及样书、证书效力

工程机械维修工的职业资格分为初级、中级、高级、技师、高级技师五个等级。根据我国人力资源和社会保障部的文件要求,对于涉及公共利益、国家安全、公共安全、人身健康和生命财产安全的职业(工种),必须进行职业资格评价。通过评价者可以获得相应的职业资格证书。图6-10所示为职业资格证书的样本。

图6-10 职业资格证书样本

从左至右分别为:初级(五级)、中级(四级)、高级(三级)、技师(二级)、高级技师(一级)。

2019年,按照党中央、国务院部署,深化“放管服”改革,将技能人员水平评价由政府认定改为实行社会化等级认定,接受市场和社会认可与检验,这是推动政府职能转变、形成以市场为导向的技能人才培养使用机制的一场革命,有利于破除对技能人才成长和弘扬工匠精神的制约,促进产业升级和高质量发展。

国家按照规定的条件和程序,将职业资格纳入国家职业资格目录,实行清单式管理,设置准入类职业资格,其所涉职业(工种)必须关系公共利益或涉及国家安全、公共安全、人身健康、生命财产安全,且必须有法律法规或国务院决定作为依据;设置水平评价类职业资格,其所涉职业(工种)应具有较强的专业性和社会通用性,技术技能要求较高,行业管理和人才队伍建设确实需要。

职业技能等级证书与职业资格证书经评定合格后,具有同等权威性,均可通过“技能人才评价证书全国联网查询系统”进行查询。国家职业技能等级证书作为我国积极推广的证书,由人社部认可的三方评价机构颁发。此类证书可应用于招聘、享受补贴、个税抵扣等情况。职业技能等级证书样本如图6-11所示。

### 6.3.2 各级别大赛

1)世界技能大赛

世界技能大赛(World Skills Competition),源于1950年的西班牙,历经逾半世纪的演变与发展,已逐渐成为全球范围内规模最大、级别最高、影响深远的综合性技能竞赛,被誉为“技能领域的奥林匹克”。该赛事自 1950 年创办首届以来,至 2013 年已成功举办 42 届。目前,世界技能大赛总部设于荷兰阿姆斯特丹,拥有 63 个成员体(包括 60 个成员国和 3 个地区)。

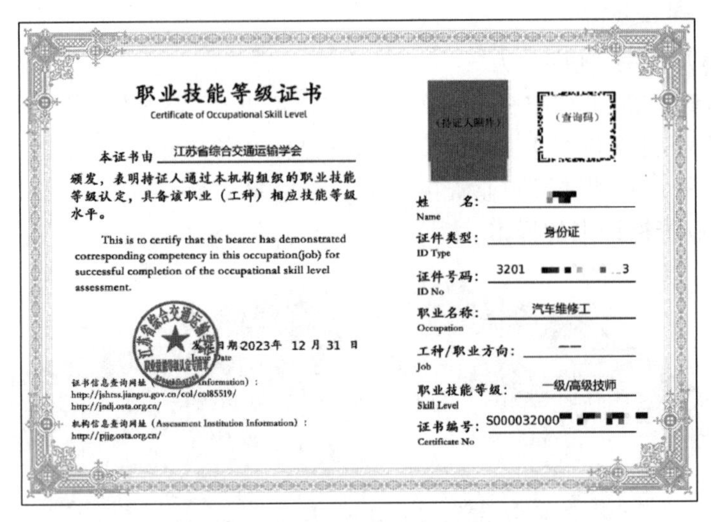

职业技能等级证书
Certificate of Occupational Skill Level

本证书由 江苏省综合交通运输学会 颁发，表明持证人通过本机构组织的职业技能等级认定，具备该职业（工种）相应技能等级水平。

This is to certify that the bearer has demonstrated corresponding competency in this occupation(job) for successful completion of the occupational skill level assessment.

发证日期 2023年 12 月 31 日
Issue Date

证书信息查询网址 (Certificate Information)：
http://jshrss.jiangsu.gov.cn/col/col85519/
http://jndj.osta.org.cn/
机构信息查询网址（Assessment Institution Information）：
http://pjjg.osta.org.cn/

（持证人照片）
（查询码）

姓 名：
Name
证件类型：身份证
ID Type
证件号码：3201
ID No
职业名称：汽车维修工
Occupation
工种/职业方向：——
Job
职业技能等级：一级/高级技师
Skill Level
证书编号：S000032000
Certificate No

图 6-11　职业技能等级证书样本

世界技能大赛的徽标由两部分构成:图标与文字标记,如图 6-12 所示。图标中的五条粗线象征着年轻人的手——伸出双手寻求新技能。该徽标由韩国 Mokwon(牧园)大学平面设计专业的学生于 2000 年设计。世界技能大赛的文字标记是对图标符号的补充,由意大利设计师凯瑟琳·巴尔多(Kathrin Baldo)和安德烈亚斯·阿尔伯(Andreas Alber)共同创作。

图 6-12　世界技能大赛图标

2)中国与世界技能大赛

2010 年 10 月,世界技能组织大会在牙买加召开,经过表决,正式批准我国加入世界技能组织。我国在该组织的官方代表和管理机构为国家人力资源和社会保障部。

2011 年 10 月,我国首次参加世界技能大赛,参与了六个项目,成绩斐然,获得 1 枚银牌、5 个优胜奖,人均得分位列世界第二。2013 年 7 月,第 42 届世界技能大赛在德国莱比锡举行,我国第二次参赛,参与了 22 个项目的比赛,包括 3 个团队赛和 19 个单项赛,荣获 1 银 3 铜 13 个优胜奖。

2014 年第 43 届世界技能大赛本应在巴西圣保罗市举办,我国计划参赛项目共 28 个。我国人社部决定,从2014年开始,我国的世界技能大赛将规范化,统一命名为"××××年中国技能大赛—第××届世界技能大赛全国选拔赛"。各省市人社系统的选拔赛则统一为"××××年中国技能大赛—第××届世界技能大赛省(市)选拔赛"。

2022年,原定在中国上海举办的第四十六届世界技能大赛,因不可抗力因素未能如期举行。

关于世界技能大赛全国选拔赛的组织与竞赛工作,有以下规定:

(1)参赛选手年龄要求:世界技能大赛一般要求参赛选手年龄不超过22岁,但部分团体项目如移动机器人、机电一体化、制造业团队挑战赛等,年龄可放宽至25岁。参赛选手可以是在职职工或各类学校在校生。

(2)裁判员产生与组成:裁判长由全国选拔赛组委会与各赛区组委会商议,在各行业、各地区推荐的人选中选定。裁判员则由各参赛地区或行业根据项目参赛队数量和裁判要求选派,每个项目至少1名。

(3)技术文件发布:在各赛区组委会领导下,由各项目裁判长牵头,与竞赛保障组、裁判组等共同拟定选拔赛项目技术工作文件。

关于竞赛试题的确定与公布,有以下三种方式:

①可以提前公布试题的,由裁判长组织命制或向各代表队征集,随技术描述等文件一并公布。

②临赛前需对试题部分内容调整的项目,可在公布技术描述时公布试题样题。比赛试题由裁判长结合设备、材料等状况,在赛前对已公布的试题样题进行不超过30%的修改,演变出至少2套备选试题,临赛前组织本项目全体裁判员投票确定比赛试题。比赛试题应于正式比赛开始时公布实施。

③赛前需要严格保密试题的项目,可提前公布样题,使选手明确比赛基本思路。比赛试题应于正式比赛开始时公布实施。

④难度要求。

参照世界技能大赛之经验,调整过度侧重难度之倾向,着重强调精确性与品质。以全国数控大赛为例,详见表6-2。

全国数控大赛难度对比　　表6-2

| 对比项 | 其他比赛 | 世界技能大赛 |
|---|---|---|
| 竞赛时间 | 3~5件/6小时 | 3件/12小时 |
| 零件结构 | 偏难 | 中等难度 |
| 工作量 | 偏大 | 中等 |
| 工作完成度 | 30%以下 | 95% |
| 加工精度 | 中等 | 高 |

(4)竞赛实施。

①比赛时间。各项目比赛时间一般不超过2天,具体时间安排及要求在本项目技术文件中确定。

②公开观摩比赛。开放性是世界技能大赛的一大特点。全国选拔赛可参照世界技能大赛在每个赛项入口处通过文字、图像、视频播放循环展示赛项内容,帮助参观者了解全部比赛。

赛程同步对外开放，供各代表队、游客和当地市民、学生现场参观。让不同的层次、不同年龄阶段的观众都能参与到大赛之中，提高年轻人和家长对技能工作的认识和支持。

③执裁过程如下。

a. 比赛开始前，在技术保障组配合下，裁判长带领裁判组对设备进行初始化和参数还原，保证每场比赛前所有设备处于相同的环境和状态。

b. 比赛过程中，裁判员要按照分工，依据评判标准和相关要求公平、公正评判，并对每位选手各比赛模块的评判结果签字确认。裁判员实行回避制度，不得评判来自本代表队的选手。

需要对比赛结果进行检测的项目，由裁判长和赛区监督仲裁组负责人共同确定至少2名来自不同代表队的裁判员的监督下进行。

c. 每一模块比赛结束后，裁判长安排专人在本赛区监督仲裁组负责人监督下，进行比赛成绩的登录、汇总和统计工作。裁判长和赛区监督仲裁组负责人要对汇总后的成绩进行复核并签字确认。

大赛评分尽量使用CIS（世界技能大赛信息系统）统一转化为标准分500分制，采用500分制计分，最大程度保护选手的积极性。

3）中华人民共和国职业技能大赛

首届全国技能大赛以“新时代、新技能、新梦想”为赛事主题，涵盖86个竞赛项目。其中，重型车辆维修项目作为全国技能大赛63项世赛选拔项目之一，冠军选手将肩负起代表我国征战世界技能大赛的重任。因此，无论是评估选手的个人技能，还是对比赛设备性能的要求，均需符合世界技能大赛的国际标准。这也对“重型车辆维修”项目的设备选择提出了较高要求：设备不仅需在技术上领先，代表全球先进水平，同时还需在全球范围内具备完善的整机销售及服务配件体系。赛事赛制参照世界技能大赛的规定制定。图6-13、图6-14展示了选手在设备维修竞赛现场的实况。

图6-13　选手进行设备维修

图6-14　首届全国技能大赛“重型车辆维修”竞赛现场

4）行业工程机械技能竞赛

图6-15展示了2023年柳工“我是大能手”全球土石方工程机械技能比武总决赛闭幕式的现场。柳工“我是大能手”大赛是一项由柳工携手全球经销商、工程机械行业协会以及各大职业技术学院共同举办的赛事，以工程机械操作技能和服务维修为主，旨在为选手提供一个全球性的舞台，展示自身才华，推动高级技术职业人才的发掘，拓宽选手的职业道路，充实人才储备，充分体现了新时代的“蓝领精神”。

图6-15　柳工“我是大能手”技能比武总决赛闭幕式

随着柳工在智能化、电动化、无人化等新技术方面的飞速发展,对服务人员的职业素养、职业技能以及职业精神提出了更高的要求。作为一家拥有65年历史的全球装备制造企业,柳工在人才培养、竞技比赛等领域始终积极进取,为我国制造业的转型升级和持续发展注入了新的活力。

# 6.4　工程机械融资租赁及展会

## 6.4.1　融资租赁的含义

融资租赁(financial lease),作为一种全球范围内普遍且基础的非银行金融业务,其运作模式如下:出租人在响应承租人(即用户)的需求后,与第三方(供货商)签订供货合同,据此合同,出租人出资向供货商购买承租人选择的设备。接着,出租人与承租人签订租赁合同,将设备出租给承租人,并以此向承租人收取适量租金。

国内工程机械融资租赁模式如下:

(1)工程机械制造商独立运作模式

在我国工程机械领域,中联重科与徐工集团率先涉足融资租赁业务,各自独立推进。中联重科融资租赁有限公司主要为公司各类工程起重机械、建筑起重机械、混凝土机械、环卫机械等产品的销售提供融资租赁支持。通过融资租赁手段,中联重科实现了设备销售的扩大,销售业绩显著提升,该业务板块贡献的营业额占集团总收入的20%以上。与此同时,徐工集团旗下徐工工程机械租赁有限公司经国家商务部与税务总局批准,成为内资融资租赁试点企业,从而大幅拓展了徐工工程机械设备的销售市场,提升了整体竞争力。

(2)制造商与银行合作模式

在工程机械行业中,制造商与银行携手合作已逐渐成为一种主流的融资租赁模式。通过这种方式,一些中小型制造商能够减轻内部资金压力、促进资金流转并降低融资成本。例如,山东重工集团有限公司旗下的山重融资租赁有限公司与中国民生银行签订了相关协议。在此协议下,民生银行为该公司提供了大量信用贷款,同时还提供了其他多种融资业务支持。另外,熔盛重工集团控股有限公司也与国家开发银行签订了相关协议。国家开发银行与熔盛重工集团展开了总额为 300 亿元人民币的战略合作，并为其提供了包括财务顾问、融资规划等在内的多项金融服务。这一举措有助于推动熔盛重工集团高端海洋装备制造业的发展。

(3)制造商与融资公司合作模式

融资公司与融资租赁业务的携手，无疑是推动融资租赁的有效途径。例如，熔盛重工集团与中铁租赁有限公司达成合作协议，中铁租赁助力，熔盛重工规模扩张、销售渠道拓宽，为其国内业务的拓展提供了坚实保障。此外，还有诸多与融资租赁相关的合作模式在不断发展壮大，如与海外融资公司联手，共同推进金融全球化进程。

尽管我国工程机械融资租赁市场尚处于起步阶段，但随着政策松绑及国内企业对融资租赁市场的认知提升，市场正逐步迈向繁荣。

综合来看，工程机械融资租赁方式对国内中小型工程机械制造商而言，具有融资助力、产品销售拓展、短期规模扩张、流动资产增加等优势，且风险较低、方式灵活，能有效抵御通货膨胀影响，为应对工程机械行业竞争加剧带来了积极效应。因此，我国工程机械制造商引入融资租赁业务迫在眉睫。

### 6.4.2 各种层次展览会

1)德国慕尼黑国际工程机械及配件展览会(BAUMA)

(1)展会介绍

备受瞩目的全球工程机械领域盛会——慕尼黑展览中心展(bauma)将于 2025 年 4 月 7 日至 13 日再次拉开序幕。此次展会将围绕数字化施工现场、替代驱动器以及未来施工方法等关键议题展开讨论，并提出创新性解决方案。二十年深耕中国市场，与我国工程机械行业共成长，展会始终致力于展示行业发展的最新动态。

作为全球工程机械企业竞技的舞台，宝马展(bauma)汇聚了众多优质企业与产品，它们代表着先进的生产力，肩负着行业发展的历史使命。图 6-16 所示为本次展会的宣传单页，生动展现了即将到来的盛会景象。

图 6-16　2025 年德国慕尼黑宝马展

(2)展会信息

展会时间:2025 年 4 月 7—13 日。

展会地点:德国慕尼黑。

(3)展品范围

建筑工程领域涵盖以下方面:建筑工程车辆、起重与输送设备、施工工具及特种系统、工地砂浆处理与施工设备、结构件及脚手架、其他建筑工地设施。在采矿和原材料开采及加工领域,包括原材料开采与采矿机械、物料运输以及原料预加工技术。

此外,建材生产领域涉及水泥、混凝土制品及预制件生产机械与系统、沥青生产机械与系统、石灰及石膏复合建材生产、干混砂浆、石膏、抹灰及建材店产品生产机械、石灰砂岩、电厂废渣建材生产机械等。

最后,部件及服务供应商领域涵盖传动工程、流体工程、供电组件、附件及高使用率备件、作业安全、通讯及导引、测试、测量、控制及控制系统工程等。

2)法国巴黎国际工程机械及建筑机械博览会(INTERMAT)

(1)展会介绍

法国巴黎国际工程机械及建筑机械博览会(INTERMAT),与德国慕尼黑 BAUMA 和美国拉斯维加斯 CONEXPO-CON/AGG 并列为全球工程机械领域的三大顶级展会,自 1988 年创立以来,秉持着每三年一届的举办周期,已成功举办了十届。作为三大展会之一的法国 INTERMAT 展,以其卓越的规模和深远的影响力,加之地处欧洲、中东、非洲区域(EMEA)的地理优势,不仅在欧洲市场稳固立足,更将辐射力拓展至非洲和中东市场。

展会主办方对欧洲、中东和非洲的 12 个国家(包括法国、比利时、德国、意大利、荷兰、英国、阿尔及利亚、科特迪瓦、肯尼亚和摩洛哥)的行业市场信息进行了深度了解,旨在为参展商提供最有发展潜力的市场资讯,并积极引导相关国家地区的买家参观展会,取得了显著的成果。

据数据显示,这些市场在工程机械行业具有巨大的市场空间和发展潜力:到 2030 年,欧洲的项目投资额将达到 925 亿欧元;到 2040 年,非洲将达到 3070 亿欧元;到 2033 年,中东将达到 2390 亿欧元。INTERMAT 展会不仅延续了其开发欧洲市场的传统功能,更在拓展非洲、中东欧市场方面独树一帜,为参展商提供了更为广阔的商机。

据对往届参展商的调查显示,绝大多数参展商表示满意程度极高,甚至部分展商预测 2024INTERMAT 展会的效果将为历届之最。图 6-17 所示为该展会的会标。

图 6-17 法国巴黎 INTERMAT 国际工程机械展

（2）展会信息

展会时间：2024年04月24日—2024年04月27日

展会地点：巴黎北郊维勒班展览中心

（3）展品范围

涵盖领域包括但不限于：工程机械与设备、工程车辆、矿山机械、建筑机械、建筑技术、建筑材料与建材机械、发动机及动力传动设备、液压与气动技术、升降设备、传送设备、工程泵、电子控制设备及元件、安全系统及设备、各类电机、轴承、零部件等。

3）美国拉斯维加斯国际工程机械展览会（CONEXPO-CON/AGG）

（1）展会介绍

2026年美国拉斯维加斯国际工程机械展览会（CONEXPO-CON/AGG2026）是美国规模最大、专业性最强的工程机械类展览会，每三年举办一届，由美国制造商设备协会（AEM）、美国国家沥青路面协会（NAPA）及美国砂石和砾料协会（NSSGA）联合主办。展会占地面积：室内展区210万平方英尺（约合195090m$^2$），室外展区19.5公顷（约合195000m$^2$），参展商数量超过2200家。

预计本次展会将吸引全球各地的专业人士共计128000人参观，引领观众深入了解工程机械、混凝土材料及预制混凝土行业。此外，展会还将吸引全球各地的承包商、材料供应商、市政及官方人士出席。图6-18所示为本次展会的宣传单页。

图6-18　美国拉斯维加斯工程机械展会

（2）展会信息

展会时间：2026年3月3日—2026年3月7日

展会地点：美国拉斯维加斯。

（3）展品范围

涵盖领域包括但不限于：工程机械与设备、工程车辆、建筑技术及机械、建材与建材机械、矿山机械、混凝土与沥青设备、发动机及动力传动系统、液压与气动技术、升降设备、工程泵、电子控制设备及元件、安全系统与设备、各类电机、轴承、零部件等。

在矿山机械及相关产品与配件领域，展示内容包括：矿山机械及先进的采矿技术、挖掘与采掘机械、凿岩机械、桩工机械、起重机械、升降设备、建筑机械、钢筋预应力机械、铲运设备、装载与运输机械、风动工具、选矿与探矿设备与技术、矿石破碎粉磨机械、矿用筛分机械、地表设备、输送设备、地下装载机、矿井电气火车头以及开矿工具与设备、金刚工具、重型车辆与卡车、钻探设备与技术等。

(4)展出形式

主要展示实物,配以图片、音像、模型、样本及多媒体演示等形式。租赁标准展位进行展示,亦可根据企业需求租赁光地,并为展位提供个性化装修服务。

4)中国(北京)国际工程机械、建材机械及矿山机械展(BICES)

(1)展会介绍

1989年,BICES在我国首都北京首次举办,历经三十二年的发展,在行业内外和社会各界的支持下,广大工程机械人的不懈奋斗使展会不断深入了解参展单位和观众需求,积极把握行业发展态势,其规模、质量和效果已跻身世界前列。尤其自中国工程机械工业协会加大展会工作力度并移师"新国展"以来,BICES立足北京,辐射全国,放眼世界,不断创新,充分发挥北京区位优势,以国内外知名企业和优质用户群体为依托,展会的品质和影响力大幅提升。不仅使广大用户和观众受益,也为各参展单位的技术进步、品牌提升和市场拓展提供了助力,赢得了包括中央电视台、新华社、《人民日报》等200多家海内外媒体的积极报道和网络、微信平台等的广泛宣传。

新中国成立七十周年之际,展会同期举办了"庆祝新中国成立70周年工程机械行业成就展",通过精炼的文字和数百张珍贵的新老照片,生动展示了新中国成立70年来工程机械行业取得的瞩目成就,绘就出一幅波澜壮阔、气势恢宏的新时代奋斗图,谱写出一首激昂动听的新时代交响曲,得到了国家有关部委、相关机构和行业人士的充分肯定。

BICES已成为工程建设装备领域创新成果展示和可持续发展的风向标,全球工程机械、建材机械、矿山机械、专用车辆等全产业链相关企业实现价值增值和同用户交流合作的大舞台,具有全球重大影响力的行业盛会。

作为我国工程机械行业发展的同行者和见证者,BICES将秉持一贯的价值交流与共同愿景,与所有行业伙伴共同打造内涵丰富、积极进取的行业品牌盛会。第十七届中国(北京)国际工程机械、建材机械及矿山机械展览与技术交流会(BICES2025)主题为"高端绿色,智慧未来",预计展出面积约20万$m^2$,参展商约2000家。

近年来,全行业全面贯彻新发展理念,适应新发展阶段要求,加快构建新发展格局,尤其是"十四五"以来,创新动力、发展活力勃发,高端化、智能化、绿色化技术和产品层出不穷,为中国制造增添光彩,为构建现代化产业体系、推进中国式现代化和美丽中国建设作出重要贡献。2025年是"十四五"规划的收官之年,作为全球工程机械行业具有重要影响力的国际盛会和中国工程机械创新发展的风向标,BICES2025将进一步发挥优势,全面展示最新发展成果,为行业高质量发展贡献力量。图6-19所示为展会的会标。

图6-19 中国(北京)国际工程机械展

(2)展会信息

展会时间:2025年9月23日—2025年9月26日。

展会地点:中国国际展览中心顺义馆。

5)上海国际工程机械、建材机械、矿山机械、工程车辆及设备博览会(bauma CHINA)

(1)展会介绍

bauma CHINA(上海宝马工程机械展),即上海国际工程机械、建材机械、矿山机械、工程车辆及设备博览会,每两年一次在上海新国际博览中心举办,为工程机械业内人士提供了专业的交流展示平台。

bauma CHINA作为德国bauma展在中国的延伸,自2002年入世中华以来,饱含责任、力量与温度,不仅仅是汇聚工程机械行业翘楚的国际性展览会,荟萃创新产品与前沿技术的竞秀场,更是洞悉行业趋势的风向标盛会。展会历经20余年发展,已成长为中国及亚太地区颇具规模和影响力的集企业展示、贸易采购、会晤交流、合作拓展于一体的综合性线下盛会,为中国工程机械企业与世界沟通搭建了桥梁。

bauma CHINA 2024将汇聚国内外行业翘楚,全面覆盖工程机械与车辆、矿山机械、建材机械、传动及流体技术、配套件及服务、新能源技术、数字化工地、智能制造装备全产业,展示行业创新发展。

历经四年沉淀,bauma CHINA 2024将在更开放的经贸环境下,一如既往为行业搭建"立足中国,链接世界"理想平台。作为德国bauma展在中国的延伸,bauma CHINA依托雄厚的全球系列展资源和影响力,深入做强"国际化"优势,力邀各领域的国内外专业观众与买家实地挖掘新产品、面对面采购交流,助力中国企业走出去、国际企业走进来,也为全球工程机械产业发展打开重要窗口。图6-20所示为本次展会的宣传单页。

图6-20 2024年上海宝马展

(2)展会信息

展会时间:2024年11月26日—2024年11月29日。

展会地点:上海新国际博览中心。

## 复习思考题

(1)举例说明国内开设工程机械专业的院校有哪些。
(2)工程机械职业资格所涉及的岗位和机种有哪些?
(3)简述工程机械学会(行业协会)名称、主管单位及职能。
(4)简述工程机械各级别大赛。
(5)简述融资租赁含义、模式。
(6)工程机械产品展览会有哪些?

# 参考文献

[1] 王健,祁贵珍. 工程机械文化[M]. 北京:人民交通出版社,2013.
[2] 祁贵珍,徐有军. 现代公路施工机械[M]. 北京:人民交通出版社股份有限公司,2022.
[3] 王新哲,孙星,罗民. 工业文化[M]. 北京:电子工业出版社,2016.
[4] 韩学松. 中国工程建设机械五十年[M]. 北京:当代世界出版社,1999.
[5] 中国工程机械工业协会. 工程机械行业"十四五"发展规划[R/OL]. [2021-07-08].
[6] 焦生杰. 典型公路养护装备研发应用现状与发展趋势报告[R]. 北京:北京市政工程行业协会会议,2016.
[7] 苏子孟. 工程机械行业发展形势与当前主要工作[R]. 北京:BICE,2021.
[8] 郑佳. 品牌管理[M]. 北京:电子工业出版社,2021.
[9] 严桢. 品牌洞见[M]. 北京:北京大学出版社,2023.
[10] 庞守林. 品牌管理[M]. 北京:清华大学出版社,2023.
[11] 杨海军,袁建. 品牌学案例教程[M]. 上海:复旦大学出版社,2009.
[12] 张曼,方婷. 商标法教程[M]. 北京:清华大学出版社,2021.